LibGDX 游戏开发指南

（第二版）

[印] Suryakumar Balakrishnan Nair
[德] Andreas Oehlke   著

赵 坤 译

华中科技大学出版社
中国·武汉

内 容 简 介

本书以实践项目为基础,从游戏开发的基本技能切入,完整并详细地讲解了LibGDX的各大模块与游戏开发的常见技术及其解决方案,国内许多读者和开发者一致认为本书是学习LibGDX游戏开发的经典之作。

本书适合具有一定Java基础的开发者,但并不需要其具有很高深的移动开发经验,即使不了解移动开发,也能阅读完本书并学会使用LibGDX框架开发跨平台游戏。

Copyright @ Packt Publishing 2015. First published in the English language under the title Learning LibGDX Game Development-Second Edition-9781783554775

湖北省版权局著作权合同登记 图字:17-2016-391 号

图书在版编目(CIP)数据

LibGDX游戏开发指南/(印)苏里亚·库马尔·巴拉科瑞斯南奈尔(Suryakumar Balakrishnan Nair),(德)欧尔克·安德里亚斯(Andreas Oehlke)著;赵坤译. —2版. —武汉:华中科技大学出版社,2017.2

ISBN 978-7-5680-2328-3

Ⅰ.①L… Ⅱ.①苏… ②欧… ③赵… Ⅲ.①游戏程序-程序设计-指南 Ⅳ.①TP317.6-62

中国版本图书馆CIP数据核字(2016)第258614号

LibGDX游戏开发指南(第二版)
LibGDX Youxi Kaifa Zhinan

(印)Suryakumar Balakrishnan Nair 著
(德)Andreas Oehlke
赵坤 译

策划编辑:徐晓琦	责任校对:张 琳
责任编辑:陈元玉	责任监印:周治超

出版发行:华中科技大学出版社(中国·武汉)　　电话:(027)81321913
　　　　　武汉市东湖新技术开发区华工科技园　　邮编:430223

录　　排:华中科技大学惠友文印中心　　　　　印　刷:湖北新华印务有限公司
开　　本:787mm×960mm 1/16
印　　张:22.5　　　　　　　　　　　　　　　字　数:558千字
版　　次:2017年2月第2版第1次印刷　　　　定　价:68.00元

版权所有。未经出版人事先书面许可,对本书的任何部分不得以任何方式或途径复制或传播,包括但不限于复印、录制、录音,或通过任何信息存储和检索系统。

本书中文简体版由Packt出版社授权华中科技大学出版社独家出版。未经出版者书面许可,不得以任何方式复制或抄袭本书内容。

本书若有印装质量问题,请向出版社营销中心调换
全国免费服务热线:400-6679-118　竭诚为您服务
版权所有　侵权必究

译者序

2007年，苹果公司发布了具有革命性的iPhone手机，从此在全世界范围内开启了智能手机时代。紧随其后，Google公司与Open Handset Alliance（开放手机联盟）于2008年共同发布了Android智能手机。直到今天，整个移动设备领域已经发展为由苹果公司引领的iOS设备和由Google公司引领的Android设备平分天下的局面。

随着移动浪潮的推动，许许多多的创业公司、游戏开发公司以及独立开发者开始进入移动开发领域。以前，我们只能在个人计算机或者PSP（掌上游戏机）上体验大型游戏，如著名的CS、极品飞车等。然而，自从移动设备蓬勃发展后，许多PC游戏被移植到移动设备上。还有许多游戏公司和个人推出了更多适合移动设备的游戏，如著名的Angry Birds（愤怒的小鸟）、Temple Run（神庙逃亡）、Threes（小三传奇）等。为移动设备开发游戏最大的难点在于跨平台问题。两大移动操作系统iOS和Android运行的设备和系统完全独立。如果没有跨平台解决方案，开发游戏时，必须为每个平台创建一个独立的平台相关应用。试想，这需要浪费多少人力和物力？

基于上述问题，许多公司和开源社区推出了自己的跨平台开发框架。LibGDX就是其中之一。LibGDX是一个跨平台的2D/3D游戏开发框架，它由Java/C/C++语言编写而成。该框架以完美的跨平台解决方案、OpenGL绘制、高效的物理引擎封装等特点广受开发者好评。LibGDX不但支持两大移动操作系统iOS和Android，还支持所有主流PC平台（如Windows、Mac OS、Linux）以及HTML平台。

本书以一款游戏的完整开发为例，从游戏的基本框架开始，逐步介绍了每个LibGDX模块的功能及使用方法。本书适合具有一定Java基础的开发者，但并不需要其具有很高深的移动开发经验，即使不了解移动开发，也能阅读完本书并学会使用LibGDX框架开发跨平台游戏。

本书第1、2章全面介绍了LibGDX框架的基础内容和项目创建的过程，详细论述了LibGDX应用的组织结构与跨平台解决方案等内容。第3章（配置游戏）到第12章（动画）完整地介绍了一款游戏（Canyon Bunny）的开发过程。第13章（3D基础）简要介绍了LibGDX 3D游戏开发的基础内容。第14章（Bullet物理引擎）简要介绍了LibGDX集成的C++版3D物理引擎——Bullet。

如果你希望实现自己的创意，那么不要迟疑，完整地阅读完本书，届时你将完全可以使用LibGDX来开发属于自己的游戏。

在本书翻译的过程中，我尽力保证与原书的一致性，但由于软件的更新、新版本的出现可能会导致某些内容过时。还有，由于个人水平有限，拼写、符号、语义等错误在所难免，恳请读者谅解。如果你在阅读过程中发现错误或有什么建议，可以发邮件到 artzok@163.com 或直接向华中科技大学出版社反馈信息。

最后，感谢华中科技大学出版社各位编辑老师的辛勤工作，尤其感谢徐晓琦编辑和陈元玉编辑的耐心指导，如果没有她们的付出，本书难以完成，在长达几个月的编校过程中，本人也受益良多。

赵　坤

2016 年 5 月

关于作者
About the Authors

▶ Suryakumar Balakrishnan Nair 是一名毕业于科钦科技大学（Cochin University of Science and Technology）的工程师，科钦是印度一所主攻计算机科学研究的大学。Suryakumar Balakrishnan Nair 非常喜欢编程，而且经常将想法付诸实践。他利用 LibGDX 框架为 Android 平台设计了一系列游戏。

除了编程之外，他还经常关注其他方面的事物。比如，他所涉猎的文章和书籍广泛，还包括政治问题以及环境问题。他是一名出色的 Android 游戏开发者，目前供职于印度一家游戏公司——Csharks（http://csharks.com/site/）。

首先，我要感谢Csharks公司的同事为我提供的支持，特别是Vipin TP和Dheeraj S。其次，特别感谢好朋友 Rahul Satish 为我提供的 Blender 模型。最重要的是，必须感谢我的良师 Juwal Bose，他一直指导并鼓励我完成本书。

▶ Andreas Oehlke 是一名专业的软件工程师和计算机科学家，他对 Linux/UNIX 设备研究深入。他不但获得了计算机科学专业的学士学位，而且非常喜欢收集并重构硬件类似的一些软件。对电子和计算机的极度痴迷一直是他的标签。他的爱好包括游戏和网络开发、软件设计和新语言开发、嵌入式编程、体育运动及音乐制作等。

目前，他在德国一家金融机构任软件开发工程师。他曾经还在旧金山 CA 公司担任顾问，并从事游戏开发工作。空余时间，他为德国一家名为 Gamerald 的小公司分享开发经验（http://www.gamerald.com/）。

首先，感谢我的父母 Michael 和 Sigrid 给予的支持。其次，感谢我的弟弟 Dennis 提供的帮助和无价的支持，这些理解与支持一直激励着我完成本书。还有，要感谢各位好友给我反馈的大量有价值的信息，感谢 Sascha Björn Bolz 为 Canyon Bunny 游戏完成的艺术工作。最后，衷心感谢 Klaus 提供的"keith303"音乐，感谢 Packt 出版社的所有成员以及他们付出的努力，因为他们帮助我完成了一本高质量的书稿。

关于审稿
About the Reviewers

- Juwal Bose 是一名出色的游戏设计与开发人员，同时也是一名来自印度喀拉拉邦（Kerala in India）的技术顾问。他是社交媒体、游戏开发组织方面的积极人物，他从不会错失在技术会议或酒吧营地上演讲的机会。他在高职院校为工科学生举办的技术研讨会已经成为开源项目的一部分。Juwal 是 Csharks Games 和 Pvt. Ltd 解决方案的主管，负责研究和开发以及培训和管理自己的专业领域。

    自 2004 年，Juwal 开始使用多种技术开发游戏，包括 ActionScript、Objective-C、Java、Unity、LibGDX、Cocos2D、OpenFL 和 Starling。他的团队迄今为止已经开发了超过 400 款游戏，其中部分游戏在一些全球领先的门户网站上一直排名前列。他还是 20 多款 LibGDX 游戏的开发者，这些游戏主要针对 Android 平台。

    Juwal 撰写的游戏开发教程有 GameDevTuts+，管理的博客网站名为 Csharks' games。他撰写的 isometric 游戏开发教程 GameDevTuts+非常受欢迎，被认为是开发 tile-based isometric 类型游戏最全面的教程。Juwal 撰写的由 Packt 出版社出版的《LibGDX Game Development Essentials》一书广受好评。Juwal 出版的第一本书籍《Starling Game Development Essentials》（Packt Publishing）是基于另外一个跨平台开发框架 Starling 的。

    Juwal 是一个非常喜欢阅读和旅行的人。他长远的计划中包括写一部小说。

- Yunkun Huang 是一名高级软件工程师，拥有超过 7 年的 Java 开发经验。他的主要研究方向包括游戏开发、智能群、自动化交易以及企业应用开发。

    他目前供职于 ThoughtWorks 公司，从事 Java 开发工作。更多有关 Yunkun Huang 的背景信息和研究内容，请访问他的主页：http://www.huangyunkun.com/。

- Stéphane Meylemans 拥有信息技术专业的学士学位。他在网络开发方面工作了 8 年之后决定转行进行游戏开发（移动端和桌面端）。他全面学习了 Unreal 引擎和 Unity 游戏开发方面的知识，目前正在开发一款基于 LibGDX 的冒险类游戏，该游戏的背景故事是他原创的。

    > 首先，非常感谢这本书的原作者。这本书的内容非常有用，而且作者的文笔很好。本书对我学习 LibGDX 的帮助非常大，我愿意将本书推荐给任何一个掌握 Java 知识，并且希望进行游戏开发的读者。

▶ Chris Moeller 是著名游戏工作室 Ackmi Design and Engineering 的创始人。他从 9 岁开始玩计算机，而且拥有超过 10 年的程序开发经验。他曾经在软件公司做过 PHP 程序员、Java QA 工程师和 Flash 开发人员，他现在的主要工作是使用 Java 开发基于 LibGDX 的应用。

他以前是一名狂热的游戏玩家，喜欢 John Carmack（卡马克）和早期 Blizzard 公司开发的大部分游戏。由于受游戏嗜好的影响，他开始使用不同语言创建并完成了许多游戏和游戏原型。他经常在博客上分享游戏开发教程，他的博客地址是：http://chris-moeller.blogspot.in/。还有，他开发的大部分新游戏都可以在他所供职公司的官方网站找到，该公司的网站是：http://ackmi.com/。幸运的是，他与妻子 Megan 也是在这家公司认识的。

前言
Preface

目前，个人计算机已经完全走进了普通家庭，视频游戏也越来越受到人们的喜爱。现在，一款大型视频游戏能为开发公司带来数百万美元的商业利益。随着智能手机和平板电脑的不断发展，视频游戏的市场已经得到了前所未有的扩大。特别是对于游戏开发商，开发移动端的视频游戏成本更低，收益更高。

对于游戏开发者来说，拥有一款能让他们以划算的成本快速实现创意的工具是必不可少的。LibGDX 就是这些工具中的一种极佳选择。LibGDX 是一个基于 Java 语言开发的游戏框架，它提供了一套系统的访问层来处理所有支持的平台。LibGDX 还利用 C/C++ 语言实现了跨平台支持，提高了应用程序在关键任务中的执行效率。

阅读完本书内容，你能感受到利用开源免费框架 LibGDX 开发 2D/3D 游戏是多么简单。除此之外，我们还会学到游戏开发领域的一些共用结构和必要知识。

本书将重点介绍 LibGDX 的关键特性和功能。除此之外，还将介绍如何快速和高效地开发 2D/3D 游戏。本书总共分为 15 章，每一章的内容都很容易接受。如果你详细按照本书的顺序阅读，就很容易学会一款完整的 LibGDX 游戏的开发过程。我们还会在每一章逐步完善该游戏的各部分功能，这样组织本书的内容，也是为了让大家更容易接受和掌握新知识。

本书后面几章介绍的高级功能让我们利用 LibGDX 提供的先进编程技术为应用服务变得更加容易，如动画、物理模拟以及用于提高视觉效果的着色器。

本书结束时，我们将会成功地完成一款可以运行于 Windows、Linux、Mac OS X、支持 WebGL 的浏览器、Android 和 iOS 平台的 2D 游戏。届时，读者可以使用从本书学到的技术进一步扩展该游戏，或者直接开发属于自己的跨平台游戏。

本书主要内容
What this book covers

第 1 章，LibGDX 简介与项目创建。本章介绍了如何安装和配置 LibGDX 应用的开发环境，以及 LibGDX 提供的两种项目创建工具。最后讨论开发一款真正的游戏需要些什么。

第 2 章，跨平台开发。本章使用一个 demo 实例演示了 LibGDX 支持的目标平台以及应该怎样在支持的平台开发和运行应用。本章还简要介绍了 LibGDX 提供的各种重要的 API 和每个重要的模块。最后，详细解释了 LibGDX 应用的生命周期，以及如何在运行期调试和执行应用代码。

第 3 章，配置游戏。本章通过创建 Canyon Bunny 游戏项目正式从 demo 演示实例过渡到一款真实游戏的开发过程。本书后续章节都是基于该项目进行开发的，每一章都会介绍和扩展更多的特性和功能。由于 LibGDX 只是一个成熟的开发框架，因此，首先需要使用 UML 类图设计并创建自定义的游戏引擎。

第 4 章，资源打包。本章介绍了如何为 Canyon Bunny 游戏收集资源文件，包括图像资源、音频文件、关卡数据等。本章还介绍了一种高效的加载、追踪和组织游戏资源的方法。本章最后提出了一个非常重要的问题：应当如何定义并处理关卡数据，因为需要根据关卡资源定义并填充整个游戏世界。

第 5 章，创建场景。本章为 Canyon Bunny 游戏实现了多个游戏对象，如 rocks、mountains 和 clouds。接着介绍了如何使用关卡加载器将所有游戏对象及新添加的代码组织在一起。除此之外，本章还为游戏场景添加了用于显示玩家得分、额外生命数量以及帧率等重要信息的图形用户界面（Graphical User Interface，GUI）元素。

第 6 章，添加演员。本章完成了 Canyon Bunny 游戏剩下的几个（游戏）对象的创建，包括玩家角色对象和可收集道具对象。我们还为游戏添加了一个驱动玩家角色移动的物理模拟系统和基础碰撞检测系统。另外，通过扩展游戏逻辑实现了检测"失去生命"和"游戏结束"等事件。

第 7 章，菜单和选项。本章介绍了如何使用控件创建菜单系统以丰富游戏体验，如按钮（button）、标签（label）和复选框（checkbox）等控件。更进一步，还为游戏添加了一个用于自定义调节游戏设置的选项窗口。

第 8 章，特效。本章介绍了如何使用 LibGDX 内建的粒子系统和线性插值算法为游戏创建更加生动的效果，如灰尘、移动的云朵、平滑的相机跟踪效果、浮动的 rock 对象和山丘滚动效果。使用特效可以显著改善游戏的外观和对游戏的体验。

第 9 章，屏幕切换。本章主要介绍了屏幕切换技术。在本章，我们详细介绍了如何使用 OpenGL 提供的 Framebuffer Object 离屏渲染技术进一步提升游戏的视觉效果。该技术可以为游戏实现一种无缝的屏幕切换效果，从而改善用户的视觉体验。最后，利用该技术可为 Canyon Bunny 游戏创建多种形式的屏幕切换效果。

第 10 章，音效管理。本章为读者介绍了几款不同的声音发生器，并简要介绍了它们之间的区别和优缺点。接着，详细讨论了 LibGDX 提供的各种音频 API，并通过为 Canyon Bunny 游戏创建音频管理器来介绍这些 API 的使用方法。

第 11 章，高级技术。本章介绍了一些 LibGDX 的高级编程技术，掌握了这些技术，便能引领你进入另一个级别的游戏开发行列。首先，介绍了一款高效的物理引擎 Box2D，该引擎允许我们为游戏创建更为可靠和独立的物理模拟系统。其次，使用一种单色过滤效果作为实例介绍了着色器的创建过程。最后，展示了如何使用大部分移动设备皆集成的加速传感器控制游戏角色的移动。

第 12 章，动画。本章介绍了如何为游戏角色和 GUI 元素添加动画效果。这里在创建菜单屏幕和游戏屏幕的动画效果时，使用了两种不同的方法和两个不同的概念。为了理解如何根据角色对象的状态触发不同动画效果的原理，我们实现了一个状态机（state machine）。

第 13 章，3D 基础。本章介绍了 LibGDX 新添加的 3D API。首先学习了怎样使用 3D API 创建基本模型，如球体、立方体、圆柱体等。接着介绍了如何导入建模软件创建的 3D 模型，如 Blender 3D 建模软件。最后简要介绍了 ray picking 技术，该技术一般用于开发第一人称射击游戏。

第 14 章，Bullet 物理引擎。本章介绍了 LibGDX 集成的 3D 物理引擎 Bullet。为了体验 3D 物理引擎的强大功能，我们利用 Bullet 物理引擎创建了一款简单的物理模拟游戏。

阅读本书必备工具

What you need for this book

LibGDX 是一个跨平台游戏开发框架。首先，你必须拥有一台可以运行 Windows（Vista/7/8）、Linux（如 Ubuntu）或者 Mac OS X（10.9+）其中任意一种操作系统的计算机。

另外，开发游戏之前必须下载 LibGDX 开发包。在浏览器中打开 https://libgdx.badlogicgames.com/releases/ 链接，便可以下载到所有版本的 LibGDX 开发包。我们推荐阅读本书时使用 1.2.0 版 LibGDX 开发包。

本书以免费开源软件 Eclipse 作为项目的集成开发环境（IDE）。可以通过 http://www.eclipse.org/ 链接下载合适的 Eclipse IDE。

为 Android 平台开发游戏之前，你必须拥有一部系统版本在 Android 2.2（Froyo）之上的 Android 设备，而且该设备必须支持 OpenGL ES 2.0 渲染。还有，需要访问官方网站 http://developer.android.com/sdk/index.html 并下载 Android Software Development Kit（SDK）。

为 iOS 平台发布（开发）游戏之前，你必须拥有一台运行 Mac OS X（10.9+）系统的 Mac 电脑和一台 iOS 设备。

本书读者对象
Who this book is for

本书适合那些打算进入 2D/3D 游戏开发行列的软件开发者，尤其是那些希望了解 LibGDX 开发框架的编程人员。阅读本书，你需要熟悉 Java 语言，包括类、对象、接口、监听器、包、内部类、匿名内部类、泛型类等基础概念。

排版协议
Conventions

本书使用了多种文本字体用于区分不同的信息和内容。下面对各种字体和排版方式做简要解释。

文本中的代码、数据表名、文件夹名、文件名、文件扩展名、路径、URL、用户输入和 Twitter 统一使用以下风格：

"iOS 应用的启动类是 RobovmLauncher.java。"

代码片段使用以下风格：

```
prefs.putInteger("sound_volume", 100); // volume @ 100% prefs.flush();
```

当希望强调部分代码时，相应行的字体会被加粗，如下所示：

```
package com.packtpub.libgdx.demo;
import com.badlogic.gdx.backends.lwjgl.LwjglApplication;
import com.badlogic.gdx.backends.lwjgl.LwjglApplicationConfiguration;
public class Main {
    public static void main(String[] args) {
        LwjglApplicationConfiguration cfg = new
            LwjglApplicationConfiguration();
        cfg.title = "demo";
        cfg.width = 480;
        cfg.height = 320;
        new LwjglApplication(new MyDemo(), cfg);
    }
}
```

新添加的代码和着重强调的代码以粗体字显示。引用屏幕、菜单或对话框的文本也将以粗体字显示，但字体稍有不同。例如，"单击菜单栏的 **Project** 选项"。

前言 xiii

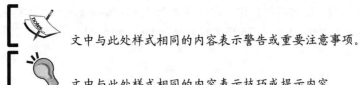

文中与此处样式相同的内容表示警告或重要注意事项。

文中与此处样式相同的内容表示技巧或提示内容。

读者反馈
Reader feedback

我们非常欢迎来自读者的反馈。让我们知道你对本书的想法——你喜欢哪些内容或者不喜欢哪些内容。读者给予的反馈对我们开发新主题非常重要，因为这些才是大部分读者真正需要的。

所有读者都可以将反馈内容以邮件的方式发送到 feedback@packtpub.com 邮箱，注意在你的邮件中提及本书的章节标题。

如果你对某一主题具有专业知识并且有兴趣写出来或者创作一本书，请在 www.packtpub.com/authors 网页查看我们的作者向导。

顾客支持
Customer support

你应该为拥有一本 Packt 的书而感到骄傲，因为我们做了大量的事情帮助你从购买的书籍中最大限度地获取知识。

下载示例代码
Downloading the example code

你可以在 Packt 出版社的官方网站 http://www.packtpub.com 下载到所有从你账户购买的 Packt 书籍的示例代码。如果你是在其他地方购买的书籍，那么可以访问 http://www.packtpub.com/support 网站，然后注册并通过 email 获得代码文件。

下载本书的彩色插图
Downloading the color images of this book

我们还为读者提供了一份包含本书所有彩色插图和图表的 PDF 文档。彩色图片可以帮助你更好地理解程序输出的变化。你可以从 `https://www.packtpub.com/sites/default/files/downloads/4775OS_ColoredImages.pdf` 网址下载到该文档。

勘误
Errata

尽管我们花费了大量时间确保所有内容的正确性，但是错误在所难免。如果你在我们的任何一本书中发现了错误（可能是文字错误也可能是代码错误）并告诉我们，我们将非常感激。如果你帮助我们改正了错误，那么可以拯救许多因为这些错误而受挫的读者，而且可以帮助我们改善本书的后续版本。如果你发现了错误，请访问 `http://www.packtpub.com/submit-errata` 网址并报告，首先选中有错误的书籍，然后点击 **Errata Submission Form** 链接，接着输入你发现的错误细节。一旦你的勘误被验证，你的提交将被接受并上传至我们的网站，或者你也可以在 **Errata** 部分将勘误添加到其他已经存在的勘误列表中。

为了查看先前提交的勘误，请访问 `https://www.packtpub.com/books/content/support` 网页并输入本书的名称进行查找。查询的信息将出现在 **Errata** 部分。

目录
Table of Contents

第 1 章　LibGDX 简介与项目创建 1
   1.1　关于 LibGDX 2
   1.2　LibGDX 1.2.0 的新特性 2
      1.2.1　Graphics 模块 2
      1.2.2　Audio 模块 3
      1.2.3　Input 模块 4
      1.2.4　文件 I/O 和存储模块 4
      1.2.5　数学与物理 4
      1.2.6　实用模块 4
      1.2.7　工具 5
   1.3　进入社区 5
   1.4　LibGDX 的安装与配置 5
      1.4.1　安装 JDK 6
      1.4.2　安装 Eclipse 集成开发环境 9
      1.4.3　下载 LibGDX 10
      1.4.4　安装 Android SDK 10
      1.4.5　运行 Eclipse IDE 并安装插件 18
   1.5　创建第一个 LibGDX 应用 23
      1.5.1　使用旧版工具创建项目 24
      1.5.2　使用新版工具创建基于 Gradle 构建的项目 32
   1.6　gdx-setup 与 gdx-setup-ui 36
   1.7　步入开发生涯 37
   1.8　成功的关键在于计划 39
   1.9　第一个游戏——Canyon Bunny 39
      实现游戏行为简介 40
   1.10　总结 41
第 2 章　跨平台开发——一次构建，多平台部署 42
   2.1　demo 应用——它们是如何在一起工作的 42
   2.2　LibGDX 后端 45
      2.2.1　轻量级的 Java 游戏库 45

  2.2.2 Android 46
  2.2.3 WebGL 46
  2.2.4 RoboVM(iOS 后端) 46
 2.3 LibGDX 核心模块 47
  2.3.1 应用模块 47
  2.3.2 图形模块 50
  2.3.3 音频模块 50
  2.3.4 输入模块 51
  2.3.5 文件模块 52
  2.3.6 网络模块 52
 2.4 LibGDX 的应用生命周期和对应接口 52
 2.5 启动类 54
  2.5.1 在桌面平台运行 demo 应用 54
  2.5.2 在 Android 平台运行 demo 应用 56
  2.5.3 在支持 WebGL 的浏览器上运行 demo 应用 60
  2.5.4 在 iOS 设备上运行 demo 应用 64
 2.6 demo 应用代码解析 68
  2.6.1 主类代码 69
  2.6.2 调试器和代码热交换 73
 2.7 总结 77
第 3 章 配置游戏 78
 3.1 创建 Canyon Bunny 项目 78
 3.2 使用类图分析 Canyon Bunny 游戏 80
 3.3 基础部分 82
  3.3.1 实现 Constants 类 82
  3.3.2 实现 CanyonBunnyMain 类 83
  3.3.3 实现 WorldController 类 83
  3.3.4 实现 WorldRenderer 类 84
 3.4 组织在一起 85
  3.4.1 构建游戏循环 85
  3.4.2 添加测试精灵 88
  3.4.3 添加调试控制 92
  3.4.4 添加 CameraHelper 类 95
  3.4.5 添加相机调试控制 96
 3.5 总结 99
第 4 章 资源打包 100
 4.1 替换 Android 应用图标 100
 4.2 替换 iOS 应用图标 102

4.3	创建纹理集	103
4.4	资源的加载与跟踪	108
4.5	组织资源	108
4.6	测试资源	114
4.7	处理关卡数据	117
4.8	总结	118

第 5 章 创建场景 ... 119

- 5.1 创建游戏对象 ... 120
  - 5.1.1 rock 对象 ... 121
  - 5.1.2 mountains 对象 ... 123
  - 5.1.3 water overlay 对象 ... 125
  - 5.1.4 clouds 对象 ... 126
- 5.2 实现关卡加载器 ... 128
- 5.3 组建游戏世界 ... 132
- 5.4 实现游戏 GUI ... 135
  - 5.4.1 分数 GUI ... 138
  - 5.4.2 生命数 GUI ... 139
  - 5.4.3 GUI FPS 计数器 ... 139
  - 5.4.4 渲染游戏 GUI ... 140
- 5.5 总结 ... 140

第 6 章 添加演员 ... 141

- 6.1 实现游戏的演员对象 ... 141
  - 6.1.1 创建 gold coin 对象 ... 143
  - 6.1.2 创建 feather 对象 ... 144
  - 6.1.3 创建 bunny head 对象 ... 145
  - 6.1.4 更新 rock 对象 ... 152
- 6.2 完成关卡加载器 ... 152
- 6.3 添加游戏逻辑 ... 154
  - 6.3.1 添加碰撞检测系统 ... 154
  - 6.3.2 失去生命、结束游戏以及限制相机的移动范围 ... 160
  - 6.3.3 添加 "GAME OVER" 文本和 feather 图标 GUI ... 161
- 6.4 总结 ... 163

第 7 章 菜单和选项 ... 165

- 7.1 多屏管理 ... 165
- 7.2 探索 Scene2D UI、TableLayout 和 skins ... 171
- 7.3 使用场景图创建菜单 UI ... 172
- 7.4 创建菜单屏幕 ... 175

4 目录

        7.4.1 添加 background 层 179
        7.4.2 添加对象层 179
        7.4.3 添加 Logo 层 180
        7.4.4 添加控制层 180
        7.4.5 添加 Options 窗口层 181
    7.5 创建 Options 窗口 185
        使用游戏配置 190
    7.6 小结 192

第 8 章 特效 193
    8.1 使用粒子系统创建复杂特效 193
    8.2 创建灰尘粒子特效 198
    8.3 移动云朵 200
    8.4 利用线性插值(Lerp)平滑运动 202
        模拟石块在水面漂浮 203
    8.5 山丘滚动效果 204
    8.6 增强游戏 GUI 205
        8.6.1 失去生命事件 206
        8.6.2 分数递增事件 207
    8.7 总结 209

第 9 章 屏幕切换 210
    9.1 屏幕切换技术 210
        9.1.1 实现切换效果 217
        9.1.2 关于插值算法的研究 217
        9.1.3 创建 fade 切换效果 218
        9.1.4 创建 slide 切换效果 220
        9.1.5 创建 slice 切换效果 223
    9.2 总结 225

第 10 章 音效管理 226
    10.1 播放音乐和音效 226
        10.1.1 Sound 接口 227
        10.1.2 Music 接口 228
    10.2 直接访问音频设备 228
        10.2.1 AudioDevice 接口 229
        10.2.2 AudioRecorder 接口 229
    10.3 使用声音发生器 230
        10.3.1 sfxr 声音发生器 230
        10.3.2 cfxr 声音发生器 231
        10.3.3 bfxr 声音发生器 231

10.4 为Canyon Bunny游戏添加背景音乐和声音特效 232
10.5 总结 239

第 11 章 高级技术 240

11.1 使用Box2D模拟物理 240
    11.1.1 Box2D的基础概念 241
    11.1.2 Physics Body Editor 243
    11.1.3 为项目添加Box2D 243
    11.1.4 为Canyon Bunny创建"rain carrots" 246
    11.1.5 实现rain carrots 251
11.2 在LibGDX中使用着色器 260
    11.2.1 创建单色过滤着色程序 261
    11.2.2 为Canyon Bunny游戏添加着色程序 ... 262
11.3 添加可选输入 265
11.4 总结 268

第 12 章 动画 269

12.1 通过动作操作演员 269
    12.1.1 操作演员对象的动作类 270
    12.1.2 控制时间和顺序的动作 271
12.2 菜单屏幕动画 271
    12.2.1 gold coins动画和bunny head动画 272
    12.2.2 为菜单按钮和选项窗口添加动画 273
12.3 利用序列图片创建动画 275
    12.3.1 打包动画资源 276
    12.3.2 选择动画的播放模式 277
12.4 为游戏屏幕添加帧动画 277
    12.4.1 定义和准备新的动画 278
    12.4.2 为gold coin对象添加动画 280
    12.4.3 为bunny head对象添加动画 281
12.5 总结 285

第 13 章 3D基础 286

13.1 光源 286
13.2 环境和材质 287
13.3 LibGDX 3D基础 287
    13.3.1 创建项目 287
    13.3.2 相机 290
    13.3.3 Model和ModelInstance类 291
    13.3.4 ModelBatch类 291
    13.3.5 Environment类 291

13.4 加载模型 292
　　模型格式和 FBX 转换器 294
13.5 3D frustum culling 技术 295
13.6 ray picking 技术 299
13.7 总结 301

第 14 章 Bullet 物理引擎 302
14.1 关于 Bullet 302
14.2 Bullet 基本概念 303
　14.2.1 刚体 303
　14.2.2 碰撞形状 304
　14.2.3 MotionStates 304
　14.2.4 物理模拟 305
14.3 LibGDX Bullet 305
　14.3.1 创建项目 305
　14.3.2 创建基础 3D 场景 306
　14.3.3 初始化 Bullet 310
　14.3.4 创建动态世界 310
　14.3.5 自定义 MotionState 类 311
　14.3.6 ContactListener 类 312
14.4 添加刚体 312
14.5 步进世界 313
　14.5.1 Bullet 光线投射技术 314
　14.5.2 测试游戏 314
14.6 添加阴影 325
14.7 总结 327

索引 329

第1章
LibGDX 简介与项目创建
Introduction to LibGDX and Project Setup

本书旨在教会你使用开源免费框架 LibGDX 开发 2D/3D 游戏，这是一个激动人心的旅程。事实上，这个时候阅读本书是一个非常恰当的时期，因为游戏产业正在悄悄地发生变化。随着强大的智能手机和平板电脑爆发式的增长，服务于数百万桌面系统和移动设备的应用市场也在不断扩大，这些应用市场绝对离不开独立游戏开发者（Independent Game Developers），否则他们将面临高风险、高成本。

在本章，我们将会介绍 LibGDX 是什么？对于游戏开发者而言，LibGDX 具有什么优势？最后还会简要介绍一些 LibGDX 的新特性。

使用 LibGDX 开发游戏之前，必须先配置好相应的开发环境。接下来将指导你如何使用免费开源软件 Eclipse 作为自己的集成开发环境（Integrated Development Environment，IDE）。在配置完开发环境后，开始创建第一个属于我们自己的 LibGDX 应用，虽然该应用很简单，但是"麻雀虽小，五脏俱全"，该应用包含了所有 LibGDX 应用都具有的基本框架，而且该应用可以运行于下列平台：

- Windows；
- Linux；
- Mac OS X；
- Android(2.2 及以上)；
- iOS；
- HTML5(使用 JavaScript 和 WebGL)。

> 目标平台 Windows、Linux、Mac OS X 从现在开始统称为桌面平台（desktop），这些平台在开发环境中共用一个项目。

接下来，我们应该从技术角度分析一款游戏需要什么？为什么制订开发计划比编写代码更加重要？

在本章结束时，我们将引入一个真实的游戏项目，并且将通过本书的后续章节逐步讲解该游戏的完整开发过程。

1.1 关于 LibGDX
Diving into LibGDX

  LibGDX 是一个开源、免费的跨平台开发框架，开源、跨平台是 LibGDX 要达到的主要目的，但不是唯一目的。LibGDX 是基于 Java 语言开发的。除 Java 之外，LibGDX 还在某些对执行效率要求较高的地方使用了大量 C/C++语言。进一步，LibGDX 是一个抽象复杂的系统，高度抽象的根本目的是使用一套 API（Application Programming Interface）支持所有平台。LibGDX 具有一个较为突出的特点，那就是在所有支持的桌面平台中，不管是调试还是运行代码，应用程序都将以原生外观呈现。在 LibGDX 中，还可以利用 Java 虚拟机（Java Virtual Machine，JVM）提供一些强大的功能，如代码热交换（Code Hot Swapping），代码热交换能够在应用运行时在线生效修改的代码。利用该功能可以大大缩短尝试各种参数或想法所花费的时间，甚至可以更快速地查找出恼人的 bug。

  另一个重点是，我们需要明白 LibGDX 是一个高效的开发框架，而不是游戏引擎，它携带了大量成熟工具，如成熟的关卡（地图）编辑器，而且它的执行流程完全是预定义的。听起来这好像是一个不足之处，事实上，正因为有了这一特性，才可以为每个项目制定一个独立且恰当的工作流程。例如，LibGDX 允许我们直接访问 OpenGL 底层接口。当然，使用 LibGDX 高层接口以及内建函数完全可以实现大部分想法。

1.2 LibGDX 1.2.0 的新特性
Features of LibGDX 1.2.0

  自 2010 年 3 月 LibGDX 发布第一个版本(0.1)以来，开发者倾注了大量心血来改善该框架。LibGDX 的最新稳定版 1.2.0 已经在 2014 年 6 月发布，这也是本书即将使用的版本。

  下面的链接列举了 LibGDX 包含的功能和特性：http://libgdx.badlogicgames.com/features.html。

1.2.1 Graphics 模块

下面列举了 Graphics 模块包含的功能。

- 在所有平台实现 OpenGL ES 2.0 渲染。
- 实现 Android 2.0 及以上版本对 OpenGL ES 2.0 的自定义绑定。
- OpenGL 底层接口助手包含以下内容。

- 顶点数组和顶点缓冲区对象；
- 网格；
- 纹理；
- 帧缓冲对象（仅限于 GLES 2.0）；
- 着色器，与网格结合更方便；
- 即时模式渲染仿真；
- 简单形状渲染；
- 自动生成软件或硬件纹理；
- 支持 ETC1（JavaScript 后端不支持）；
- 自动处理 OpenGL ES 设备上下文丢失的错误。
- 高级 2D API 包含以下内容。
    - 自定义 CPU 侧位图操作库；
    - 正交相机；
    - 高性能精灵批处理和缓存；
    - 支持纹理集，可以在线生成，也可以离线生成；
    - 位图字体（不支持复杂语言，如阿拉伯语、汉语），可以在线创建，也可以离线创建；
    - 2D 粒子系统；
    - 支持 TMX 地图；
    - 2D 场景图 API；
    - 2D UI 库，基于场景图 API，完全皮肤化。
- 高级 3D API 包含以下内容。
    - 透视相机；
    - 3D 广告牌或粒子系统的贴纸批处理对象；
    - 3D 渲染 API，支持材质、灯光，并可以通过 fbx-conv 转换工具加载 FBX 模型。

1.2.2 Audio 模块

下面列举了 Audio 模块包含的功能。

- 支持 WAV、MP3、OGG 音频格式。
- 直接访问音频设备，播放或录制 PCM 采样数据（JavaScript 后端不支持）。

1.2.3 Input 模块

下面列举了 Input 模块包含的功能。

- 接受鼠标、屏幕触摸、键盘、加速器和罗盘仪等输入设备。
- 支持手势操作，如单击、长按、拖曳、缩放等。

1.2.4 文件 I/O 和存储模块

下面列举了文件 I/O 和存储包含的功能。

- 抽象的跨平台文件系统。
- JavaScript 后端只读文件系统。
- JavaScript 后端支持二进制文件。
- 轻量级参数存储机制。

1.2.5 数学与物理

下面列举了数学和物理方面的功能。

- 矩阵、矢量和四元数类。矩阵和矢量操作通过 C 代码加速。
- 形状边界与体积。
- 利用 Frustum 类进行选取或剔除。
- Catmull-Rom 样条。
- 常见插值算法。
- 凹多边形三角化解析。
- 交叉和重叠测试。
- 通过 JNI 编程移植 C/C++版 Box2D 物理引擎，运行效率非常高。
- 通过 JNI 编程移植 bullet 物理引擎。

1.2.6 实用模块

LibGDX 提供了许多不同的实用模块集合。

- 支持自定义集合。
- 支持使用 POJO 对 JSON 文件的序列化读/写。
- XML 读/写。

1.2.7 工具

下面列举了 LibGDX 常用的工具。

- 粒子编辑器（particle editor）。
- 纹理打包工具（texture packer）。
- 位图字体创建工具（bitmap font generator）。

1.3 进入社区
Getting in touch with the community

LibGDX 享有一个不断增长并且相当活跃的社区，如果你有什么问题陷入困境，那么可以尝试登录官方论坛（`http://badlogicgames.com/forum/`）查找答案。在这里，你的问题很有可能已经被他人提及过，在社区群众的帮助下，很快就能找到解决方案。因此，不要犹豫将你的问题反馈到论坛上。

LibGDX 官方还提供了免费的 IRC（Internet Relay Chat）渠道（`https://freenode.net/`）。在这里，你可以和其他开发者交流 LibGDX 的开发经验。

如果你希望了解 LibGDX 的最新信息，则可以访问 LibGDX 的创建者 Mario Zechner 的博客，或者在 Twitter 上关注，下面是各网站的地址。

- LibGDX 官方网站：`http://libgdx.badlogicgames.com/`。
- Mario Zechner 的博客网址：`http://www.badlogicgames.com/`。
- Twitter 链接：`http://www.twitter.com/badlogicgames/`。

更多内容请访问以下链接。

- Wiki：`https://github.com/libgdx/libgdx/wiki/`。
- API 文档：`http://libgdx.badlogicgames.com/nightlies/docs/api/`。

1.4 LibGDX 的安装与配置
Prerequisites to install and configure LibGDX

在使用 LibGDX 开发应用之前，必须先下载并安装 LibGDX 库，除此之外，还需要安装一些其他软件。对于 Windows、Linux、Mac OS X、Android 和 HTML5 平台，需要安装下列软件。

- Java Development Kit 7+（JDK，V6 及以下版本不兼容）。
- Eclipse（Eclipse IDE 对于 Java 开发者是一个很好的选择）。

- Android SDK（只需要 SDK，而不是包含了 Eclipse 的 ADT 套件）和平台下载工具 SDK Manager。
- Android Development Tools for Eclipse（即众所周知的 ATD 插件，可以通过 https://dlssl.google.com/android/eclipse/ 链接下载获得）。
- Eclipse Integration Gradle（Gradle 插件，可以通过 http://dist.springsource.com/release/TOOLS/gradle 链接下载）。

对于 iOS 平台，还需要以下工具。

- Mac 电脑。由于苹果公司的封闭原则导致无法在 Windows、Linux 平台开发 iOS 原生应用，因此，如果需要开发或发布 iOS 应用，则必须拥有一台运行 Mac OS X 系统的 Mac 电脑。
- 最新版 Xcode 开发工具。该软件可以在 Mac OS X 应用商店免费获得。
- RoboVM 插件。

1.4.1 安装 JDK

LibGDX 是基于 Java 开发的框架，因此，需要下载并安装 Java Development Kit（JDK）。下面是安装 JDK 的步骤。

（1）JDK 可以在 Oracle 官方网站 http://www.oracle.com/technetwork/java/javase/downloads/index.html 免费下载并自由使用。输入上述网址可以看到如图 1-1 所示的页面。

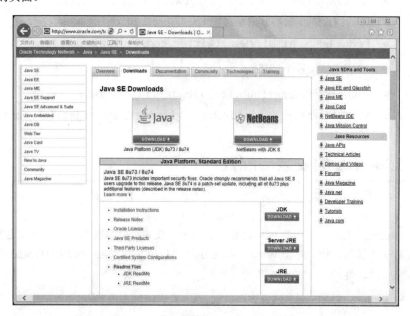

图 1-1

(2) 单击"DOWNLOAD"按钮开始下载最新版本 JDK。

 这里应该选择 JDK 安装包而不是 JRE 安装包,因为 JDK 既包含了执行 Java 程序的 Java Runtime Environment(JRE)和虚拟机,又包含了 Java 开发所需的其他内容。

接受许可协议并且选择合适的版本。如果使用的是 64 位 Windows 系统,则选择标有 **Windows x64** 字样的版本下载。这里使用标有 **Windows-i586** 字样的 32 位版本 JDK,如图 1-2 所示。

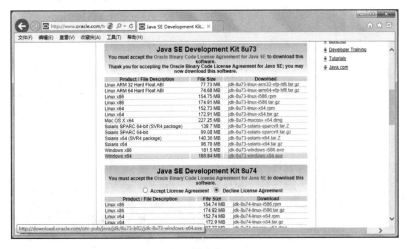

图 1-2

(3) 双击运行刚才下载的安装包(`jdk-8u73-windows-i586.exe`),如图 1-3 所示。

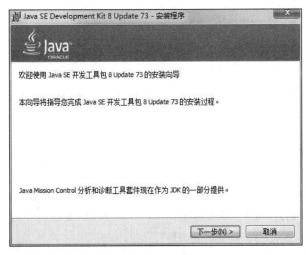

图 1-3

(4) 在欢迎屏幕单击"下一步"按钮继续安装,如图 1-4 所示。

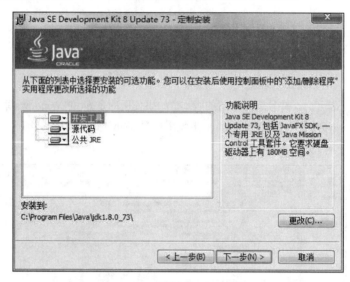

图 1-4

(5) 保持所有选项不变,单击"下一步"按钮继续安装,如图 1-5 所示。

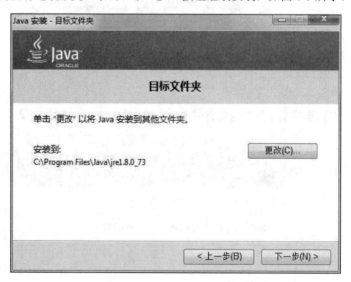

图 1-5

(6) 此时安装向导要求我们为公用版 JRE 选择安装路径,因为 JDK 自带开发版 JRE,所以这里没有必要再次安装公用版 JRE,只需要简单地单击"×"关闭即可,如图 1-6 所示。

(7) 安装完毕,单击"关闭"按钮退出安装向导。

图 1-6

1.4.2 安装 Eclipse 集成开发环境

接下来下载并安装 Eclipse IDE。Eclipse 是一款主要作为 Java 应用开发的开源集成开发环境。在浏览器中输入 http://www.eclipse.org/downloads/ 网址，进入下载页面，选择 **Eclipse IDE for Java Developers**，如图 1-7 所示，选择合适版本（32 bit/64 bit）下载。

图 1-7

下载完成后将压缩包解压至 C:\Eclipse\ 目录。

1.4.3 下载 LibGDX

打开 https://libgdx.badlogicgames.com/releases/ 链接，选择 libgdx-1.2.0.zip 压缩包单击下载。图 1-8 列出了 LibGDX 当前的所有版本。

> 编写本书时，LibGDX 最新稳定版是 1.2.0 版。该版本也是我们推荐学习本书时使用的版本。

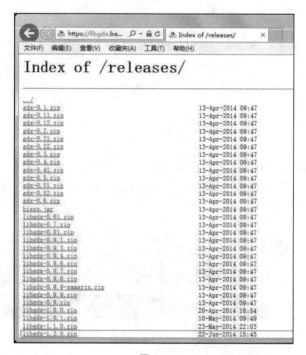

图 1-8

在 C 盘根目录创建 libgdx 文件夹。当下载完成后，将整个压缩包剪贴到 C:\libgdx\ 目录。

1.4.4 安装 Android SDK

Android 操作系统是 LibGDX 支持的目标平台之一。在开发 Android 应用之前，必须先下载并安装 Android SDK。

(1) 打开 http://developer.android.com/sdk/index.html 网页，单击 Other Download Options 链接，如图 1-9 所示。

(2) 在 **SDK Tools Only** 标签下选择合适的版本下载。下载完成后，运行安装包（如 installer_r24.3.4-windows.exe），弹出如图 1-10 所示的安装向导。

1.4 LibGDX 的安装与配置　11

图 1-9

图 1-10

　　(3) 单击 "Next" 按钮继续安装，此时会看到如图 1-11 所示的界面。这是因为安装向导无法找到 JDK，尽管我们已经安装了 JDK。

　　(4) 要解决该问题，必须为系统添加 JAVA_HOME 环境变量，并让其指向 JDK 的安装目录。为了找到正确的路径名，首先需要进入 `C:\Program Files\Java\` 目录，然后观察安装了 JDK 的文件名，接着将该文件夹的全路径名拷贝到剪贴板，如图 1-12 所示。

　　(5) 拷贝到的完整路径应该是：`C:\Program Files\Java\jdk1.8.0_73`。接下来需要设置环境变量。首先打开**开始**菜单，然后右击**计算机**选项；接着单击**属性**选项，打开系统控制面板，操作步骤如图 1-13 所示。

图 1-11

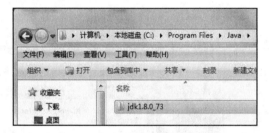

图 1-12

图 1-13

(6) 在系统控制面板的左侧单击**高级系统设置**选项，操作如图 1-14 所示。

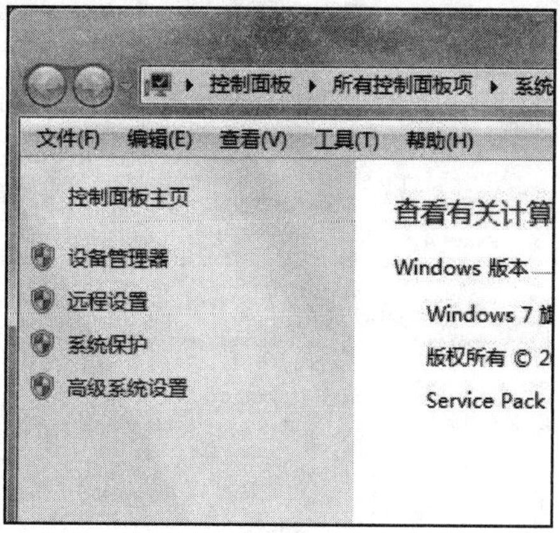

图 1-14

(7) 接着弹出**系统属性**窗口。在该窗口中选择**高级**选项卡，然后单击"环境变量…"按钮，如图 1-15 所示。

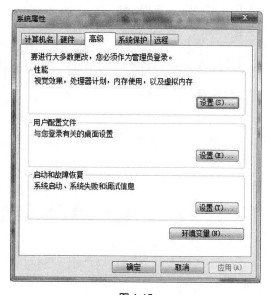

图 1-15

(8) 现在弹出**环境变量**窗口，单击该窗口 **Administrator** 的用户变量(**U**)下的"新建"按钮，如图 1-16 所示。

(9) 此时弹出**新建用户变量**窗口。接下来填充该窗口中的两个文本域，首先在**变量名**文本域中输入"JAVA_HOME"，然后在**变量值**文本域中输入刚才获取的 JDK 安装路径，操作步骤如图 1-17 所示。

图 1-16

图 1-17

非常好！现在你的系统已经为 Android SDK 安装向导准备就绪。如果此时 Android SDK 的安装向导还在运行中，那么先关闭并重启该向导，让刚才完成的修改重新读入。接着就可以进入下一个安装界面。

(10) 现在回到 Android SDK 安装向导，单击"Next"按钮继续安装，如图 1-18 所示。

图 1-18

(11) 下面要求你为 Android SDK 选择安装用户。通常我们建议选择 **Install for anyone using this computer** 选项，因此这里只需要单击"Next"按钮继续安装即可，如图 1-19 所示。

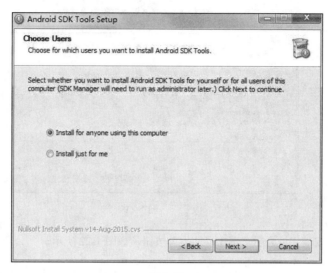

图 1-19

(12) 为 Android SDK 选择安装路径。为了安全起见，我们直接单击"Next"按钮安装在默认路径下，如图 1-20 所示。

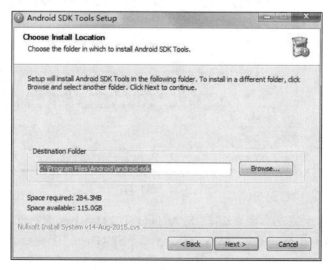

图 1-20

(13) 此时安装向导询问我们是否在开始菜单创建一个启动项。与前面一样，直接单击"Install"按钮使用默认设置开始安装，如图 1-21 所示。

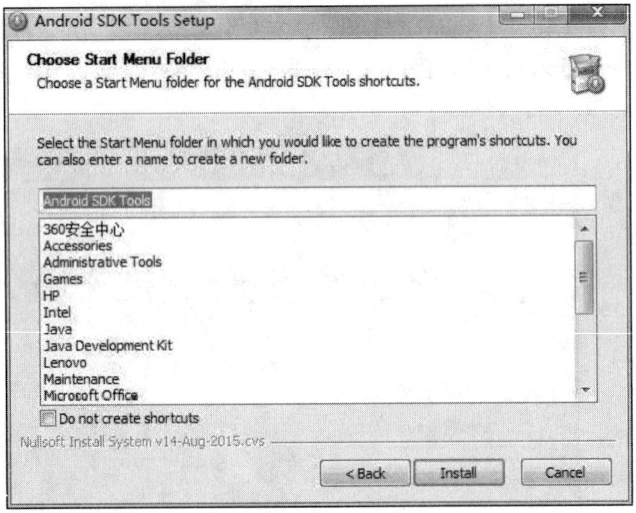

图 1-21

(14) 安装完成之后，单击"Next"按钮，如图 1-22 所示。

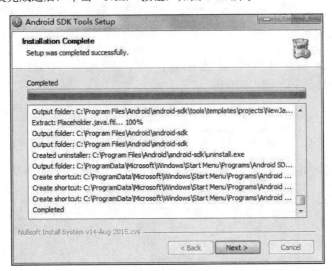

图 1-22

(15) 安装完成后，可以选择启动 Android SDK Manager。选中 **Start SDK Manager (to download system images, etc.)**复选框，然后单击"Finish"按钮启动 SDK 管理器，如图 1-23 所示。

Android SDK Manager 用于下载和更新 Android 开发所需的编译环境、源代码、指定 API 级别的系统镜像等。要查看最新 API 级别的相关内容，请访问 http://developer.android.com/guide/topics/manifest/uses-sdk-element.html#ApiLevels 链接。

图 1-23

(16) 下载一个较低级别和一个较高级别的 Android 开发包。这里我们选择 Android 2.2(API 8)和 Android 5.1.1(API 22)，然后单击"Install 14 packages..."按钮开始下载并安装，如图 1-24 所示。由于版本低于 Android 2.2 的 API 不支持 OpenGL ES 2.0，所以这里的最低级别选择的是 API 8，OpenGL ES 2.0 将在后续章节介绍。API 级别除了表示性能和系统的升级外，其作用还包括：当用户设备通过 Google Play 商店搜索应用时，API 级别可以控制搜索本应用的设备范围。还可以通过商店查看安装本应用的设备种类。

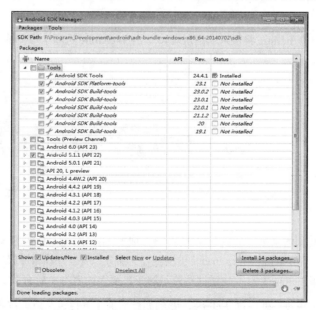

图 1-24

(17) 一旦下载和安装完成，就可以关闭 **Android SDK Manager** 窗口。

1.4.5 运行 Eclipse IDE 并安装插件

到目前为止，我们已经完成大部分配置工作。剩余的任务包括首次运行 Eclipse 和安装重要插件，这些插件为开发 Android、iOS 和 HTML5/GWT 应用服务。

打开资源管理器，定位到 Eclipse 的解压路径（`C:\Eclipse\`），然后双击 `eclipse.exe` 运行 Eclipse 应用。

首次运行 Eclipse 时会要求输入 Workspace 路径，该路径用于存储项目文件。这里设置为 `C:\libgdx\`，如图 1-25 所示。

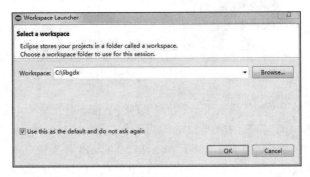

图 1-25

勾选 **Use this as the default and do not ask again** 复选框，表示禁止该对话框再次弹出，接着单击"OK"按钮。

首次打开 Eclipse 将进入欢迎屏幕，单击 **Welcome** 选项卡右侧的"×"号关闭即可，如图 1-26 所示。

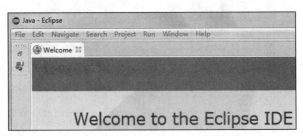

图 1-26

现在看到的就是 Eclipse 的标准视图，称为 Java Perspective 视图。如图 1-27 所示，窗口的左侧是 **Package Explorer**（包浏览器）部分，用于查看和管理当前工作空间的所有项目。关于 Eclipse，目前知道这些就足够了，更多内容将在后面详细介绍。

如果从来没有使用过 Eclipse，看到如此多的工具栏、菜单、按钮可能会感到恐怖。其实完全没有必要，因为本书后续章节会非常详细地解释每一项内容，指导读者操作每一步，所以完全不用担心这些问题。

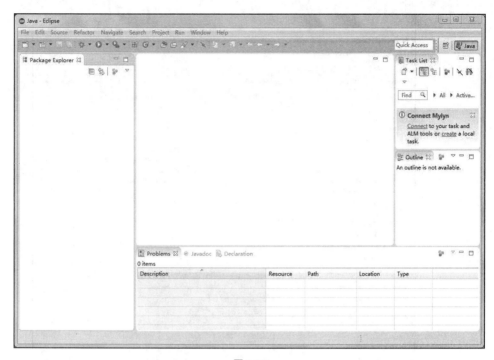

图 1-27

接下来开始安装必要的插件。首先选择 **Help** 菜单，然后单击 **Install New Software** 子菜单，打开 **Install** 窗口，在该窗口可以使用指定的库链接浏览并安装相应的插件。Google 提供了许多诸如 https://developers.google.com/eclipse/docs/getting_started 的链接供我们下载插件。我们要选择符合当前 Eclipse 版本的链接安装插件。

本书当前使用的是 Eclipse 4.3.2（Kepler）版，根据 Google 公司的建议，可以使用 http://dl.google.com/eclipse/plugin/4.3 链接安装插件。

在 **Work width** 文本编辑框内输入上述链接，然后按 **Enter** 键，稍等片刻，Eclipse 将列出当前链接可用的所有插件，选中下面列举的项目：

- Android DDMS；
- Android Development Tools；
- Android Hierarchy viewer；
- Android Traceview；
- Tracer for OpenGL ES；
- Google Plugin for Eclipse 4.3；
- Google Web Toolkit SDK 2.6.0。

前 5 个插件用于支持 Android 应用开发，第 6 和第 7 个插件用于支持 HTML5/GWT 应用开发，接着单击"Next"按钮准备安装，如图 1-28 所示。

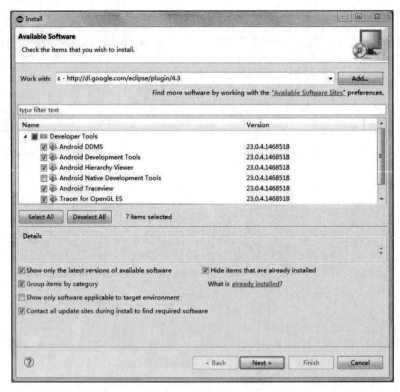

图 1-28

继续单击"Next"按钮，会弹出如图 1-29 所示的界面。

图 1-29

如图 1-30 所示，选中 **I accept the terms of the license agreements**（同意许可协议），然后单击"Finish"按钮开始安装。

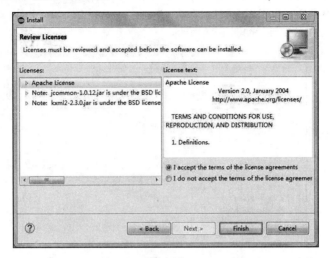

图 1-30

由于宽带有差异，下载可能会持续一段时间。当下载结束后，Eclipse 将弹出如图 1-31 所示的警告对话框，提示正在安装未签名内容，并询问是否继续安装。通常在计算机上安装恶意软件会对用户造成潜在的风险，但是，正在安装的插件是由 Google 官方提供的，完全可以信任，所以只需单击"OK"按钮接受警告并继续安装。

图 1-31

安装完成后，Eclipse 会提示用户重启 IDE，单击"Yes"按钮确认重启，如图 1-32 所示。

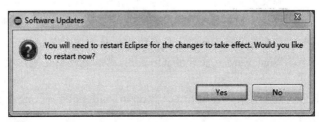

图 1-32

接下来安装 Gradle 插件。只有安装了 Gradle 插件的 Eclipse IDE 才能导入基于 Gradle 构建的项目。同样，单击 **Help** 菜单，选择 **Install New Software** 子菜单打开 **Install** 窗口，在 **Work with** 编辑框中输入 http://dist.springsource.com/release/TOOLS/gradle 链接，单击 **Enter** 键，如图 1-33 所示。

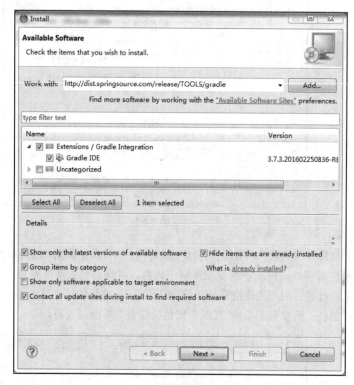

图 1-33

选中图 1-33 中的 **Gradle IDE**，单击"Next"按钮，继续执行与前面相同的安装步骤。

另外，如果希望 LibGDX 应用可以运行在 iOS 平台，还需要安装 RoboVM 插件。RoboVM 插件集成了 RoboVM AOT 编译器。利用 RoboVM 插件，便可以使用 Java 语言开发运行于 iOS 设备和模拟器上的 iOS 原生应用。

> 如果希望运行 RoboVM 插件编译的 iOS 应用，那么还需要一台安装了 Mac OS X10.9（或以上版本）系统的 Mac 电脑，而且还需要安装 5.0 或以上版本的 Xcode 开发软件。接下来就可以在 Windows 系统上开发 iOS 应用，然后通过 Mac 电脑执行该应用。

安装 RoboVM 插件可以使用 http://download.robovm.org/eclipse/ 链接，如图 1-34 所示。

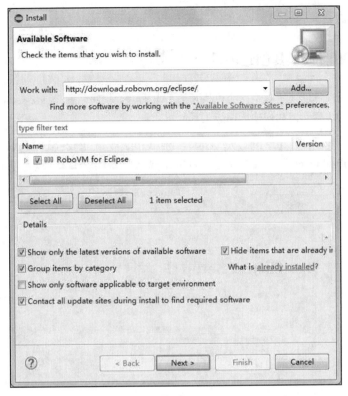

图 1-34

目前，最新版的 RoboVM 插件是 RoboVM v1.9.0。

祝贺你！现在已经完成了所有准备工作，接下来就可以开始创建第一个 LibGDX 应用了。

1.5 创建第一个 LibGDX 应用

Creating a new application

接下来将创建一个简单的 LibGDX 应用。使用 LibGDX 开发跨平台应用需要同时创建五个子项目：一个共享游戏代码的主项目，一个桌面平台项目，两个移动端（Android、iOS）项目，以及 HTML5/GWT 项目。此外，为了让所有子项目共用同一个连接池，还需要对每个项目进行相关配置。对于没有经验的程序员来说，这是一项非常艰巨并且很容易出错的任务。

幸运的是，LibGDX 提供了两种项目创建工具。这两种工具创建的项目都是预先配置好的，可以直接导入 Eclipse 集成开发环境。其中，新版工具创建的是基于 Gradle 构建的项目。另外一种工具是由 Aurelien Ribon 开发的旧版工具。接下来学习旧版工具的使用方法。

1.5.1 使用旧版工具创建项目

旧版项目创建工具是一个可执行的 JAR 程序，程序名称是 gdx-setup-ui.jar。接下来根据下面的步骤学习如何使用旧版工具创建项目。

第一步：打开 https://github.com/libgdx/libgdx-old-setup-ui 网页，单击"Download Latest"按钮下载 gdx-setup-ui.jar 工具，如图 1-35 所示。

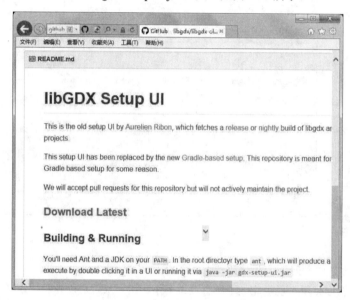

图 1-35

第二步：双击运行 gdx-setup-ui.jar，如图 1-36 所示，单击"Create"按钮。

图 1-36

第三步：观察窗口布局，左侧是 **CONFIGURATION** 窗格，用于配置项目信息。接下来根据下面的信息完成项目配置。

在 **Name** 字段输入"Demo"，该字段用于定义共享项目的名称。其余平台相关的子项目名称是在此基础上添加一个对应的后缀来命名的，如-desktop、-android 和-html。还可以通过窗口右侧的 **OVERVIEW** 窗格预览项目大纲。

Package 字段用于定义 Java 包名。该名称必须是独一无二的，并且必须全部使用小写字母，通常这里使用反转域名来定义。将反转域名作为包名可以有效地避免 Java 程序发生冲突，但这并不意味着你必须要拥有自己的域名。在 Android 应用的开发过程中，这点更为重要。如果应用 A 的包名与设备上已安装的应用 B 的包名相同，那么在安装应用 A 时将会覆盖应用 B 的数据，最终将导致应用 A 完全替换应用 B。这里将 Demo 应用的包名设置为"com.packtpub.libgdx.demo"。

在 **Game class** 字段输入"MyDemo"，表示共享项目的主类名称。

Destination 字段用于定义项目文件的输出路径。单击文本编辑框右侧的按钮选择 C:\libgdx 目录。

另外一个称为 **LIBRARY SELECTION** 的窗格用于显示需要添加的库，如果有红色标签，则表明包含错误，必须修复后才能正确创建项目。观察图 1-37，可以发现 **Required** 项下包含一个红色 **LibGDX** 标签，接下来修复该错误。首先单击标签右侧的蓝色文件夹按钮，然后执行下面的步骤。

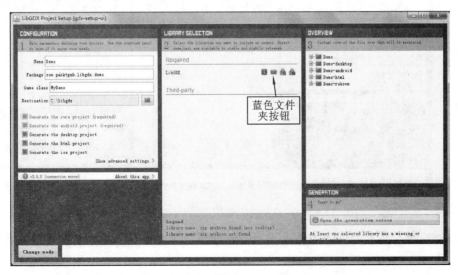

图 1-37

第四步：选择之前下载的 libgdx 压缩包，路径为 C:\libgdx\，然后单击"打开"按钮，如图 1-38 所示。

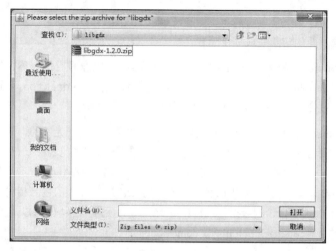

图 1-38

第五步：现在红色标签已经变为绿色标签，表明错误已经改正。接下来单击"Open the generation screen"按钮，如图 1-39 所示。

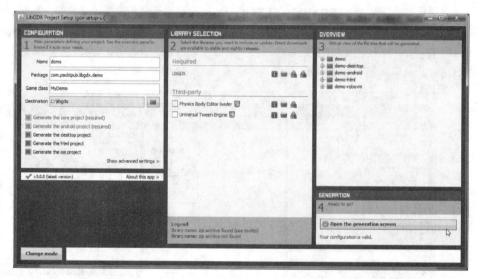

图 1-39

第六步：创建项目的最后一个步骤，单击"Launch"按钮生成目标文件，如图 1-40 所示。

第七步：LibGDX 项目已经创建完毕，接下来打开 Eclipse IED 导入该项目。导入 LibGDX 项目的步骤是首先单击 **File** 菜单并选择 **Import** 子菜单，打开 **Import** 窗口。在 **Import** 窗口中，展开 **General** 选项，选择 **Existing Projects into Workspace**，然后单击 "**Next**"按钮，如图 1-41 所示。

1.5 创建第一个 LibGDX 应用

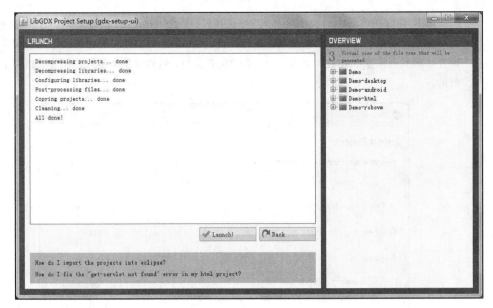

图 1-40

图 1-41

第八步：选中"Select root directory"单选按钮，单击"Browse"按钮定位到 C:\libgdx 目录，该目录包含着刚刚创建的项目文件。此时 Eclipse 将自动检查该路径下所有可用的项目并将其列举在 **Projects** 文本框内。选中所有项目，然后单击"Finish"按钮，如图 1-42 所示。

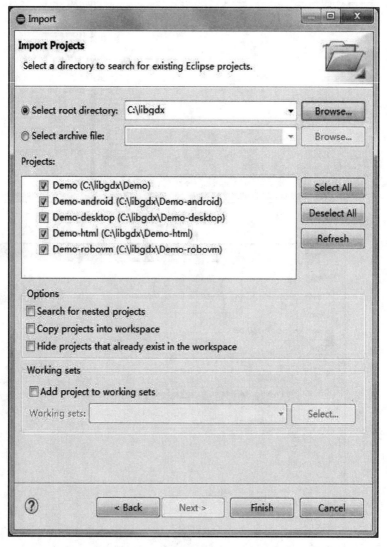

图 1-42

第九步：Eclipse 会自动构建（编译）刚刚导入的五个子项目，但最终还是失败了，并且报告了两个错误。**Console** 窗口已经打印了一条错误报告，该报告解释 **Unable to resolve target"android-19"**，如图 1-43 所示。

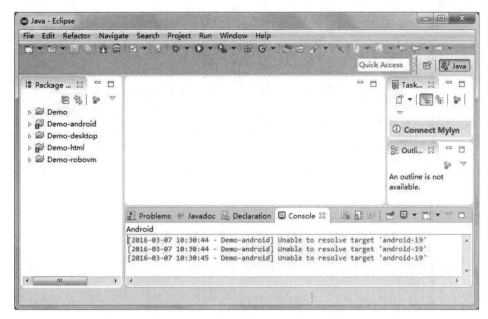

图 1-43

要解决这一问题,首先在 **Package Explorer** 窗格选中 demo-android 项目,接着单击 **Project** 菜单,然后选择 **Properties** 子菜单,操作步骤如图 1-44 所示。

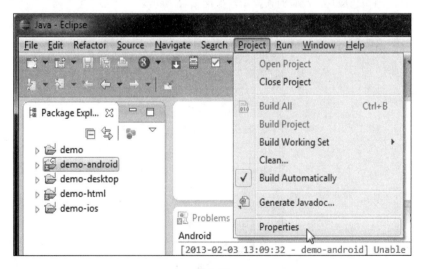

图 1-44

第十步:在弹出的 **Properties for Demo-android** 窗口左侧选择 **Android** 选项。此时,窗口右侧列举了当前可用的 Android API 级别。选择 **Android 2.2**,然后单击"OK"按钮,如图 1-45 所示。

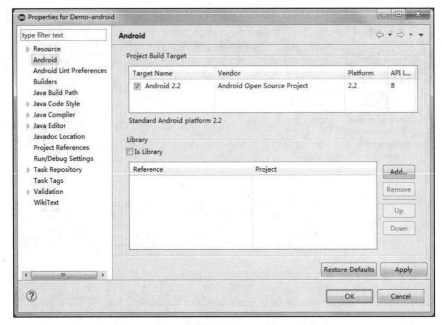

图 1-45

第十一步：当项目配置发生变化时，Eclipse 会自动执行构建。现在可以看到 Android 项目已经构建成功，没有错误提示，如图 1-46 所示。

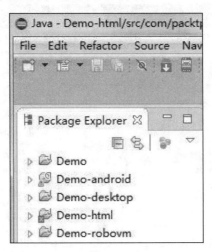

图 1-46

第十二步：接下来解决第二个问题。首先单击 **Problems** 选项卡。展开 **Errors** 列，右键单击 **The GWT SDK JAR gwt-servlet.jar is missing in the WEB-INF/lib directory** 错误报告，在弹出的上下文菜单选择 **Quick Fix** 选项，如图 1-47 所示。

1.5 创建第一个 LibGDX 应用   31

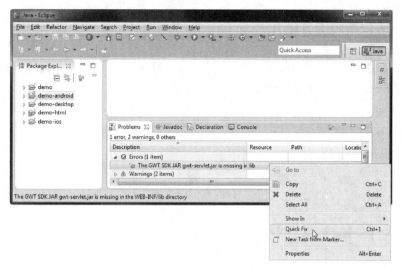

图 1-47

第十三步：在弹出的 **Quick Fix** 对话框中，选中 **Synchronize<WAR>/WEB-INF/lib with SDK libraries**，并单击"Finish"按钮，如图 1-48 所示。

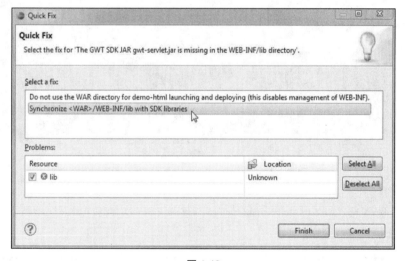

图 1-48

现在两个错误已经全部解决。所有子项目已经构建成功，并且可以编译执行。

> 使用 `gdx-setup-ui` 工具创建项目看起来似乎很难，但事实上却是非常简单的。本书讲解的大部分项目都是使用该工具创建的。第 14 章将会使用 Gradle 工具创建项目，从而让我们掌握两种创建项目的技术。

1.5.2 使用新版工具创建基于 Gradle 构建的项目

虽然本书的大部分项目是由旧版工具创建的，但本节还是需要介绍新版工具创建项目的过程，因为在第 14 章我们将要使用到它。

新版工具可以通过 http://libgdx.badlogicgames.com/download.html 链接下载。新版工具的名称是 gdx-setup.jar。输入上述网址，打开网页，单击"Download Setup App"按钮下载工具，如图 1-49 所示。

图 1-49

其实我们完全不必从网站下载该工具，因为之前下载的 libgdx-1.2.0.zip 压缩包已经包含 gdx-setup.jar 工具，我们只需要从压缩包中解压出该程序即可。解压完成后，单击运行 gdx-setup 工具，如图 1-50 所示。

Name、**Package**、**Game class** 和 **Destination** 字段与旧版工具的完全相同。

新版工具要求在 **Android-SDK** 字段中输入 Android sdk 的绝对路径。单击"Browse"按钮并选择 C:\Program Files\Android\android-sdk 目录即可。

在 **Libgdx Version** 下拉列表框中选择 **Release 1.2.0** 版本，表示新建项目使用 1.2.0 版 LibGDX。在 **Sub Projects** 部分选择需要创建的平台（子项目），这里全部选择。

最后，如果需要，还可以为应用添加扩展组件（如 box2d、physics bullet 等）。但不是每个目标平台都支持扩展组件，所以暂时不添加任何扩展组件。

1.5 创建第一个 LibGDX 应用　33

图 1-50

一旦完成配置并成功创建项目之后，想要再添加任何组件或目标平台，都必须手动完成。关于手动添加组件及配置项目的方法请访问：https://github.com/libgdx/libgdx/wiki/Dependency-management-with-Gradle。

接下来单击"Advanced"按钮，选中 **Eclipse** 复选框，单击"Save"按钮保存配置，如图 1-51 所示。

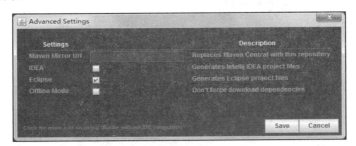

图 1-51

所有配置已经完成，单击"Generate"按钮生成目标文件。

gdx-setup 工具可能会提示更新 android sdk 19，忽略该提示，单击"确定"按钮并继续执行创建过程。

此时必须确保网络畅通，因为 gdx-setup 需要下载相关资源才能完成项目的创建。稍等一会，当提示框显示 **BUILD SUCCESSFUL** 字样时，表明项目已经创建成功，如图 1-52 所示。

图 1-52

接下来，进入 Eclipse IDE，按照下面步骤导入项目。

我们完全可以按照旧版的方式导入上面创建的项目。但是，为了利用 Gradle 插件的新特性，上面的导入步骤需要稍微修改一下。首先打开 **File** 菜单，选择 **Import** 子菜单。在弹出的 **Import** 对话框中展开 **Gradle (STS)** 分类，选择 **Gradle (STS) Project** 选项，最后单击"Next"按钮，如图 1-53 所示。

图 1-53

在 **Import Gradle Project** 窗口单击"Browse..."按钮并选择刚才创建的项目目录 `C:\libgdx`，然后单击"Build Model"按钮，如图 1-54 所示。

构建项目需要几分钟，完成构建之后，选中所有项目，然后单击"Finish"按钮，如图 1-55 所示。

1.5　创建第一个 LibGDX 应用　　35

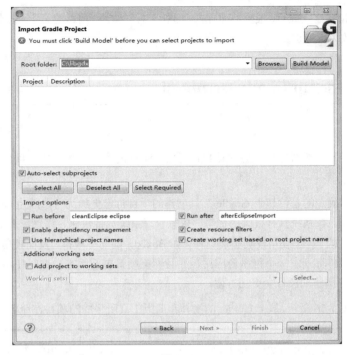

图 1-54

图 1-55

等待构建完成后,根据前面导入(旧版工具创建的)项目的第十、第十一步将 Android API 更改为 API 8。

1.6 gdx-setup 与 gdx-setup-ui

gdx-setup versus gdx-setup-ui

正式开发游戏之前,首先让我们对比一下这两个工具所创建的项目的区别,到底孰优孰劣?

可以确定的是,基于 Gradle 工具创建的项目肯定更加优秀。因为 Gradle 是一个依赖管理系统,该系统具有很大的优势。依赖管理系统具备快速、简单、高效和方便的特点。但是,创建一个不使用任何扩展组件(如 Box2d)的简单项目,反而使用旧版工具更加简单。如果打算开发一个跨平台应用,并且期望频繁更新版本,这时使用新版工具创建基于 Gradle 构建的项目会更加方便。

如图 1-56 所示,基于 Gradle 的工具和旧版工具所生成的项目在命名上稍微有所不同。

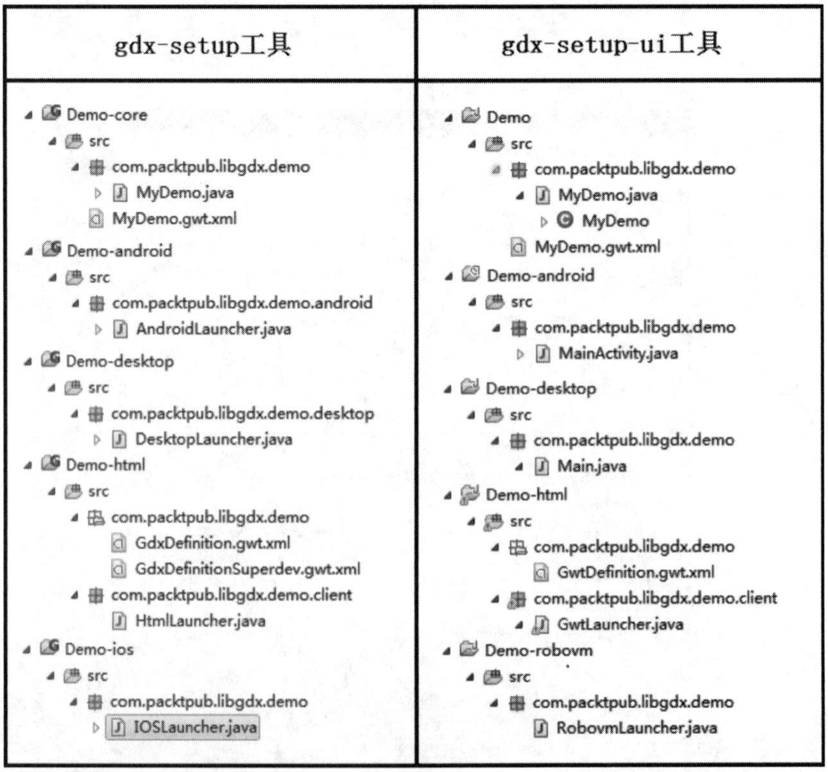

图 1-56

图 1-56 中每个项目包含的类将在第 2 章讲解。两个项目尽管在项目名称、包名和类名上存在一定差别，但是项目的 `asset` 文件夹、`manifest` 文件和项目链接却是相同的。

 本书的大部分项目都是基于旧版工具生成的，但是基于命名的相似度，理解 Gradle 工具生成的项目也很简单。虽然 LibGDX 现在已经不推荐使用旧版工具创建项目，但是因为在创建一些小的项目上，旧版工具还是非常好用的，因此本书还是借助了旧版工具来创建项目。

打开项目所在文件夹，可以发现两个项目在文件组织方面也有一定区别。旧版工具生成的五个项目分别放在五个相应的文件夹里，如图 1-57 所示。

基于 Gradle 工具创建的项目文件更多，如图 1-58 所示。

图 1-57

图 1-58

从图 1-58 中可以发现，基于 Gradle 构建的各个子项目分别被命名为 `core`、`android`、`desktop`、`html` 和 `iOS`。另外，要特别注意 `build.gradle` 文件，因为在配置扩展组件、管理项目时都离不开该文件。

1.7 步入开发生涯

Kicking your game to life

首先，让我们花几分钟讨论一下组成游戏的基本内容。从广义上讲，每个游戏都可以被分为两部分：资源和游戏逻辑。

资源包括游戏中使用的图片、声音、背景音乐、关卡数据、3D 模型等。

游戏逻辑定义了一系列游戏状态，并且负责追踪游戏状态和处理用户输入。游戏运行期间，由于玩家或游戏逻辑自身对事件的触发，可能会导致游戏状态的切换。例如，当玩家按下按钮、捡起一个道具或者被敌人攻击时，游戏逻辑将决定反馈什么行为。而这些可能发生的行为对于每个玩家都应该是预知的。总的来说，游戏逻辑包含了玩家与游戏世界交互的方式和动作。

观察图 1-59 所示的流程图可以更容易理解上述内容。

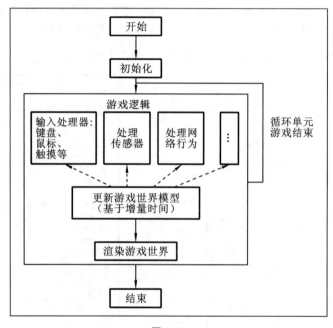

图 1-59

游戏开始执行的第一步是初始化。初始化包含加载资源、定义游戏世界的初始状态、注册子系统（如键盘、鼠标和触摸的输入处理器）、音频播放、录音、传感器和网络通信等。

当所有初始化任务完成后，游戏开始运行。接下来游戏逻辑将接管一切，并开始执行循环直到游戏结束。游戏逻辑执行的循环也称为游戏循环。在游戏循环的执行过程中，游戏逻辑将产生并累积游戏数据，这些数据用于更新游戏世界和渲染游戏对象。

游戏世界的更新速度是非常重要的。理想情况下，游戏应该运行在硬件支持的最大速度下。但事实往往相反，因为依据计算机的处理能力以及场景的复杂度，同一款游戏在不同的设备上运行的速度很可能是不同的。这意味着游戏的执行速度将取决于设备的运行速度，例如一款动作类游戏，如果运行在一台低主频设备上，游戏主角可能动作缓慢，反应迟钝；相反，如果设备的主频很高，游戏主角的动作可能一闪而过，这并不是我们期望的。

处理这个问题的关键是使用增量时间（delta time）计算游戏世界的间隔进度。增量时间以秒计算，表示完成最后一帧到现在经过的时间间隔。从现在起，游戏世界的更新都将发生在一段确切的时间后，而这段时间就是完成最后一帧渲染到现在所经过的时间，即增量时间。稍后将在实例中观察 LibGDX 是如何利用增量时间工作的。

以上内容是一些有关游戏开发的基本概念。是的，的确就是这么简单！坦白来讲，要开发一款商业游戏还需要学习很多内容。本书包含了许多话题和概念，等待你去发现。例如，如何高效管理和利用游戏资源。如果你打算为移动设备开发应用或游戏，如 Android、iOS 设备，那么高效的资源管理将显得更加重要，因为这些设备的内存资源是非常短缺的。

1.8 成功的关键在于计划
Key to success lies in planning

非常好！开发环境已经配置完成，关于游戏的基本概念也理解得差不多了。接下来花些时间思考并制订开发计划显然是非常值得的。总之，在做任何实质性的编程工作之前，首先应该制订项目计划。对于游戏开发初学者来说，他们总是喜欢跳过制订计划这一步骤，因为在一开始接触编程时，大家会觉得非常有趣，但是这种捷径很可能导致你走更多的弯路，最终功亏一篑。开发计划是为大部分功能写一个有条理的大纲，而且它不必很长很详细，只需将功能描述清楚即可。

将设计目标列成一个简洁的特性列表也能很好地达到项目计划的目的。因为这个列表将时刻提醒你每个特性都是游戏的组成部分。另外，在开发阶段，这个列表还可以作为对比当前开发进度的工具。一定要记住，游戏开发是一个极其动态和反复的过程。尽管如此，在大部分时间里，我们仍需坚持设计目标，但还要留有一定的空间以适应变化的需求。你只要记住，坚持制作这个列表将确保你在开发的道路上朝着正确的方向前进。相反，只将精力集中在编程部分会浪费更多时间，走更多弯路，最终会因为目标不明确而前功尽弃。

1.9 第一个游戏——Canyon Bunny
Game project — Canyon Bunny

为了让本书阅读起来简单有趣，我们会贯穿全书讲解一款游戏的完整开发过程，从计划到资源整合，从理论学习到代码编写，这一切都是非常有意义的。我们知道，开发任何游戏的第一步都应当是制订计划。

因此，首先让我们看看 Canyon Bunny 游戏的计划大纲。

- 暂定游戏名称为 Canyon Bunny。
- 游戏类型：2D 横向滚动跳跃和跑动类。
- 下面列举了游戏包含的各种角色：
  - 玩家角色（由玩家控制前后移动和跳跃的对象）；
  - 石块：为玩家角色和游戏道具的平台；
  - 峡谷：为游戏背景（关卡装饰）；
  - 云朵：为可移动的游戏背景（关卡装饰）；
  - 水层：位于关卡底部的装饰（当玩家角色接触到水层会失去生命）；
  - 可收集道具（如金币、飞行道具）。

接下来，写一些解释性文字进一步描述游戏行为，概括如何实现这些功能。

实现游戏行为简介

对于玩家而言，游戏世界将以 2D 单面视图呈现出来。当玩家角色前进时，视图水平向右滚动。背景包含一个遥远的峡谷和带有云朵的天空。关卡底部使用水层填充，一旦玩家角色和水层接触，就立刻失去生命。

玩家角色需要通过随机分布的石块向前移动并跳跃，坚持不要掉到水里，直到抵达关卡终点。为了增加游戏的难度，每个石块的高度和宽度是随机的。对于移动平台（Android 和 iOS），玩家只需控制跳跃按键即可，角色对象会自动向前移动。该游戏还将模拟重力环境，表现形式是角色对象具有自动向下掉落的惯性。金币和飞行道具被随机填充在关卡内。收集金币和飞行道具可以增加玩家得分，飞行道具可以让角色对象在有限的时间内获得飞行能力。获得飞行能力的角色对象必须连续单击跳跃按钮才能实现飞行。玩家的最终目的是打破游戏的最高得分。

一张图胜过千言万语。基于上面对大纲的解释，可将游戏绘制成一张草图，以帮助我们更好地理解游戏内容。而且，修改一张草图要比修改复杂的代码简单得多。如果你也希望简化游戏开发，那么拿起你的笔和纸开始绘制草图吧。如果你有更多的精力和能力，也可将草图绘制得更加精致。

图 1-60 展示了 Canyon Bunny 游戏的实物模型。

图 1-60 是使用矢量图形设计软件绘制的。在设计游戏草图时，矢量图形相对光栅图形具有更大的优势，矢量图形可以无限缩放到任意尺寸而不产生失真。但是，游戏开发一般使用的是光栅图形，因为矢量图形的渲染过程比较耗时。因此，一般在设计阶段采用矢量图形创建场景，而在开发阶段采用由矢量图形导出的光栅图形作为游戏资源。光栅图形需要选择合适的格式保存，如 Portable Network Graphics（PNG），该格式具有低压缩率并且支持 alpha 通道的优点，以及 Joint Photographic Experts Group（JPEG），该格式不仅压缩率高，而且不支持 alpha 通道。

图 1-60

更多细节请参考维基百科的以下内容。

- 关于光栅图形，请参考 http://en.wikipedia.org/wiki/Raster_graphics。
- 关于矢量图形，请参考 http://en.wikipedia.org/wiki/Vector_graphics。
- 关于 PNG 文件格式，请参考 http://en.wikipedia.org/wiki/.png。
- 关于 JPEG 文件格式，请参考 http://en.wikipedia.org/wiki/.jpg。

Inkscape 是一款免费的开源矢量设计软件，该软件类似于 Adobe Illustrator。可以利用该软件设计并创建矢量图形，该软件支持 Windows、Linux 和 Mac OS X 三种平台。可访问官方网站了解更多信息：http://nkscape.org/。

1.10 总结

Summary

本章介绍了许多 LibGDX 基础内容，具体包含以下几点。

- 详细讨论了如何下载、安装和配置开发环境，如 JDK、Eclipse、LibGDX、Android SDK 以及支持 Android、HTML5/GWT、RoboVM 开发的 Eclipse 插件。
- 介绍了如何使用 LibGDX 提供的两种工具创建项目，并学会了如何将 LibGDX 项目导入 Eclipse IDE，还讨论了每个游戏的基本组成。
- 解释了为什么制订计划比编写代码更加重要。
- 学习了如何通过撰写大纲来制订项目开发计划。

在第 2 章将继续学习使用 LibGDX 开发游戏的基本内容。掌握了这些基础知识之后，我们将创建第一个游戏实例，并详细剖析游戏内部的工作原理。

第 2 章 跨平台开发——一次构建，多平台部署

Cross-platform Development—Build Once, Deploy Anywhere

本章将详细解析 LibGDX 项目的基本内容以及 Eclipse 是如何组织多个子项目一起工作的。我们还将介绍 LibGDX 框架的以下内容。

- 后端。
- 模块。
- 应用生命周期和接口。
- 启动类。

本章会详细解释 demo 项目的工作原理以及自动生成的各个启动类。除此之外，还要学习如何设置断点、如何在调试模式下运行应用以及如何使用 JVM Code Hot Swapping（代码热交换）功能提高开发效率。在讨论 demo 项目的最后一部分时，我们将对实例代码进行一项有趣的修改，以演示 JVM 提供的代码热交换功能。

阅读完本章内容后，我们可以在桌面平台、Android 平台、iOS 平台和支持 WebGL 的平台（如 Google Chrome）进行部署、运行和调试 demo 应用。

2.1 demo 应用——它们是如何在一起工作的

The demo application – how the projects work together

虽然在第 1 章已经成功创建了 demo 应用，但是还不知道该应用包含的五个子项目是如何在一起工作的。观察图 2-1，尝试理解和熟悉每个 LibGDX 项目共有的配置模式。

图 2-1 显示了五个子项目的目录视图。其中最左侧的 demo 项目包含了所有平台共享的代码文件，每个平台相关的项目都应该引用这些文件（通过为项目添加构建路径来引用）。demo 应用的主类是 `MyDemo.java`。然而，这里的主类不同于那些由操作系统直接启动的主类。为了避免混淆，从现在起，我们将由操作系统启动的类称为启动类，将类似于 `MyDemo` 的类称为主类。稍后将详细介绍启动类的内容。

2.1 demo 应用——它们是如何在一起工作的

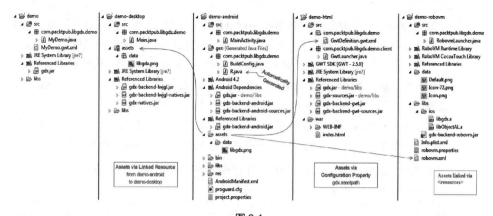

图 2-1

仔细观察每个子项目的目录结构，可以发现存在两个 `assets` 文件夹：一个位于 `demo-desktop` 项目，另一个位于 `demo-android` 项目。那么问题来了，为什么存在两个资源文件夹？游戏资源到底应该保存在哪个文件夹？其实，`demo-android` 项目在这里扮演一个特殊的角色。从图 2-1 中可以发现，`demo-android` 项目的 `assets` 文件夹内包含一个 `data` 文件夹，而 `data` 文件夹内存在一个 `libgdx.png` 文件。`libgdx.png` 文件同样也出现在 `demo-desktop` 项目的相同位置。

 实际上，我们只需要牢记，将所有游戏资源放在 `demo-android` 项目的 `assets` 文件夹内即可。因为 Android 项目在构建过程中，需要直接访问应用的 `assets` 文件夹。还有，`gen` 目录下的 `R.java` 源文件是构建过程中自动生成的。`R.java` 文件包含了游戏资源的特殊信息，应用在运行期使用这些信息引用资源。在开发 Android 原生应用时，可以直接通过 Java 代码访问这些资源。
由于 LibGDX 独立于特定平台，所以应该尽可能使用 LibGDX 提供的方法访问资源文件。本章后面会介绍许多有关资源的访问方法。

可能你会好奇，为什么其他平台无须维护一套资源的拷贝便能访问完全相同的资源。假如每个项目都包含一份资源拷贝，那么不用说，当资源发生变化时，必须手动同步每个项目的资源文件。

幸运的是，LibGDX 的开发者已经注意到这个问题。`demo-desktop` 项目使用的是原始资源的链接，资源链接是 Eclipse 提供的一项功能，该功能可以为工作空间的某个文件或文件夹在指定的位置下维护一份拷贝。可以通过下面的步骤验证这一点。右键单击 `demo-desktop` 项目，选择 **Properties** 菜单，展开 **Resource|Linked Resources** 目录，然后单击 **Linked Resources** 选项卡，在这里可以看到 `assets` 资源的链接，链接指向的位置正好是 `demo-android` 项目的 `assets` 文件夹。

demo-html 项目需要 Google Web Toolkit(GWT)工具，该项目的构建过程与其他项目有所不同。demo-html 项目包含一个名为 GwtDefinition.gwt.xml 的文件，我们可以在该文件内配置游戏的资源路径，配置方法是通过设置 **gdx.assetpath** 属性实现的。打开该文件可以发现，**gdx.assetpath** 属性值指向 Android 项目的 assets 文件夹。注意这里使用的是相对路径，如 ../demo-android/assets，相对路径在实践中有良好的适应性，当整个工作空间被移动时，使用相对路径可以避免已配置的引用遭到破坏。所以，为了避免在一些简单的事情上浪费宝贵的时间，我们建议在配置引用时尽量使用相对路径。

下面的代码截取自 demo-html 项目的 GwtDefinition.gwt.xml 文件：

```
<?xml version="1.0" encoding="UTF-8"?>
<!DOCTYPE module PUBLIC "-//Google Inc.//DTD Google Web Toolkit trunk//EN"
"http://google-web-toolkit.googlecode.com/svn/trunk/distro-source/core/src/gwt-module.dtd">
<module>
<inherits name='com.badlogic.gdx.backends.gdx_backends_gwt' />
<inherits name='MyDemo' />
<entry-point class='com.packtpub.libgdx.demo.client.GwtLauncher' />
<set-configuration-property name="gdx.assetpath"
    value="../demo-android/assets" />
</module>
```

与 demo-html 项目相同的是，demo-robovm 项目也包含类似的配置文件，名为 robovm.xml。该文件保存了 demo-android 项目的 assets 文件夹路径。打开 robovm.xml 文件，查看<resources>下的<directory>标签可以发现，这里注明了 assets 文件路径。但这并不是 demo-robovm 项目配置的唯一资源，因为 iOS 项目需要一些专用资源，如 icon、splash images。我们不能将这些资源保存在 Android 项目的 assets 文件夹内，因为 iOS 项目规定专用资源必须保存在本项目的 data 文件夹内。查看 robovm.xml 文件，可以看到 data 文件夹的路径也配置在<resources>标签下。

> 与 Android 不同的是，iOS 对 icon 资源的命名与设备相关。例如，Icon-72.png 资源只能用于 iPad 设备。访问 https://developer.apple.com/library/iOS/qa/qa1686/index.html 链接可了解更多有关 icon 的使用规范。

下面的代码截取自 robovm.xml 文件：

```
<config>
  <executableName>${app.executable}</executableName>
  <mainClass>${app.mainclass}</mainClass>
  <os>ios</os>
  <arch>thumbv7</arch>
  <target>ios</target>
  <iosInfoPList>Info.plist.xml</iosInfoPList>
  <resources>
    <resource>
      <directory>../demo-android/assets</directory>
      <includes>
        <include>**</include>
```

```xml
        </includes>
      <skipPngCrush>true</skipPngCrush>
    </resource>
      <resource>
        <directory>data</directory>
      </resource>
  </resources>
  <forceLinkClasses>
      <pattern>com.badlogic.gdx.scenes.scene2d.ui.*</pattern>
  </forceLinkClasses>
  <libs>
      <lib>libs/ios/libgdx.a</lib>
      <lib>libs/ios/libObjectAL.a</lib>
  </libs>
  <frameworks>
      <framework>UIKit</framework>
      <framework>OpenGLES</framework>
      <framework>QuartzCore</framework>
      <framework>CoreGraphics</framework>
      <framework>OpenAL</framework>
      <framework>AudioToolbox</framework>
      <framework>AVFoundation</framework>
  </frameworks>
</config>
```

2.2 LibGDX 后端

LibGDX backends

LibGDX 通过创建多个用于（接口）连接相应平台的后台运行库来为应用提供跨平台支持。通俗地讲，当应用调用 LibGDX 的某个抽象方法时，LibGDX 将自动访问对应平台的某个功能模块，这些模块就称为后端。例如，在屏幕的左上角绘制一张图片，使用 80% 的音量播放音频或读/写一个文件。

目前 LibGDX 提供了以下四个后端。

- 轻量级的 Java 游戏库（Lightweight Java Game Library，LWJGL）。
- Android。
- JavaScript/WebGL。
- iOS/RoboVM。

2.2.1 轻量级的 Java 游戏库

轻量级的 Java 游戏库（LWJGL）最初是由 Caspian Rychlik-Prince 开发的一个开源 Java 库（见图 2-2），旨在降低开发桌面平台游戏时访问硬件资源的难度。LibGDX 使用 LWJGL 作为桌面平台的后端是为了支持当前主流桌面操作系统，如 Windows、Linux 和 Mac OS X。

图 2-2

更多细节请访问 LWJGL 的官方网站：`http://www.lwjgl.org/`。

2.2.2 Android

Google 公司频繁地发行、更新官方 Android SDK 是 LibGDX 以后端形式支持 Android 平台的基础。

Android 官方提供的 API 文档为开发者详细解释了 Android SDK 的所有内容。可以访问 `http://developer.android.com/guide/components/index.html` 链接获取 Android SDK API 文档。

2.2.3 WebGL

WebGL 是 LibGDX 框架支持的另一个平台（见图 2-3）。WebGL 后端使用 GWT 将 Java 代码转换为 JavaScript，该平台还使用了 **SoundManager2**（**SM2**）库以支持在 HTML5、WebGL 上播放音频。需要注意的是，该后端只能在支持 WebGL 的网页浏览器上运行。

图 2-3

下面的链接可以帮助我们更详细地了解 GWT。

- GWT 官方网站：`https://developers.google.com/web-toolkit/`。
- SM2 官方网站：`http://www.schillmania.com/projects/soundmanager2/`。
- WebGL 官方网站：`http://www.khronos.org/webgl/`。
- 在这里你还能发现一些问题：`https://github.com/libgdx/libgdx/blob/master/backends/gdx-backends-gwt/issues.txt`。

2.2.4 RoboVM(iOS 后端)

RoboVM 开源项目的最终目标是将 Java 和其他 JVM 语言移植到 iOS 平台。RoboVM 的前期编译器可以将 Java 字节码转换为 ARM 或者 X86 的机器码，这些机器码可直接运行于设备的 CPU 上，不需要通过解释器执行。RoboVM 的运行时是基于 iOS 的运行库开发的，它包含了 Java 到 Objective-C 的桥接工具，有了该工具，便可以直接使用 Java 代码调用原生 Cocoa Touch API。

有关 RoboVM 的更多内容，请登录官方网站进一步了解：http://www.robovm.com。我们还可以通过 https://github.com/ robovm/robovm 链接获取 RoboVM 项目的最新源代码（见图 2-4）。

图 2-4

2.3 LibGDX 核心模块

LibGDX core modules

LibGDX 提供六个核心模块用于访问系统的各个部分。对于开发者来说，LibGDX 通过一套通用的应用编程接口（Application Programming Interface，API）让应用在每个支持的平台获得相同的执行效果，这一点使得这些模块看起来非常强大。之所以这么强大，是因为它允许我们将精力集中在应用上而不是平台上，避免了处理与平台相关的复杂工作以及一些难以解决的 bug。这一切只需要一个简洁明了的 API 就能完成，LibGDX 提供的 API 被分为几大逻辑模块，每个模块都已经定义为 `Gdx` 类的 `static` 字段，所以在项目的任何位置都可以直接访问。

 LibGDX 允许依据平台创建多条代码路径。例如，可以增加项目在桌面平台上的复杂度，以利用桌面平台更加丰富的硬件资源。

2.3.1 应用模块

应用模块可以通过 `Gdx.app` 访问。该模块用于日志管理、安全关闭、永久存储、查询 Android API 版本、查询平台类型以及查询内存使用情况。

日志管理

LibGDX 提供了内建的日志管理器。我们可以通过设置日志级别来过滤打印到控制台的日志消息，默认的日志级别是 `LOG_INFO`。日志级别既可以通过配置文件设置，也可以通过代码在线设置。下面的代码展示了如何在运行期动态设置日志级别：

`gdx.app.setLogLevel(Application.LOG_DEBUG);`

下面列举了四种可用的日志级别。

- `LOG_NONE`：完全不打印日志，也不显示任何日志记录。
- `LOG_ERROR`：只打印错误级别日志。
- `LOG_INFO`：打印错误级别日志和信息级别日志。

- LOG_DEBUG：打印所有级别日志。

打印信息（info）、调试（debug）、错误（error）三种级别日志可以使用下面的方法：
```
Gdx.app.log("MyDemoTag", "This is an info log.");
Gdx.app.debug("MyDemoTag", "This is a debug log.");
Gdx.app.error("MyDemoTag", "This is an error log.");
```

安全关闭

在运行期，我们可以直接通知 LibGDX 关闭当前应用。当 LibGDX 收到关闭命令时，框架将尽可能安全地停止运行应用并回收仍在使用的内存资源，释放 Java 堆和原生堆。下面的代码用于启动安全关闭：

```
Gdx.app.exit();
```

当需要结束应用时，应该调用安全的关闭方法；否则，可能会导致内存泄漏，这是一件非常糟糕的事情。对于移动设备，由于内存资源本来就很短缺，因此内存泄漏显得更加危险。在 Android 平台，exit()方法会在恰当的时间调用 puse()方法和 dispose()方法，而不是立刻结束应用。

永久存储

如果希望在退出应用后还能永久保存数据，则应该使用 Preferences 类进行数据管理。从本质上讲，该类可以看成一种能将键-值对（key-value）保存到文件中的字典（哈希表）。如果硬盘不存在 Preferences 类将要保存的文件，那么 LibGDX 将会创建一个新文件。如果需要分类保存数据，也可以创建多个参数文件，但是每个参数文件的名称必须是独一无二的。访问参数文件之前，首先需要按照下面的代码创建 Preferences 对象：

```
Preferences prefs = Gdx.app.getPreferences("settings.prefs");
```

保存数据（value）时，首先需要为该数据选择一个键（key）。如果字典中存在相应的键值，则原有数据会被覆盖。当所有数据保存完成后，最后调用 flush()方法将数据写入文件。下面的代码展示了如何将一个整型数据保存到参数文件，如果忘记调用 flush()方法，那么 prefs 将不会保存任何数据：

```
prefs.putInteger("sound_volume", 100); // volume @ 100%
prefs.flush();
```

永久保存数据比在内存中存取数据要慢得多，因此，最好在所有数据修改完成之后，再调用 flush()方法写入文件。

如果需要从参数文件中读取一个数据，首先需要知道该数据对应的键值。如果键值不存在，则返回默认值。下面的代码展示了如何从参数文件中读取一个整型数据，第二个参数表示默认值：

```
int soundVolume = prefs.getInteger("sound_volume", 50);
```

查询 Android API 级别

对于 Android 平台，可以查询操作系统的版本，然后根据具体的版本执行不同的代码。下面的代码用于确定系统版本：

```
Gdx.app.getVersion();
```

 对于其他平台，该方法总是返回 0。

查询平台类型

编写平台相关的代码需要在运行期查询平台类型。下面的代码展示了如何查询平台类型：

```
switch (Gdx.app.getType()) {
    case Desktop:
    // 针对 Desktop 系统的代码
    break;
    case Android:
    // 针对 Android 系统的代码
    break;
    case WebGL:
    // 针对 WebGL 平台的代码
    break;
    case iOS:
    // 针对 iOS 系统的代码
    break;
    default:
    //未知平台
    break;
}
```

查询内存使用情况

在运行期，可以直接使用代码查询应用的内存使用情况。这能保证我们及时发现应用是否过度使用内存，以防止应用崩溃。下面的两个方法分别返回了 Java 堆和原生堆已经占用的内存大小，单位为字节：

```
long memUsageJavaHeap = Gdx.app.getJavaHeap();
long memUsageNativeHeap = Gdx.app.getNativeHeap();
```

多线程支持

当应用开始执行时，LibGDX 首先创建一个独立的关联着 OpenGL 上下文的主线程（main loop thread）。所有事件处理、渲染过程都在该线程内执行，不会进入 UI 线程。但是，LibGDX 是支持多线程的，将其他线程的数据传递到主线程，需要使用到 Application.postRunnable()方法，观察下面的代码：

```
new Thread(new Runnable() {
    @Override
    public void run() {
        // 完成其他线程任务
        final Result result = getResult();
```

```
        // 将 result 通过 Runnable 推送到主线程
        Gdx.app.postRunnable(new Runnable() {
          @Override
          public void run() {
            // 产生结果
            results.add(result);
          }
        });
      }
    }).start();
```

2.3.2 图形模块

图形模块既可以通过 Gdx.getGraphics() 方法访问，也可以通过 Gdx.graphics 静态常量访问。

查询增量时间

增量时间表示最后一帧和当前帧的时间跨度，查询增量时间可以使用 Gdx.graphics.getDeltaTime() 方法。

查询显示器尺寸

查询设备显示器的尺寸可以使用 Gdx.graphics.getWidth() 方法和 Gdx.graphics.getHeight() 方法，返回值的单位为像素。

查询帧率（FPS）

LibGDX 提供了一个内建的帧率计数器，可以通过 Gdx.graphics.getFramesPerSecond() 方法查询当前平均帧率（FPS）。

2.3.3 音频模块

音频模块既可以通过 Gdx.getAudio() 方法访问，也可以使用更为方便的 Gdx.audio 静态字段访问。

重播音频

重播音频可以通过 Gdx.audio.newSound() 方法创建。

LibGDX 支持的音频格式包括 WAV、MP3 和 OGG，但 iOS 设备不支持 OGG 格式。LibGDX 对音频的解码数据量有限制，最大不能超过 1MB。对于重播音频，一般推荐使用较短的音频文件，如子弹、爆炸等声音效果，这样可以避免解码数据量的限制。

流媒体音频

流媒体音频可以通过 Gdx.audio.newMusic() 方法创建。

2.3.4 输入模块

输入模块可以通过 `Gdx.getInput()` 方法和 `Gdx.input` 静态常量访问。

为了接收和处理输入事件，我们必须创建一个实现了 `InputProcessor` 接口的实例，然后调用 `Gdx.input.setInputProcessor()` 方法，将该实例设置为全局输入事件的处理器。

获取按键、触摸、鼠标事件

`Gdx.input.getX()` 方法和 `Gdx.input.getY()` 方法可以获取最后一次输入事件发生的坐标。坐标 x、y 是以窗口左上角为原点定义的。下面列举了几种测试输入的方法。

- `Gdx.input.isTouched()` 方法用于测试屏幕触摸事件，该方法还有一个支持多点触控的重载类型 `Gdx.input.isTouched(int pointer)`，`pointer` 参数用于指定测试点，默认值为 0。`Gdx.input.isTouched()` 也可以测试鼠标事件，但是该方法不能区分鼠标事件的触发按键。
- `Gdx.input.isButtonPressed(int button)` 才是真正用于测定鼠标事件的方法，其中 `button` 参数用于指定测试按键，可选值有 `Buttons.LEFT`、`Buttons.RIGHT`、`Buttons.MIDDLE`，分别表示鼠标左、右、中三个按键。
- `Gdx.input.isKeyPressed(int key)` 用于测试键盘输入事件，可选的 key（键）值全部定义在 `Input.Keys` 类中。例如，代码 `Gdx.input.isKeyPressed(Input.Keys.ENTER)` 用于测试 **Enter** 键是否按下，返回 true 表示 **Enter** 键按下。

读取加速度

在 LibGDX 中，可以使用 `Gdx.input.getAccelerometerX()`、`Gdx.input.getAccelerometerY()`、`Gdx.input.getAccelerometerZ()` 三个方法查询 x、y、z 三个方向上的加速度。对于桌面平台，这三个函数始终返回 0。

振动器的启动与停止

对于 Android 设备，可以使用 `Gdx.input.vibrate()` 方法启动振动器，`Gdx.input.cancelVibrate()` 方法用于停止振动器。

Android 系统的软按键

有时候，我们要捕获 Android 系统的软按键事件，然后自定义事件处理的代码。如果希望自定义处理返回按钮的代码，则必须事先调用 `Gdx.input.setCatchBackKey(true)` 方法。同样，要捕获菜单按钮事件，则需要调用 `Gdx.setCatchMenuKey(true)` 方法。

对于使用鼠标的桌面系统，可以通过 `Gdx.input.setCursorCatched(true)` 方法让应用获得永久的鼠标输入，即使鼠标离开当前应用，也可以捕获到鼠标事件。

2.3.5 文件模块

文件模块可以通过 `Gdx.getFiles()` 方法和 `Gdx.files` 静态常量访问。

获得内部文件句柄

获得内部文件句柄可以使用 `Gdx.files.internal()` 方法。对于 Android 和 WebGL 平台，内部文件以 `assets` 文件夹为根目录存储；对于桌面平台，这些文件相对于应用根目录存储。

获得外部文件句柄

获得外部文件句柄可以使用 `Gdx.files.external()` 方法。对于 Android 平台，外部文件相对于 SD 卡的根目录存储；对于桌面平台，外部文件相对于计算机用户的根目录存储。WebGL 平台不支持外部文件访问。

2.3.6 网络模块

网络模块可以通过 `Gdx.getNet()` 方法和 `Gdx.net` 静态常量访问。

HTTP 请求

发送 HTTP 请求可以使用 `Gdx.net.sendHttpRequest()` 方法，取消 HTTP 请求可以调用 `Gdx.net.cancelHttpRequest()` 方法。

Client/Server 套接字

创建 Client 套接字可以使用 `Gdx.net.newClientSocket()` 方法，创建 Server 套接字可以调用 `Gdx.net.newServerSocket()` 方法。

使用默认浏览器打开指定 URI

调用 `Gdx.net.openURI()` 方法可以使用默认浏览器打开指定的统一资源标识符（Uniform Resource Identifier，URI）。

2.4 LibGDX 的应用生命周期和对应接口

LibGDX's application life cycle and interface

LibGDX 的应用生命周期是一组定义良好的系统状态。这组状态的定义是非常明确的，比如 create、resize、render、pause、resume 和 dispose。

2.4 LibGDX 的应用生命周期和对应接口

LibGDX 定义了一个名为 `ApplicationListener` 的接口，该接口包含了六个方法，每个方法对应一种系统状态。下面列出了该接口的源代码，为了提高可读性，这里去除了源文件的所有注释。

```
public interface ApplicationListener {
  public void create ();
  public void resize (int width, int height);
  public void render ();
  public void pause ();
  public void resume ();
  public void dispose ();
}
```

简单来说，创建 LibGDX 应用就是实现上述接口，LibGDX 会在正确的时间调用恰当的方法。

> **下载本书源码：** 登录 http://www.packtpub.com 网站可下载你所购买的 Packt 书籍的示例代码。如果你的书籍是在其他地方购买的，那么可以访问 http://www.packtpub.com/support 网站并注册账户，接着我们会将源码通过邮件的方式发送给你！

图 2-5 可视化地描述了 LibGDX 应用的生命周期。

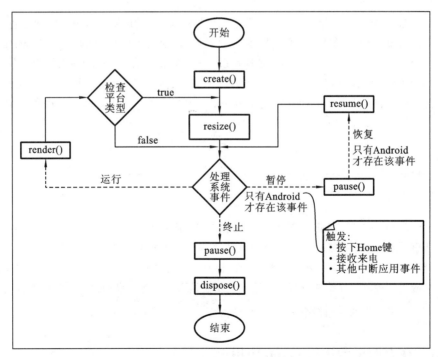

图 2-5

注意，图 2-5 中的实线和虚线意义基本相同。每个箭头连接着两个连续的状态，箭头的方向表示状态的变化顺序，虚线表示可选的系统事件。

当应用开始运行时，它总是从 `create()` 方法开始执行，该方法是初始化应用的地方，如加载资源、创建游戏初始状态。随后应用开始执行下一个状态方法 `resize()`，在 `resize()` 方法中，应用可以根据显示器的尺寸（单位为像素）重新调整显示内容。

接下来，LibGDX 将处理系统事件。如果此时没有系统事件发生，那么 LibGDX 将假定应用仍需继续执行下一状态方法 `render()`，该方法主要完成两件事。

- 更新游戏模型。
- 根据当前游戏模型渲染游戏场景。

LibGDX 需要检测当前应用运行的平台，并根据平台类型决定下一个运行状态。对于桌面平台和网页浏览器，应用窗口尺寸随时可能发生改变。LibGDX 会在每个循环中比对窗口前后的尺寸，只有当窗口尺寸真正发生改变时才调用 `resize()` 方法。自动调用 `resize()` 方法可以保证应用程序总能适应窗口尺寸的变化。

现在，循环重新开始处理系统事件。在应用运行期，随时都可能发生 exit 事件。当发生 exit 事件时，LibGDX 首先会进入 `pause()` 状态，所以 `pause()` 方法是保存重要数据的好地方。接下来，LibGDX 将执行 `dispose()` 状态，`pause()` 方法用于释放程序占用的内存资源。

对于 Android 平台，上述过程几乎完全相同，唯一的区别是 `pause()` 状态之后并不绝对跟着 `dispose()` 状态。我们知道，在应用运行期，用户可能随时按下 Home 键或接收一个来电。事实上，只要 Android 操作系统无须回收当前暂停应用所占用的内存，应用就不会执行 `dispose()` 方法。此外，暂停的应用可能会收到 resume 事件，一旦收到该事件，应用程序将会进入 `resume()` 状态，接着，应用程序将再次开始执行游戏循环。

2.5 启动类
Starter classes

启动类定义了 LibGDX 应用程序的入口（起点）。启动类需要针对特定平台编写。所有平台的启动类都只包含了几行代码，这些代码的主要任务是配置平台参数、创建主类实例等，我们只需要将其理解为一种必要的启动序列即可。一旦启动完成，LibGDX 会将应用的控制权交给共享代码，转交控制权是通过传递共享项目的主类对象实现的。

下面将详细介绍每个子项目的启动类。

2.5.1 在桌面平台运行 demo 应用

桌面平台的启动类名为 `Main.java`。下面是 `Main.java` 文件的源代码：

```java
package com.packtpub.libgdx.demo;
import com.badlogic.gdx.backends.lwjgl.LwjglApplication;
import com.badlogic.gdx.backends.lwjgl.LwjglApplicationConfiguration;
public class Main {
    public static void main(String[] args) {

        LwjglApplicationConfiguration cfg = new
        LwjglApplicationConfiguration();
        cfg.title = "demo";
        cfg.width = 480;
        cfg.height = 320;
        new LwjglApplication(new MyDemo(), cfg);
    }
}
```

从上面的代码可以发现：Main 类就是一个普通的 Java 类，既没有继承任何类，也没有实现任何接口，反而创建了一个 LwjglApplication 实例，并提供了多个重载的构造方法。上述代码为构造方法的第一个参数传入了 MyDemo 实例；第二个参数需要一个 LwjglApplicationConfiguration 实例，用于配置 LibGDX 桌面应用的属性。例如，窗口标题——本例设置为 demo，窗口的宽高——本例分别被设置为 480 像素和 320 像素。

对于桌面平台的启动类介绍这么多就可以了，接下来尝试运行应用。启动桌面平台项目的方法是，首先右击 demo-desktop 项目并选择 **Run As** 菜单，在弹出的菜单中再选择 **Java Application** 菜单。第一次运行应用时，Eclipse 会要求选择 Main 类。我们只需简单地从列表中选择 Main 类（如果包含多个 Main 类，则可以通过检查包名确定），然后单击 "OK" 按钮即可，如图 2-6 所示。

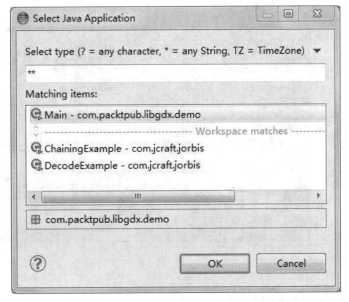

图 2-6

对于 Gradle 项目，桌面平台的启动类是 DesktopLauncher 类，正确的包名是

com.packtpub.libgdx.demo.desktop。

现在应用应该已经正常启动并成功运行。如果使用的是 Windows 开发环境，那么运行的应用窗口应当如图 2-7 所示。

图 2-7

对于 Gradle 用户，运行的应用窗口应该如图 2-8 所示。

图 2-8

2.5.2 在 Android 平台运行 demo 应用

Android 项目的启动类是 `MainActivity` 类，基于 Gradle 构建的 Android 项目的启动

类是 AndroidLauncher 类。

下面列举了 demo-android 项目的 MainActivity.java 文件的源代码：

```
package com.packtpub.libgdx.demo.android;
import android.os.Bundle;
import com.badlogic.gdx.backends.android.AndroidApplication;
import com.badlogic.gdx.backends.android.AndroidApplicationConfiguration;
import com.packtpub.libgdx.demo.MyDemo;
public class AndroidLauncher extends AndroidApplication {
    @Override
    protected void onCreate (Bundle savedInstanceState) {
        super.onCreate(savedInstanceState);
        AndroidApplicationConfiguration config =
            new AndroidApplicationConfiguration();
        initialize(new MyDemo(), config);
    }
}
```

从上面的代码可以看到，MainActivity 类继承于 AndroidApplication 类。LibGDX 在该类中完成了多项任务，包括创建 Activity、注册输入处理器、读取传感器数据等，而我们只需要创建一个实现了 ApplicationListener 接口的实例即可。在本项目中，该实例就是 MyDemo 类。接着，上述代码将 MyDemo 类和 AndroidApplicationConfiguration 类的实例作为 initialize() 方法的参数初始化应用。如果想了解 Android 硬件的统计信息，可以通过 http://developer.android.com/about/dashboards/index.html#OpenGL 链接访问 Android 官方网站，然后查看 Dashboards 页面。

图 2-9 所示的是截至 2014 年 Android 设备使用 OpenGL 各个版本的比例。

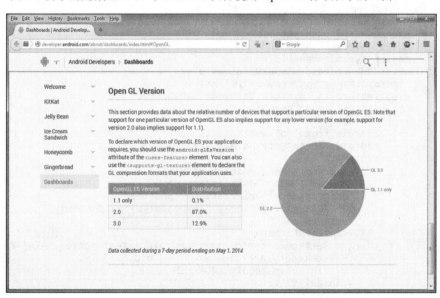

图 2-9

可以看到，GLES 1.1 的使用比例几乎已经等于零。那么 GLES 2.0 到底有何优势？一个更好的问题是你是否需要在应用中使用着色器。如果需要，则选择 GLES 2.0。

> LibGDX 现在已经移除了对 GLES 1.0 的支持，所以 LibGDX 默认使用的是 OpenGL 2.0。

OpenGL 2.0 除了方便使用 Non-Power-Of-Two（NPOT）纹理，其他方面并没有太大区别。NPOT 纹理是指任意尺寸的纹理，它不像 OpenGL 1.0 只支持宽高符合 2^n 的纹理。

> LibGDX 不保证所有设备都能正常运行 NPOT 纹理。例如，Nexus One 是不支持 NOPT 纹理的。还有，NOPT 纹理在某些设备上会导致性能下降。所以尽管 OpenGL 支持 NOPT 纹理，但最好不要使用。后面第 4 章将会介绍纹理集（Texture Atlas）的概念。掌握了纹理集技术，即使没有 GLES 2.0，也能使用任意尺寸的纹理。

对于 Android 项目，我们必须关注 `manifest` 文件，该文件定义了一系列配置应用的参数。如果对 Android 的 `manifest` 文件还不是很熟悉，那么可以访问官方文档了解更多内容：http://developer.android.com/guide/topics/manifest/manifest-intro.html。

下面的代码截取自 `demo-android` 项目的 `AndroidManifest.xml` 文件：

```xml
<?xml version="1.0" encoding="utf-8"?>
<manifest xmlns:android="http://schemas.android.com/apk/res/android"
    package="com.packtpub.libgdx.demo"
    android:versionCode="1"
    android:versionName="1.0" >
    <uses-sdk android:minSdkVersion="8"
     android:targetSdkVersion="19" />
    <uses-feature android:glEsVersion="0x00020000"
     android:required="true"/>
    <application
        android:icon="@drawable/ic_launcher"
        android:label="@string/app_name" >
        <activity
            android:name=".MainActivity"
            android:label="@string/app_name"
            android:screenOrientation="landscape"
            android:configChanges="keyboard|keyboardHidden|
            orientation">
            <intent-filter>
                <action android:name="android.intent.action.MAIN" />
                <category android:name="android.
                 intent.category.LAUNCHER" />
            </intent-filter>
        </activity>
    </application>

</manifest>
```

将项目 API 级别更改为 Android API 8 后，android:configChanges 属性将会出现一个错误，如图 2-10 所示。

`android:configChanges="keyboard|keyboardHidden|orientation|screenSize">`

图 2-10

这是因为 API 8 并不支持 screenSize 属性。解决该问题只需要简单地去掉 screenSize 属性即可。更多有关 android:configChanges 的内容请访问：http://developer.android.com/guide/topics/manifest/activity-element.html。

下面对 manifest 文件的各个属性进行简要解释。

- minSdkVersion:该属性表示应用运行时要求的最低 API 级别。如果设备运行了一个更低的 API 级别，则该应用是不能安装在该设备上的。如果没有明确指定 API 级别，则系统默认为 API 1。设置较低的 API 级别可以支持更多的设备，但设置过低的 API 级别并不是好事，因为当应用试图访问一个不可用（不存在）的 API 时将会发生崩溃。
- tagetSdkVersion:该属性表示应用的目标 API 级别。由于 Android API 是向上兼容的，较新的 API 可能会修改旧版 API 的行为，所以，这可能导致旧版应用的行为发生变化。该属性值不会阻止应用运行于更低 API 级别的设备。如果没有明确指明，则系统默认该属性等于 minSdkVersion。
- icon:应用图标。
- name:启动类（主 activity）名称。
- label:应用名称，位于标题栏，紧挨应用图标显示。
- screenOrientation:定义应用的显示方向，可选值包括 portrait（竖直方向）、landscape（水平方向）等。

manifest 文件的另一个重要组成部分是声明应用要求的权限，这些权限会在应用安装时征求用户同意。

> 切记不要声明没有必要的权限。还有，发布应用时，应该为应用所需权限添加足够的描述信息，以便用户查看权限列表时做出正确的判断。

有关 Android 应用权限的更多内容，请访问官方文档：http://developer.android.com/guide/topics/security/permissions.html。

现在尝试在真实的 Android 设备上运行该应用。首先，确保 Android 设备已经通过 USB 与计算机连接，并且已经打开 Android 设备的 USB 调试开关。如果不清楚如何使用 Eclipse 进行真机调试，则可以访问 http://developer.android.com/tools/device.html 链接进行学习。

接下来,右击 demo-android 项目,然后选择 **Run As** 菜单再单击 **Android Application** 子菜单。

当应用安装完成后,会自动启动运行。图 2-11 是该应用运行于 Android（HTC Desire HD）设备上的截图。

图 2-11

可能你希望使用 Android SDK 提供的模拟器进行调试。我们建议,尽量不要使用模拟器调试 LibGDX 应用。由于模拟器不能准确反映真机的操作响应,所以尽量不要使用它,强烈推荐使用真机调试和运行 LibGDX 应用。

2.5.3 在支持 WebGL 的浏览器上运行 demo 应用

WebGL 应用的启动类是 `GwtLauncher.java`。下面列举了 demo-html 项目的 `GetLauncher.java` 文件的代码:

```
package com.packtpub.libgdx.demo.client;
import com.packtpub.libgdx.demo.MyDemo;
import com.badlogic.gdx.ApplicationListener;
import com.badlogic.gdx.backends.gwt.GwtApplication;
import com.badlogic.gdx.backends.gwt.GwtApplicationConfiguration;

public class GwtLauncher extends GwtApplication {
    @Override
    public GwtApplicationConfiguration getConfig () {
        GwtApplicationConfiguration cfg = new
            GwtApplicationConfiguration(480, 320);
        return cfg;
    }

    public ApplicationListener getApplicationListener () {
        return new MyDemo();
```

        }
}

从上面的代码可以看到，`GwtLauncher` 类继承于 `GwtApplication` 类。LibGDX 已经封装了 GWT，而我们只需要实现 `GwtApplication` 类的 `getConfig()` 方法和 `getApplicationListener()` 方法即可。`getConfig()` 方法需要返回一个 `GwtApplicationConfiguration` 实例。在上述代码中，窗口的宽高直接被传到了 `GwtApplicationConfiguration` 的构造方法中。`getApplicationListener()` 方法需要返回一个实现了 `ApplicationListener` 接口的实例，本例就是 `MyDemo` 类的实例。

另外，LibGDX 以模块的形式组织 GWT，每个模块绑定了相应的全部配置。demo 项目只包含一个名为 `MyDemo.gwt.xml` 的模块。该模块定义了 GWT 需要查询的 Java 源文件的路径，本项目的路径是 `com/packtpub/libgdx/demo`。GWT 会将这些 Java 源文件交叉编译生成优化的 JavaScript 代码，而 JavaScript 代码可以直接运行于网页浏览器上。

下面列举了 demo 项目的 My-Demo.gwt.xml 文件的源码：

```xml
<?xml version="1.0" encoding="UTF-8"?>
<!DOCTYPE module PUBLIC "-//Google Inc.//DTD Google Web Toolkit trunk//EN"
    "http://google-web-toolkit.googlecode.com/svn/trunk/
    distro-source/core/src/gwt-
       module.dtd">
<module>
    <source path="com/packtpub/libgdx/demo" />
</module>
```

接下来尝试运行应用。首先，右击 `demo-html` 项目，选择 **Run As** 菜单再单击 **Web Application** 菜单，在窗口底部弹出 **Development Mode** 选项卡，双击该选项卡下的 URL。几秒后 Eclipse 将启动系统默认的浏览器，并试着加载本地页面。URL 指向的 `127.0.0.1` 地址就是著名的 IPv4 环回地址，如图 2-12 所示。

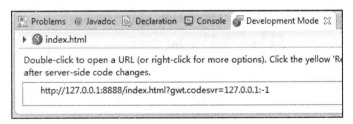

图 2-12

需要注意的是，Eclipse 推荐的 URL 会使 WebGL 应用运行在 debug 模式下，这将导致大部分应用执行起来非常缓慢。当应用调试完毕后，应该移除 URL 的后缀，让应用在正常模式下运行，该模式下的 URL 应该是这样的：`http://127.0.0.1:8888/index.html`。

第一次运行 WebGL 应用时，浏览器会要求你安装 **Google Web Toolkit Developer Plugin** 插件，以便使用 Development Mode 模式，如图 2-13 所示。如果希望开发本地 WebGL 应用，则必须安装该插件。

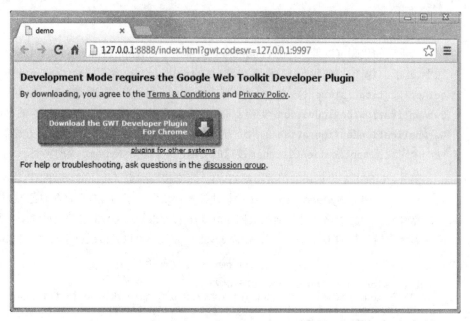

图 2-13

当插件安装成功后，运行窗口如图 2-14 所示。

图 2-14

如果希望将应用部署到 Web 服务器，以便在网络上分享该应用，那么就需要进行交

2.5 启动类

叉编译。交叉编译非常简单，右击 `demo-html` 项目，然后选择 **Google** 选项，再单击 **GWT Compile** 菜单，如图 2-15 所示。

图 2-15

接着将弹出 **GWT Compile** 窗口。在该窗口中可以选择其他日志级别，缩小日志的打印范围，例如只包含错误消息。这里保持默认设置，直接单击"Compile"按钮开始交叉编译，如图 2-16 所示。

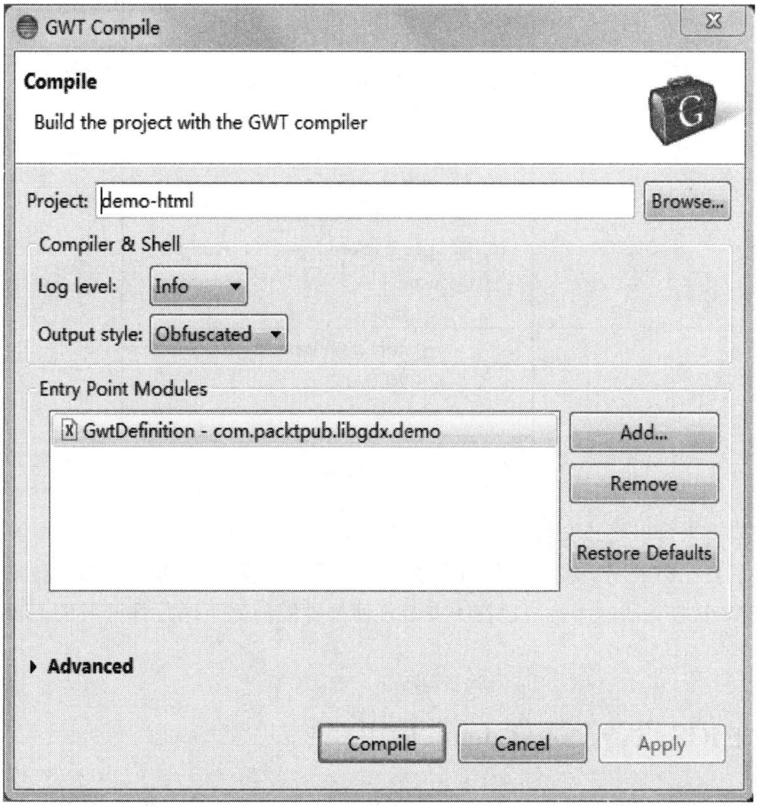

图 2-16

相比其他项目，交叉编译的时间会更长一些。本例在一台安装有 Intel i7（3.4 GHz）处理器的计算机上完成这项工作需花费 2 分钟多，如图 2-17 所示。

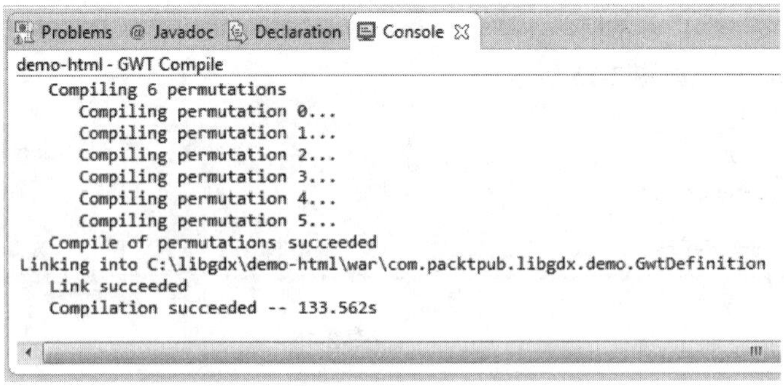

图 2-17

编译完成后，进入 demo-html 项目的 war 文件夹，如图 2-18 所示。

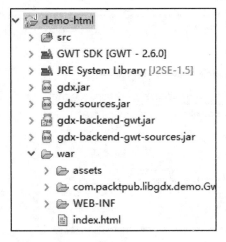

图 2-18

接下来可以将该文件夹内除了 WEB-INF 文件以外的所有文件上传到 Web 服务器上，以分享自己的应用。现在，任何人都可以使用一个支持 WebGL 的浏览器通过 URL 访问你的 Web 服务器，而且可以在不安装任何插件的前提下运行你开发的 LibGDX 跨平台应用。

2.5.4 在 iOS 设备上运行 demo 应用

iOS 平台的启动类是 RobovmLauncher.java（基于 Gradle 构建的 iOS 项目启动类是 IOSLauncher.java）。下面的代码截取自 demo-robovm 项目的 RobovmLauncher.java 文件：

```
package com.packtpub.libgdx.demo;

import org.robovm.apple.foundation.NSAutoreleasePool;
import org.robovm.apple.uikit.UIApplication;
```

```java
import com.badlogic.gdx.backends.iosrobovm.IOSApplication;
import com.badlogic.gdx.backends.iosrobovm.IOSApplicationConfiguration;
public class RobovmLauncher extends IOSApplication.Delegate {
    @Override
    protected IOSApplication createApplication() {
        IOSApplicationConfiguration config =
            new IOSApplicationConfiguration();
        config.orientationLandscape = true;
        config.orientationPortrait = false;
        return new IOSApplication(new MyDemo(), config);
    }

    public static void main(String[] argv) {
        NSAutoreleasePool pool = new NSAutoreleasePool();
        UIApplication.main(argv, null, RobovmLauncher.class);
        pool.close();
    }
}
```

从上述代码中可以发现 RobovmLauncher 类继承于 IOSApplication.Delegate 类。LibGDX 在该类完成了任务封装、注册输入处理器以及连接传感器等任务。上述代码将 MyDemo 实例和 IOSApplicationConfiguration 实例作为构造参数创建了 IOSApplication 实例并返回给系统。

我们知道 Android 应用的大部分配置信息都保存在 AndroidManifest.xml 文件中。同样，iOS 应用也存在这样的配置文件（Info.plist.xml）。在解释 Info.plist.xml 文件之前，首先观察 robovm.properties 文件和 robovm.xml 文件。

下面列举了 demo-robovm 项目的 robovm.properties 文件的代码：

```
app.version=1.0
app.id=com.packtpub.libgdx.demo
app.mainclass=com.packtpub.libgdx.demo.RobovmLauncher
app.executable=MyDemo
app.build=1
app.name=MyDemo
```

虽然上述文件的内容非常简短，但包含了丰富的信息，如应用的版本号、应用 ID、主类名称、可执行文件、版本号和应用名称。Info.plist.xml 文件需要引用这些属性。

下面的代码截取自 demo-robovm 项目的 robovm.xml 文件：

```xml
<config>
  <executableName>${app.executable}</executableName>
  <mainClass>${app.mainclass}</mainClass>
  <os>ios</os>
  <arch>thumbv7</arch>
  <target>ios</target>
  <iosInfoPList>Info.plist.xml</iosInfoPList>
  <resources>
    <resource>
      <directory>../demo-android/assets</directory>
      <includes>
        <include>**</include>
      </includes>
      <skipPngCrush>true</skipPngCrush>
```

```xml
        </resource>
        <resource>
            <directory>data</directory>
        </resource>
    </resources>
    <forceLinkClasses>
        <pattern>com.badlogic.gdx.scenes.scene2d.ui.*</pattern>
    </forceLinkClasses>
    <libs>
        <lib>libs/ios/libgdx.a</lib>
        <lib>libs/ios/libObjectAL.a</lib>
    </libs>
    <frameworks>
        <framework>UIKit</framework>
        <framework>OpenGLES</framework>
        <framework>QuartzCore</framework>
        <framework>CoreGraphics</framework>
        <framework>OpenAL</framework>
        <framework>AudioToolbox</framework>
        <framework>AVFoundation</framework>
    </frameworks>
</config>
```

该文件包含了一个非常重要的链接：demo-android 项目的 assets 文件路径。上述代码在<resource>节点下设置了 Android 项目的 asset 文件夹的路径。还有，我们必须为 iOS 指定专用的图标和启动图片资源，这些资源不能放置在 Android 项目的 assets 文件夹内。为了避免 Android 项目生成的 APK 文件过大，切记不要在 assets 文件夹中存储不必要的文件。对于 iOS 平台，专用资源应该放在 demo-robovm 项目的 data 文件夹下。

现在查看关键部分：Info.plist 文件。每个 iOS 项目都必须包含 Info.plist 文件，该文件包含项目的重要配置信息。LibGDX 的 RoboVM 版 iOS 项目将该文件命名为 Info.plist.xml。下面列举了 demo-robovm 项目的 Info.plist.xml 文件的代码：

```xml
<?xml version="1.0" encoding="UTF-8"?>
<!DOCTYPE plist PUBLIC "-//Apple//DTD PLIST 1.0//EN"
    "http://www.apple.com/DTDs/PropertyList-1.0.dtd">
<plist version="1.0">
<dict>
    <key>CFBundleDevelopmentRegion</key>
    <string>en</string>
    <key>CFBundleDisplayName</key>
    <string>${app.name}</string>
    <key>CFBundleExecutable</key>
    <string>${app.executable}</string>
    <key>CFBundleIdentifier</key>
    <string>${app.id}</string>
    <key>CFBundleInfoDictionaryVersion</key>
    <string>6.0</string>
    <key>CFBundleName</key>
    <string>${app.name}</string>
    <key>CFBundlePackageType</key>
    <string>APPL</string>
    <key>CFBundleShortVersionString</key>
    <string>${app.version}</string>
    <key>CFBundleSignature</key>
```

```xml
    <string>????</string>
    <key>CFBundleVersion</key>
    <string>${app.build}</string>
    <key>LSRequiresIPhoneOS</key>
    <true/>
    <key>UIStatusBarHidden</key>
    <true/>
    <key>UIViewControllerBasedStatusBarAppearance</key>
    <false />
    <key>UIDeviceFamily</key>
    <array>
        <integer>1</integer>
        <integer>2</integer>
    </array>
    <key>UIRequiredDeviceCapabilities</key>
    <array>
        <string>armv7</string>
    </array>
    <key>UISupportedInterfaceOrientations</key>
    <array>
        <string>UIInterfaceOrientationLandscapeLeft</string>
        <string>UIInterfaceOrientationLandscapeRight</string>
    </array>
    <key>UISupportedInterfaceOrientations~ipad</key>
    <array>
        <string>UIInterfaceOrientationLandscapeLeft</string>
        <string>UIInterfaceOrientationLandscapeRight</string>
    </array>
    <key>CFBundleIcons</key>
    <dict>
        <key>CFBundlePrimaryIcon</key>
        <dict>
            <key>CFBundleIconFiles</key>
            <array>
                <string>Icon</string>
                <string>Icon-72</string>
            </array>
        </dict>
    </dict>
</dict>
</plist>
```

下面对部分属性做简要介绍。

- UISupportedInterfaceOrientations：该节点用于设置允许的设备方向。
    - iPad 设备专用值，即 UISupportedInterfaceOrientations~ipad。
    - iPhone 和 iPad 设备都可以选择的值如下：
        - UIInterfaceOrientationPortrait；
        - UIInterfaceOrientationPortraitUpsideDown；
        - UIInterfaceOrientationLandscapeRight；
        - UIInterfaceOrientationLandscapeLeft。
- UIRequiredDeviceCapabilities：用于声明应用需要使用的硬件或功能，如 WiFi、蓝牙、加速传感器、OpenGL ES 2.0 等。

- **CFBundleName**：应用名称，由 robovm.properties 文件定义。
- **CFBundleIdentifier**：独一无二的应用 ID，由 robovm.properties 文件定义。例如 demo-robovm 项目，该值等于 com.packtbub.libgdx.demo。
- **CFBundleIconFiles**：应用图标。

关于 Info.plist 文件涉及的其他属性，请访问官方文档进行了解：https://developer.apple.com/library/mac/documentation/general/Reference/Info-PlistKeyReference/Articles/iPhoneOSKeys.html#//apple_ref/doc/uid/TP40009252-SW1。

有关设备功能的更多内容请访问官方文档：https://developer.apple.com/library/mac/documentation/general/Reference/InfoPlistKeyReference/Articles/iPhoneOSKeys.html#//apple_ref/doc/uid/TP40009252-SW3。

接下来右击 demo-robovm 项目，选择 **Run As** 菜单，在展开的菜单中选择 **iOS Device App** 选项编译应用。

> 再次强调，执行 iOS 应用需要 Mac 设备。

图 2-19 是该应用运行在 iPad 3 上的截图。

图 2-19

2.6 demo 应用代码解析

The demo application – time for code

首先，本节将仔细研究 demo 项目的关键代码。然后对 demo 项目做一简单的修改。

最后学习在调试模式下运行 demo 应用。

2.6.1 主类代码

首先查看 MyDemo 项目的主类代码。下面是截取自 MyDemo.java 文件的部分代码：

```
public class MyDemo implements ApplicationListener {
    //...
}
```

正如我们看到的，MyDemo 类实现了 ApplicationListener 接口。对于 Gradle 项目（demo-core），MyDemo 项目的主类稍有不同：

```
public class MyDemo extends ApplicationAdapter {
    //...
}
```

ApplicationAdapter 是一个实现了 ApplicationListener 接口的抽象类。在解释该类的细节之前，首先让我们花一些时间了解该类的其他部分。

MyDemo 类定义了四个成员变量，而且这四个变量的类型均由 LibGDX 提供：

```
private OrthographicCamera camera;
private SpriteBatch batch;
private Texture texture;
private Sprite sprite;
```

下面简要介绍上述代码涉及的类。

camera 是 OrthographicCamera 类型变量。OrthographicCamera 称为正交投影相机，正交投影相机一般用于显示 2D 场景。相机可以看成玩家观察游戏场景的视图，我们需要使用具体的宽和高来定义该视图的范围（也称为视口）。

关于相机投影知识，可以通过下面链接访问 Jeff Lamarche 撰写的一篇文章进行学习：http://iphonedevelopment.blogspot.de/2009/04/opengl-es-from-ground-up-part-3.html。

batch 是 SpriteBatch 类型变量。该类是 LibGDX 应用发送渲染命令的工具。SpriteBatch 不仅具有渲染图片的功能，某些情况下它还能优化渲染命令，提高渲染效率。

texture 变量属于 Texture 类型。该类内部保存着真实图片的引用。运行期，纹理的数据将一直保存在内存中。

sprite 变量属于 Sprite 类型。该类是一个复杂的数据类型，因为它既包含了许多纹理对象的属性，如 2D 空间的坐标、宽度、高度，又包含了诸如旋转、缩放等属性。该类内部还保存一个 TextureRegion 实例的引用。TextureRegion 可以理解为从一张完整的纹理中截取的部分内容。

现在我们对当前涉及的数据类型已经有了初步的了解，接下来进一步解释

`ApplicationListener` 接口的实现细节。

`MyDemo` 类目前仅有 `create()`、`render()` 和 `dispose()` 三个方法包含代码，其余三个均为空方法。

create()方法

`create()` 方法包含一些用于准备应用启动的初始化代码，下面是截取自 `create()` 方法的代码：

```
@Override
public void create() {

    float w = Gdx.graphics.getWidth();
    float h = Gdx.graphics.getHeight();

    camera = new OrthographicCamera(1, h / w);
    batch = new SpriteBatch();

    texture = new Texture(Gdx.files.internal("data/libgdx.png"));
    texture.setFilter(TextureFilter.Linear, TextureFilter.Linear);

    TextureRegion region = new TextureRegion(texture, 0, 0, 512, 275);

    sprite = new Sprite(region);
    sprite.setSize(0.9f, 0.9f * sprite.getHeight() / sprite.getWidth());
    sprite.setOrigin(sprite.getWidth() / 2, sprite.getHeight() / 2);
    sprite.setPosition(-sprite.getWidth() / 2, -sprite.getHeight() / 2);
}
```

上述代码首先通过图形模块查询当前设备的显示器尺寸（包括桌面平台的窗口、Android 设备的显示屏）。然后为相机视口计算一个合适的尺寸。接着创建一个用于图片渲染的 `SpriteBatch` 实例。最后使用文件模块加载 `data/libgdx.png` 图片并创建相应的纹理对象。

> 基于 Gradle 构建的项目中，`create()` 方法仅包含两行代码，而且 `render()` 方法也只有四行代码。demo-android 项目的 assets 文件夹中包含一张名为 `badlogic.jpg` 的图片资源。试着理解这些代码，本节最后会完整地列出所有代码。

上述代码加载的图片资源如图 2-20 所示。

正如我们看到的，图 2-20 所示的一半都是空白区域。为了只显示图片中有用的部分，我们创建了一个 `TextureRegion` 实例。该实例不但会引用包含整幅图片的纹理对象，还会保存一个定义了截取区域的矩形信息。上述代码将该矩形的对角点分别设置为（0,0）和（512,275），该坐标是以图片左上角为原点定义的。矩形的宽度和高度分别是 512 像素和 275 像素。然后将 `TextureRegion` 实例作为构造参数创建 `sprite` 实例。`sprite` 对象的尺寸被设置为原始尺寸的 90%，锚点被设置为对象的中心位置。最后，为了让

sprite 对象显示在场景的中心位置，我们将 sprite 对象的位置坐标分别设置为宽高一半的负值。

图 2-20

 LibGDX 坐标系统的原点位于屏幕的左下角，x 轴的正方向水平向右，y 轴的正方向竖直向上。

render()方法

render()方法包含在屏幕渲染场景的代码，如下所示：

```
@Override
public void render() {
    Gdx.gl.glClearColor(1, 1, 1, 1);
    Gdx.gl.glClear(GL20.GL_COLOR_BUFFER_BIT);

    batch.setProjectionMatrix(camera.combined);
    batch.begin();
    sprite.draw(batch);
    batch.end();
}
```

前两行代码调用了 OpenGL 底层方法，第一行代码用于设置清屏颜色，第二行代码用于执行清屏命令。

接下来为 SpriteBatch 对象应用 camera 对象的投影矩阵（combined projection and view matrix）。我们无须知道此处的内部细节，只需简单地理解为：所有渲染命令将根据正交投影规则完成 2D 空间的渲染。

SpriteBatch 类的 begin()和 end()方法必须成对调用，否则会报错。真正的渲染过程是通过 sprite.draw()方法完成的，该方法需要一个 SpriteBatch 实例参数。

dispose()方法

dispose()方法包含清除资源、释放内存的代码，如下所示：

```
@Override
public void dispose() {
    batch.dispose();
    texture.dispose();
}
```

LibGDX 提供一个所有需要释放资源的类都应该实现的接口，该接口就是 Disposable。释放资源时，只需要简单地调用 dispose()方法即可。在 dispose()方法中，我们分别调用了 SpriteBatch 对象和 Texture 对象的 dispose()方法释放占用的内存资源。

下面是 MyDemo.java 文件完整的源代码：

```java
package com.packtpub.libgdx.demo;

import com.badlogic.gdx.ApplicationListener;
import com.badlogic.gdx.Gdx;
import com.badlogic.gdx.graphics.GL20;
import com.badlogic.gdx.graphics.OrthographicCamera;
import com.badlogic.gdx.graphics.Texture;
import com.badlogic.gdx.graphics.Texture.TextureFilter;
import com.badlogic.gdx.graphics.g2d.Sprite;
import com.badlogic.gdx.graphics.g2d.SpriteBatch;
import com.badlogic.gdx.graphics.g2d.TextureRegion;

public class MyDemo implements ApplicationListener {
    private OrthographicCamera camera;
    private SpriteBatch batch;
    private Texture texture;
    private Sprite sprite;

    @Override
    public void create() {
        float w = Gdx.graphics.getWidth();
        float h = Gdx.graphics.getHeight();

        camera = new OrthographicCamera(1, h / w);
        batch = new SpriteBatch();

        texture = new Texture(Gdx.files.internal("data/libgdx.png"));
        texture.setFilter(TextureFilter.Linear, TextureFilter.Linear);

        TextureRegion region = new TextureRegion(texture, 0, 0, 512, 275);

        sprite = new Sprite(region);
```

```
        sprite.setSize(0.9f, 0.9f * sprite.getHeight() /
            sprite.getWidth());
        sprite.setOrigin(sprite.getWidth() / 2, sprite.getHeight() / 2);
        sprite.setPosition(-sprite.getWidth() / 2, -sprite.getHeight() /
            2);
    }

    @Override
    public void dispose() {
        batch.dispose();
        texture.dispose();
    }

    @Override
    public void render() {
        Gdx.gl.glClearColor(1, 1, 1, 1);
        Gdx.gl.glClear(GL20.GL_COLOR_BUFFER_BIT);

        batch.setProjectionMatrix(camera.combined);
        batch.begin();
        sprite.draw(batch);
        batch.end();
    }

    @Override
    public void resize(int width, int height) {
    }

    @Override
    public void pause() {
    }

    @Override
    public void resume() {
    }
}
```

> Gradle 用户应该将 MyDemo 类的代码替换为上述源代码，因为第 2.6.2 节我们将使用上述代码执行一项简单的热交换测试。虽然 Gradle 项目没有 libgdx.png 文件，但是可以使用系统自带的绘图工具创建一张尺寸为 512 像素×512 像素的替代图片，或者也可以从本书的源代码包中拷贝 libgdx.png 文件。然后在 Android 项目的 assets 文件夹内创建一个 data 子文件夹，并将 libgdx.png 文件保存到该文件夹内。

2.6.2 调试器和代码热交换

本节将介绍如何使用调试器精确观察 demo 项目的执行过程。首先，需要设置调试断点，调试断点是指在程序的某一行设置一个中断标志，当应用在调试模式下运行至该行时，应用将会暂停执行，此时可以检查应用的执行状态。打开 MyDemo.java 文件，在创建 SpriteBatch 实例的代码行设置断点，如图 2-21 所示。

```
 28        camera = new OrthographicCamera(1, h/w);
 29        batch = new SpriteBatch();
 30
 31        texture = new Texture(Gdx.files.internal("data/libgdx.png"));
 32        texture.setFilter(TextureFilter.Linear, TextureFilter.Linear);
```

图 2-21

 设置断点十分简单，首先将鼠标移到需要设置断点的代码行，然后在该行最左侧（行号左侧）双击即可。Eclipse 会将断点标记为蓝色原点，移除断点和设置断点完全相同，双击蓝色标记即可移除相应断点。

接下来，鼠标右击 demo-desktop 项目，选择 **Debug As** 菜单，然后在弹出的菜单中选择 **Java Application** 选项，或者直接在键盘上按 **F11** 键。当应用窗口几乎可见时，应用立刻停止执行。此时，Eclipse 将自动跳转到调试视图，调试视图包含非常多的运行信息，Eclipse 的调试视图如图 2-22 所示。

图 2-22

在 **Variables** 选项卡，可以检查位于当前作用域的所有变量的值。例如，float 类型变量 w 和 h 已经被设置为 480 和 320。接下来，可以在 **Run** 菜单下选择 **Resume** 选项继续执行应用，也可以选择 **Terminate** 选项终止应用。现在选择 **Resume** 选项继续执行。

下面介绍 JVM 提供的代码热交换功能。首先确保应用已经在调试模式下运行，然后在 render() 方法中添加一行代码。下面列举了修改后的 render() 方法：

```
    @Override
    public void render() {
        Gdx.gl.glClearColor(1, 1, 1, 1);
        Gdx.gl.glClear(GL20.GL_COLOR_BUFFER_BIT);

        batch.setProjectionMatrix(camera.combined);
        batch.begin();
        sprite.setRotation(45);
        sprite.draw(batch);
        batch.end();
    }
```

最终结果是，刚刚添加到 MyDemo.java 源文件的下面这行代码将在 sprite.draw() 方法之前被执行：

sprite.setRotation(45);

该代码将 sprite 对象朝着逆时针方向旋转了 45°。接下来在键盘上按 **Ctrl+S** 快捷键或者鼠标单击"保存"按钮。此时可以发现刚才修改的代码已经生效了，如图 2-23 所示。

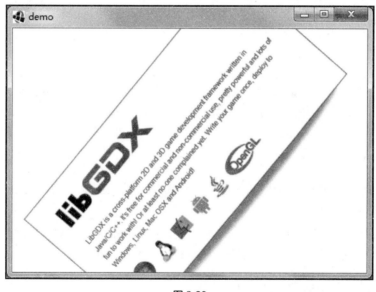

图 2-23

要使用代码热交换功能，必须激活自动构建。要激活自动构建，只需选中 **Project** 菜单下的 **Build Automatically** 选项即可。

可能你已经感受到了代码热交换功能带来的便利。试想一下，如果我们希望在一个复杂的场景中找到一个最佳的观察位置，或者希望了解不同参数的运行效果，此时，代码热交换功能便能为我们提供极大的便利。实际上，这种便利仅仅是代码热交换的一部分功能。

接下来继续修改 demo 项目的代码，以实现连续旋转的效果。

这里需要声明一个存储当前旋转角度的变量。该变量将随着时间的递增而递增。为了防止变量溢出，可以对计算结果与360°进行取模计算。该方法可以防止溢出的原因是：取模计算(%)可以让某个变量在一个确定的范围内周期变化。

每帧转过的角度等于每秒转过的角度乘以增量时间，而转过的总角度等于上一帧的旋转角度加上本帧转过的角度。另外，设置 sprite 对象的旋转角度必须在渲染之前完成。

下面列出了修改后的代码：

```
private float rot;

@Override
public void render() {
    Gdx.gl.glClearColor(1, 1, 1, 1);
    Gdx.gl.glClear(GL20.GL_COLOR_BUFFER_BIT);

    batch.setProjectionMatrix(camera.combined);
    batch.begin();
    final float degreesPerSecond = 10.0f;
    rot = (rot + Gdx.graphics.getDeltaTime() *
        degreesPerSecond) % 360;
    sprite.setRotation(rot);
    sprite.draw(batch);
    batch.end();
}
```

注意，不是所有操作都可以使用代码热交换功能在线生效的，例如，更改方法名和引入成员变量是不会在线生效的。为了反映这些变化，我们必须重新启动应用。幸运的是，当修改的代码不能在线生效时，Eclipse 会弹出一个警告消息告知我们。

此时可以修改上述代码的取值，以便获得更加有趣的旋转效果，完成之后，接下来将从旋转进入振荡效果的实现。

我们知道，正弦函数和余弦函数都具有振荡效应，所以可以使用这些函数为图片添加一个振荡效果。振荡效果的振幅可以通过常量控制。

下面列举了实现振荡效果的代码：

```
@Override
public void render() {
    Gdx.gl.glClearColor(1, 1, 1, 1);
    Gdx.gl.glClear(GL20.GL_COLOR_BUFFER_BIT);
    batch.setProjectionMatrix(camera.combined);
    batch.begin();
    final float degreesPerSecond = 10.0f;
    rot = (rot + Gdx.graphics.getDeltaTime() * degreesPerSecond) % 360;
    final float shakeAmplitudeInDegrees = 5.0f;
    float shake = MathUtils.sin(rot) * shakeAmplitudeInDegrees;
    sprite.setRotation(shake);
    sprite.draw(batch);
    batch.end();
}
```

下面使用几幅独立的截图解释旋转和振荡效果的执行过程，如图2-24所示。

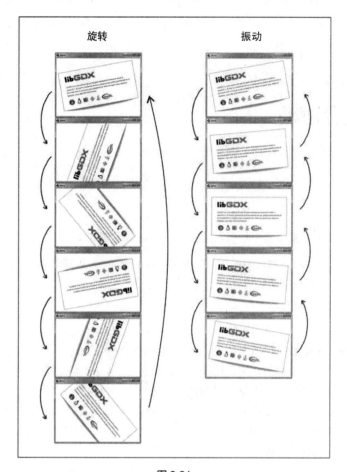

图 2-24

2.7 总结

Summary

本章学习了很多有关 LibGDX 的新内容。首先，分析了 LibGDX 是如何将多个子项目组织在一起的。然后，介绍了 LibGDX 的后端、模块和启动类。其次，还介绍了 LibGDX 应用的生命周期与接口方法是如何对应的。最后，介绍了如何使用调试器观察应用的运行期状态，以及如何利用代码热交换功能提高开发效率。

到目前为止，我们对 LibGDX 已经有了一定的了解，接下来将正式进入游戏开发阶段。从第 3 章开始，本书将逐步介绍一款真实游戏的开发过程。因为 LibGDX 是一个高效的开发框架而不是游戏引擎，所以，首先要创建自己的游戏引擎。第 3 章将基于 LibGDX 应用的生命周期为即将开发的游戏创建一个简单的游戏引擎。

第 3 章
配置游戏
Configuring the Game

本章将开始实现第 1 章引入的 Canyon Bunny 游戏。另外，本章还将介绍以下内容。

- 使用 `gdx-setup-ui` 工具创建 Canyon Bunny 游戏项目。
- 学习游戏框架的设计。
- 测试基础代码。

开始编写代码之前，首先为 Canyon Bunny 应用创建一个统一建模语言（Unified Modeling Language，UML）类图，从整体了解即将实现的所有类。关于 UML，我们将在本章后面做一些简要的介绍。从软件工程师的角度来看，本书实例的体系结构及实现代码并不完全遵循最优设计原则，其目的是让示例尽可能简单，从而保证初学者更容易接受和掌握这些内容。需要声明一点，本书的最终目标是教会你如何使用 LibGDX 创建和开发游戏。接下来介绍的内容是面向开发的，因此，为了保证不在实施代码细节的过程中迷失方向，首先需要使用类图解析整个游戏框架。

最后，将测试本章创建的基础框架，后续每个章节都会以该框架为基础继续添加更多功能。

3.1 创建 Canyon Bunny 项目
Setting up the Canyon Bunny project

运行第 1 章介绍过的 `gdx-setup-ui` 工具，然后根据下面的信息创建项目。

- **Name:**`CanyonBunny`。
- **Package:**`com.packtpub.libgdx.canyonbunny`。
- **Game class:**`CanyonBunnyMain`。
- **Destination:**`C:\libgdx`。
- **Generate the desktop project**：选中。
- **Generate the html project**：选中。

- **Generate the ios project**：选中。

Gradle 用户也需要使用以上信息创建项目。

图 3-1 是使用 `gdx-setup-ui` 工具创建项目时的截图。

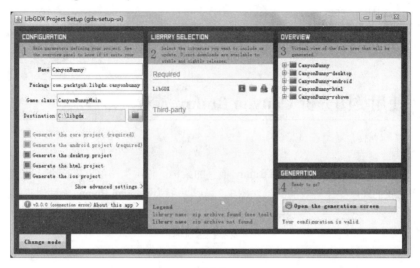

图 3-1

单击 "Generate" 按钮生成项目文件。当项目创建完毕后，打开 Eclipse IDE 导入项目文件。

导入项目的步骤可以参考第 1 章内容。

打开 Eclipse IDE，进入 **Project Explorer** 窗口。然后定位到 CanyonBunny-android 项目的 `res/values/` 路径下打开 `string.xml` 文件。该文件内包含一个名为 `name` 的字符串，该字符串定义了 Android 应用的名称（最终会显示在用户手机上）。如果 **Project Explorer** 窗口不可见，则可以通过 **Window | Show View | Project Explorer** 菜单打开该窗口。

当前 `name` 字符串的定义如下：
`<string name="app_name">My LibGDX Game</string>`

为了更贴近游戏主题，可将 `name` 字符串修改成下面的内容：
`<string name="app_name">Canyon Bunny</string>`

保存并关闭 `string.xml` 文件。再次浏览 **Project Explorer** 窗口，删除由项目创建工具默认生成的一个文件夹和两个文件。

第 3 章 配置游戏

- 从 CanyonBunny-core/CanyonBunny 项目的 com.packtpub.libgdx.canyonbunny 包下删除 CanyonBunnyMain.java 文件。
- 删除 CanyonBunny-android 项目的 assets 资源文件夹内的所有图片和目录。

接着打开 CanyonBunny-desktop 项目的启动类，将窗口的分辨率修改为 800 像素×480 像素，如下所示：

```
cfg.width = 800;
cfg.height = 480;
```

保存并关闭该文件。现在，Canyon Bunny 项目的初始配置工作已经完成。

3.2 使用类图分析 Canyon Bunny 游戏
Using a class diagram for Canyon Bunny

下面将详细分析 Canyon Bunny 项目的架构。使用类图可以以标准化和结构化的形式帮助我们理解整个游戏的架构。图 3-2 就是我们为 Canyon Bunny 项目创建的类图。

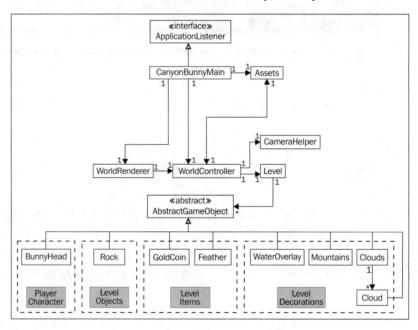

图 3-2

从图 3-2 所示的类图中可以发现，Canyon Bunny 游戏包含许多需要实现的类。该类图还包含大部分类的类型信息及相互关系的重要信息。首先，我们不必恐惧类图中包含的那些矩形框、线条、箭头等。如果你对这样的类图或 UML 并不熟悉，则需要仔细阅读下面的内容，该部分内容将告诉你如何阅读和理解类图。如果你很擅长 UML 建模，则可以直接跳过下面的内容。

在 UML 类图中，矩形代表类。特殊类需要使用双尖括号标记类型名，如"abstract"表示抽象类，而"interface"表示接口。线段用于表示两个类的关系。

没有箭头的线段表示两个类之间是双向关系，而双向关系意味着两个类相互依赖，谁离开谁都不能正常工作。仅有一端有实心箭头的线段表示没有箭头指向的那个类必须依赖箭头指向的那个类才能正常工作，然而，相反的情况并不成立。另外，仅有一端有空心箭头的线段表示子类继承于父类，父类可能是接口或抽象类。

最后，类图上标明的数字用于定义数量。换句话说，它表示一个对象中存在多少个其他类的实例。下面简要介绍各种数量关系的表达方式。

- `0..1`：表示包含 0 个或者 1 个实例，通式 `n..m` 表示从 n 到 m 个实例。
- `0..*或者*`：表示对实例个数没有限制(可能为 0)。
- `1`：表示必须且只能包含一个实例。
- `1..*`：表示至少包含一个实例，对上限没有要求。

现在来理解上面的类图是不是就很简单了！

在上述类图的顶部，可以看到项目的主类 `CanyonBunnyMain`。既然是主类，那就必须实现 LibGDX 提供的 `ApplicationListener` 接口。主类内部封装了一个 `Assets` 类的引用，而 `Assets` 类用于组织和访问游戏资源。主类还包含 `WorldController` 类和 `WorldRenderer` 类的引用。

`WorldController` 类包含用于初始化游戏和切换游戏状态的所有逻辑。该类还需要访问封装了所有相机操作的助手类 `CameraHelper`，例如，设置相机目标、追踪游戏对象等操作。`Level` 类封装了关卡数据等内容，最下面一层包含的多个 `AbstractGameObject` 的子类代表游戏对象。

游戏场景的渲染任务是由 `WorldRenderer` 类负责的，所以 `WorldRenderer` 类需要访问每个 `AbstractGameObject` 对象。更显而易见的是，每个游戏对象都必须在更新和渲染之前创建。`Level` 类也需要访问 `AbstractGameObject` 实例。游戏一开始，`Level` 类需要从文件中加载关卡资源。

在图 3-2 所示的类图中，最底行的所有类都指向了 `AbstractGameObject` 抽象类。这些类最终会被实现为一种专用的游戏对象，它们分享了一个组成游戏对象的公共接口。进一步，我们将这些游戏对象分为几大组，以表明各自的用途。可回顾第 1 章创建的素描图，观察 Canyon Bunny 游戏包含的游戏对象。下面对每组游戏对象进行简要介绍。

- Player character（玩家角色）：
  ○ BunnyHead（角色对象）：代表玩家控制的角色对象。
- Level object（关卡对象）：

- Rock（石块对象）：具有左右两端边界的平台，平台的宽度可能是任意值，在关卡中它代表玩家行走的地面（石块）。
- Level item（关卡道具）：
  - GoldCoin（金币道具）：代表金币道具，可以增加玩家得分。
  - Feather（羽毛道具）：代表羽毛道具，可以赋予玩家飞行能力。
- Level decorations（关卡装饰）：
  - WaterOverlay（水层）：表示一张普通的图片，它总是水平附着在相机的视口底部，因此，无论相机在 *x* 方向上如何移动，该图片总是可见的。
  - Mountains（山丘层）：该对象表示三座以不同速度移动的山丘，用于模拟视差效果。
  - Cloud（云朵层）：表示天空中水平向左缓慢移动的云朵。

从第 4 章开始直到第 6 章，我们将详细讲述这些游戏对象的创建过程。

3.3 基础部分
Laying foundations

下面将从理论转向实践，真正开始实施代码细节。首先实现第一个基础版本的 CanyonBunnyMain 类、WorldController 类和 WorldRenderer 类。另外，还需创建一个存储常量的 Constants 实用类，或许你已经发现上述类图中并不存在 Constants 类。创建该类只是为了方便访问常量参数，避免分散常量定义和重复使用魔法数。而且，所有常量都以静态公共的方式存储在 Constants 类中，可以方便在其他类中直接调用。因为每个类都有可能访问 Constants 类，假如类图中存在该类，那么每个类都需要与该类连接，最终将导致类图复杂无序、难以理解。

> 为了简单起见，我们将所有常量存储在 Constants 类中。还有一个可选的方法，就是将常量存储在文件中，当游戏启动时加载并解析该文件。该方法的好处是修改常量不需要重新编译应用。

3.3.1 实现 Constants 类

下面列举了 Constants 类的实现代码：

```
package com.packtpub.libgdx.canyonbunny.util;

public class Constants {
    // 将游戏世界的可视高度定义为 5 米（视口高度）
    public static final float VIEWPORT_WIDTH = 5.0f;
```

```
        //将游戏世界的可视宽度定义为 5 米（视口宽度）
        public static final float VIEWPORT_HEIGHT = 5.0f;
}
```

上述代码定义了游戏世界的可视范围。可视范围表示玩家角色静止时用户在屏幕上观察到的场景尺寸。本例将该范围的宽度和高度都设定为 5 米。

接下来创建其他三个类，但此时只创建方法存根（空方法）而不添加具体实现代码。通过这种方式可以将注意力集中在游戏框架上，后续根据具体需求逐步添加实现代码。希望以这样的学习方式给初学者一个最佳的观察角度，以便理解整个游戏的开发过程。

3.3.2 实现 CanyonBunnyMain 类

下面列出了首个版本 CanyonBunnyMain 类的实现代码：

```java
package com.packtpub.libgdx.canyonbunny;

import com.badlogic.gdx.ApplicationListener;
import com.packtpub.libgdx.canyonbunny.game.WorldController;
import com.packtpub.libgdx.canyonbunny.game.WorldRenderer;

public class CanyonBunnyMain implements ApplicationListener{
    private static final String TAG =
            CanyonBunnyMain.class.getName();

    private WorldController worldController;
    private WorldRenderer worldRenderer;

    @Override public void create() { }
    @Override public void resize(int width, int height) { }
    @Override public void render() { }
    @Override public void pause() { }
    @Override public void resume() { }
    @Override public void dispose() { }
}
```

CanyonBunnyMain 类实现于 ApplicationListener 接口，所以它是本项目的主类。

WorldController 类和 WorldRenferer 类分别用于更新、控制游戏流程以及渲染当前状态下的游戏场景。

TAG 常量被设置为 CanyonBunnyMain 的类名，表示一个独一无二的标签。该标签用于输出日志。LibGDX 内置的日志管理器要求为每条日志信息传递一个标签。因此，在代码中我们使用常量表示这个标签，后续会为每个类创建一个类似的标签。

3.3.3 实现 WorldController 类

WorldController 类的实现代码如下：

```java
package com.packtpub.libgdx.canyonbunny.game;

public class WorldController {
```

```
    private static final String TAG =
        WorldController.class.getName();
    public WorldController() { }
    private void init() { }

    public void update(float deltaTime) { }
}
```

WorldController 类包含一个私有的 init()方法,该方法将用于初始化实例。虽然所有初始化代码都可以放在构造方法中,但是,创建独立的初始化方法有很多优点。比如,当希望重置一个对象时,但又不希望完全重建它,或者根本没有必要完全重建,这时独立的初始化方法就节省了许多资源并提高了游戏的执行效率。还有,独立的初始化方法可以减少垃圾收集器(Garbage Collector, GC)引起的中断。调用初始化方法可以重新激活已经存在的对象,这样可以节省大量的内存资源。因此,推荐大家使用独立的方法进行初始化,因为该方法可以在有限的资源中最大化应用性能。对于资源量很小的移动设备,这点更加重要。

update()方法用于处理游戏逻辑,该方法每秒可能会被调用几百次。因此,它的执行效率是非常重要的。update()方法需要以增量时间作为参数进行调用,在内部它将根据该时间更新游戏世界。

> 启动类的默认配置是激活了 vertical synchronization(vsync)。vsync 将屏幕刷新率的最大值限制为 60 帧/秒,也就是调用 update()方法的最大频率是 60 次/秒。

3.3.4 实现 WorldRenderer 类

下面列出了 WorldRenderer 类的实现代码:

```
package com.packtpub.libgdx.canyonbunny.game;

import com.badlogic.gdx.graphics.OrthographicCamera;
import com.badlogic.gdx.graphics.g2d.SpriteBatch;
import com.badlogic.gdx.utils.Disposable;
import com.packtpub.libgdx.canyonbunny.util.Constants;

public class WorldRenderer implements Disposable {
    private OrthographicCamera camera;
    private SpriteBatch batch;
    private WorldController worldController;

    public WorldRenderer(WorldController worldController) { }
    private void init() { }

    public void render() { }
    public void resize(int width, int height) { }

    @Override public void dispose() { }
}
```

WorldRenderer 类也包含一个用于初始化的 init() 方法。进一步，该类还包含一个用于定义游戏对象渲染顺序的 render() 方法。任何时候改变窗口的大小，包括应用启动时窗口尺寸的变化，LibGDX 框架都会调用 resize() 方法执行必要的步骤，以适应窗口尺寸的变化。

render() 方法需要使用一个用于二维场景的正交投影相机完成渲染过程。幸运的是，LibGDX 提供的 OrthographicCamera 类简化了二维场景的渲染任务。从本质上讲，SpriteBatch 类才是完成渲染任务的真正工作者，执行渲染时，该类将根据相机当前的配置（位置、投影、缩放等）将所有游戏对象绘制到屏幕上。因为 SpriteBatch 类实现了 Disposable 接口，所以，当 SpriteBatch 实例不再使用时，需要调用 dispose() 方法释放该对象占用的内存资源。为了实现这一点，也为 WorldRenerer 类实现了 Disposable 接口。然后在 dispose() 方法中调用了 SpriteBatch 对象的 dispose() 方法。根据上面的实现过程，当 LibGDX 调用 CanyonBunnyMain 的 dispose() 方法时，便可自动执行有序释放（清理）过程。

还需要注意一点，WorldRenderer 类的构造方法需要一个 WorldController 实例参数，这是为了方便后续渲染时访问控制管理器管理的游戏对象。

3.4 组织在一起

Putting it all together

现在填充部分存根方法。实现基础游戏循环对于整个开发过程来说是一个很好的开端，因为游戏循环是驱动游戏世界不断更新和渲染的引擎。后面将为该基础循环添加一些精灵对象，以验证更新和渲染机制是否工作良好。为了实现用户对游戏世界和游戏对象的操纵，本节还将为 WorldController 类实现响应用户输入的功能。最后，需要实现一个 CameraHelper 类，该类允许我们自由移动相机、为相机选择跟踪对象。

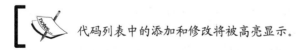
代码列表中的添加和修改将被高亮显示。

3.4.1 构建游戏循环

Canyon Bunny 游戏的循环被放在 CanyonBunnyMain 类的 render() 方法中。为了获得相应类的访问权限，首先为该类导入下面的 Java 包：

```
import com.badlogic.gdx.Application;
import com.badlogic.gdx.Gdx;
import com.badlogic.gdx.graphics.GL20;
```

完成之后，修改 create()方法，代码如下：

```
@Override
public void create() {
    // 将 LibGDX 日志级别设定为 DEBUG
    Gdx.app.setLogLevel(Application.LOG_DEBUG);
    // 初始化控制器和渲染器
    worldController = new WorldController();
    worldRenderer = new WorldRenderer(worldController);
}
```

首先，将 LibGDX 的日志记录级别设置为 DEBUG 模式，以便运行期可以输出所有级别日志。千万不要忘记在发布应用前将日志级别修改为更为合适的 LOG_NONE 或 LOG_INFO。

接着创建 WorldController 和 WorldRenderer 两个类的实例，并将其引用保存在对应的成员变量中。

为了持续更新和渲染游戏世界，需要在 render()方法内添加以下代码：

```
@Override
public void render() {
    //根据最后一帧的增量时间更新游戏世界
    worldController.update(Gdx.graphics.getDeltaTime());
    //设置清屏颜色为浅蓝色
    Gdx.gl.glClearColor(0x64/255.0f, 0x95/255.0f, 0xed/255.0f,
        0xff/255.0f);
    //清屏
    Gdx.gl.glClear(GL20.GL_COLOR_BUFFER_BIT);

    //将游戏世界渲染到屏幕上
    worldRenderer.render();
}
```

该方法首先根据增量时间更新游戏世界。幸运的是，LibGDX 已经建立了数学管理服务，我们只需使用 Gdx.graphics 模块提供的 getDeltaTime()方法获取当前增量时间并传递给 WorldController 实例的 update()方法即可。接下来，LibGDX 通过 Gdx.gl 模块直接调用两个底层 OpenGL 方法。第一个方法 glClearColor()用于设置清屏时使用的颜色，该方法需要输入 red、green、blue 和 alpha（RGBA）四个参数。每个参数表示一个颜色组成，颜色组成需要使用一个介于 0~1 的浮点数解析 8 位二进制数的范围。这就是为什么我们在上述代码中为每个颜色组成除以 255.0f（8bit = 2^8 = 256，即每个颜色组成的分辨率为 256）。

> 如果希望使用十进制表示颜色，则可以使用下面的方法：
> Gdx.gl.glClearColor(
>   100/255.0f, 149/255.0f, 237/255.0f, 255/255.0f)。

第二个方法 glClear()使用前面设置的清屏颜色填充整个屏幕，以覆盖上一帧渲染的所有内容。最后一步将更新后的游戏世界渲染到屏幕上。

需要特别注意的是，千万不要修改上述代码的执行顺序，例如，先渲染场景再更新游戏世界。如果这样做，游戏世界的进度将总是落后于真实状态一帧时间。这个变化是非常微妙的，而且很容易被忽视。这取决于很多因素，对于一款反应速度要求较高的动作类游戏，这个问题将变得非常明显。然而，对于速度缓慢的卡牌类游戏，这个问题很有可能不会被发现。

接下来填充 resize() 方法，代码如下：

```
@Override
public void resize(int width, int height) {
    worldRenderer.resize(width, height);
}
```

任何时候改变窗口的大小，LibGDX 都会调用 ApplicationListener 接口的 resize() 方法。因为窗口尺寸的变化与场景渲染息息相关，因此，我们将具体的处理代码放在了 WorldRenderer 类的 resize() 方法内，而这里只需要简单地调用该方法即可。

下面在 dispose() 方法添加释放资源的代码：

```
@Override
public void dispose() {
    worldRenderer.dispose();
}
```

无论什么时候发生 dispose 事件，该方法都会通知渲染器释放资源。

为了适应 Android 应用的生命周期，下面需要进一步修改上述代码。在第 2 章已经讨论过，Android 应用有两个额外的系统事件，即 pause 事件和 resume 事件。我们希望，当应用接收到 pause 事件或 resume 事件时可以自动暂停和恢复运行。要实现该机制，首先应该为 CanyonBunnyMain 类添加一个 paused 成员变量：

```
private boolean paused;
```

接着修改 create() 方法和 render() 方法，修改后的代码如下：

```
@Override
public void create() {
    // 将 LibGDX 日志级别设定为 DEBUG
    Gdx.app.setLogLevel(Application.LOG_DEBUG);
    // 初始化控制器和渲染器
    worldController = new WorldController();
    worldRenderer = new WorldRenderer(worldController);
    // 启动时默认激活游戏
    paused = false;
}

@Override
public void render() {
    // 当游戏暂停时，不再更新游戏世界
    if(!paused) {
        // 根据最后一帧的增量时间更新游戏世界
        worldController.update(Gdx.graphics.getDeltaTime());
    }
```

```
//设置清屏颜色为浅蓝色
Gdx.gl.glClearColor(0x64/255.0f, 0x95/255.0f, 0xed/255.0f,
    0xff/255.0f);
// 清屏
Gdx.gl.glClear(GL20.GL_COLOR_BUFFER_BIT);

// 将游戏世界渲染到屏幕上
worldRenderer.render();
}
```

最后在 pause()方法和 resume()方法中添加相应事件的响应代码：

```
@Override
public void pause () {
    paused = true;
}

@Override
public void resume () {
    paused = false;
}
```

目前，我们已经完成了开发过程的一个重要步骤，此时应该验证应用能否按照预期的方式工作。我们可以选择任何一种支持的平台测试应用。图 3-3 是该应用在 Windows 平台的运行截图。

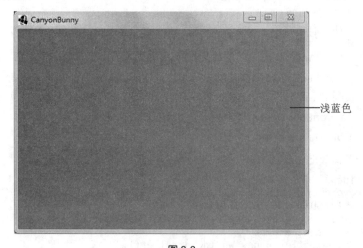

图 3-3

从图 3-3 可以看到一个完全被浅蓝色填充的窗口。严格来说，这个结果还不能令人激动，因为它还没包含任何类似于游戏的元素。但是，前面完成的工作为我们建立了良好的基础，在该基础上可以继续扩展更多的功能。

3.4.2 添加测试精灵

下面让我们添加一些简单的测试代码，以验证刚刚建立的更新及渲染机制是否合理。

为了达到测试的目的，我们将在应用运行期随机产生一些精灵对象。

首先，为 `WorldController` 类导入以下 Java 包：

```java
import com.badlogic.gdx.graphics.Pixmap;
import com.badlogic.gdx.graphics.Pixmap.Format;
import com.badlogic.gdx.graphics.Texture;
import com.badlogic.gdx.graphics.g2d.Sprite;
import com.badlogic.gdx.math.MathUtils;
```

接着按照下面的代码修改该类：

```java
public Sprite[] testSprites;
public int selectedSprite;

public WorldController () {
  init();
}

private void init () {
  initTestObjects();
}

private void initTestObjects () {
  // 创建一个长度为 5 的精灵数组
  testSprites = new Sprite[5];
  // 创建一个 POT 尺寸的 8bit RGBA 色值的 Pixmap 对象
  int width = 32;
  int height = 32;
  Pixmap pixmap = createProceduralPixmap(width, height);
  // 使用 Pixmap 对象数据创建纹理
  Texture texture = new Texture(pixmap);
  // 使用上面创建的纹理创建精灵对象
  for (int i = 0; i < testSprites.length; i++) {
    Sprite spr = new Sprite(texture);
    // 将精灵在游戏世界的尺寸设置为 1 × 1
    spr.setSize(1, 1);
    // 将精灵对象的原点设置为中心
    spr.setOrigin(spr.getWidth() / 2.0f, spr.getHeight() / 2.0f);
    // 为精灵对象计算随机坐标
    float randomX = MathUtils.random(-2.0f, 2.0f);
    float randomY = MathUtils.random(-2.0f, 2.0f);
    spr.setPosition(randomX, randomY);
    // 将精灵对象添加到数组中
    testSprites[i] = spr;
  }
  // 将数组中的第一个精灵对象设置为选中对象
  selectedSprite = 0;
}

private Pixmap createProceduralPixmap (int width, int height) {
  Pixmap pixmap = new Pixmap(width, height, Format.RGBA8888);
  // 以 50% 透明的红色填充矩形区域
  pixmap.setColor(1, 0, 0, 0.5f);
  pixmap.fill();
  // 在矩形区域绘制一个黄色的 X 形状
  pixmap.setColor(1, 1, 0, 1);
  pixmap.drawLine(0, 0, width, height);
  pixmap.drawLine(width, 0, 0, height);
```

```
    // 为矩形区域绘制一个青色的边框
    pixmap.setColor(0, 1, 1, 1);
    pixmap.drawRectangle(0, 0, width, height);
    return pixmap;
}

public void update (float deltaTime) {
    updateTestObjects(deltaTime);
}

private void updateTestObjects (float deltaTime) {
    //获得选中精灵对象的旋转角度
    float rotation = testSprites[selectedSprite].getRotation();
    // 以 90°/s 的速度旋转精灵对象
    rotation += 90 * deltaTime;
    //将旋转角度限制在 360° 以内
    rotation %= 360;
    // 为选中的精灵对象设置新的旋转角度
    testSprites[selectedSprite].setRotation(rotation);
}
}
```

在上述代码中，我们添加了两个新的成员变量，分别是 testSprites 和 selectedSprite。第一个变量用于存储 Sprite 实例的数组。本次测试需要添加 5 个精灵对象。第二个变量用于存储当前选中的精灵实例在数组中的索引。虽然 Sprite 类可以渲染纹理，但是还没有为项目添加任何纹理资源。因此，为了测试应用，我们将使用 Pixmap 类在线生成一张纹理资源。Pixmap 对象保存着它所创建的图形的真实像素数据(存储在一张字节映射表中)。该类还提供了许多简单的用于创建图形的绘制方法。上述代码使用 Pixmap 类提供的部分方法绘制了一幅尺寸为 32 像素×32 像素的半透明红色矩形。矩形内部包含一个"X"标志和一个青色边框。接着使用 Pixmap 对象创建一个 Texture 实例，然后将该实例传递给 Sprite 类的构造方法创建实例对象。最后渲染 Sprite 对象时，便能看到刚刚手工绘制的图形。

图 3-4 所示图形便是我们使用代码在线创建的。

图 3-4

精灵对象的尺寸被设置为 1 m×1 m。想必你还记得前面将游戏世界的可视范围设置为 5 m×5 m 平方米。所以，在游戏场景中，每个精灵的尺寸将精确地等于场景尺寸的 1/5。理解这一点非常重要，因为定义游戏对象尺寸的单位与图片的像素完全不同。所有游戏对象的尺寸都必须相对于游戏场景的大小来定义，这里使用的"米"也是一种相对单位，并非实际测量单位。

精灵的锚点被设置为对象的中心位置。这样就可以在不添加任何平移效果的前提下，以中心点为基准旋转精灵对象。精灵的位置被随机分配在正负两米的范围内。另外，我们将 selectedSprite 变量初始化为 0，表示将数组的第一个元素作为选中的精灵对象。应用每次更新时，都会调用 updateTestObjects()方法，该方法内部根据增量时间和旋转速度计算并设置选中精灵的旋转角度。让选中的精灵对象旋转是为了方便我们观察。

虽然已经添加了游戏逻辑，且已经创建了游戏对象，但它们还不能被渲染到屏幕上。下面将实现这一过程。

首先，为 `WorldRenderer` 导入 `Sprite` 类，如下所示：

```
import com.badlogic.gdx.graphics.g2d.Sprite;
```

接着在 `WorldRenderer` 类中添加下面的代码：

```
public WorldRenderer (WorldController worldController) {
    this.worldController = worldController;
    init();
}

private void init () {
    batch = new SpriteBatch();
    camera = new OrthographicCamera(Constants.VIEWPORT_WIDTH,
        Constants.VIEWPORT_HEIGHT);
    camera.position.set(0, 0, 0);
    camera.update();
}

public void render () {
    renderTestObjects();
}

private void renderTestObjects () {
    batch.setProjectionMatrix(camera.combined);
    batch.begin();
    for (Sprite sprite : worldController.testSprites) {
        sprite.draw(batch);
    }
    batch.end();
}

public void resize (int width, int height) {
    camera.viewportWidth = (Constants.VIEWPORT_HEIGHT / height) * width;
    camera.update();
}

@Override
public void dispose () {
    batch.dispose();
}
```

首先在 `WorldRenderer` 类的构造方法中保存 `WorldController` 实例。这一步是非常必要的，因为渲染时需要通过该实例访问所有游戏对象。`init()` 方法首先创建一个用于执行渲染任务的 `SpriteBatch` 对象。在开始渲染之前，还需要创建一个正交投影相机并配置它的视口参数。视口尺寸定义了用户可以观察到的游戏世界范围，它的工作原理和真实的相机几乎没有差别。很明显，透过相机观察场景时，除了相机指向的范围内，我们无法观察到其他任何事物。如果希望观察相机左侧范围以外的事物，则必须向左移动相机，真实相机和虚拟相机的成像原理都是这样的。视口的宽、高分别等于 `Constants` 类定义的 `VIEWPORT_WIDTH` 常量和 `VIEWPORT_HEIGHT` 常量。

当窗口尺寸发生变化时，LibGDX 将主动调用 `resize()` 方法。该方法可以更新相机视口以适应最新窗口尺寸的最佳位置。在 `resize()` 方法中，首先计算了视口高度与窗口高度的比例，然后乘以窗口宽度，获得的结果就是视口的宽度。这种计算方法的效果是，可视世界的高度保持不变，而宽度会根据窗口尺寸的比例自动缩放。切记，不要忘记调用 `camera.update()` 方法更新视口参数。

游戏世界的渲染任务被放在 `render()` 方法中。`SpriteBatch` 类提供的 `begin()` 方法和 `end()` 方法分别用于启动和结束新一批渲染命令。发送任何渲染命令之前，必须先调用 `begin()` 方法。在 `renderTestObjects()` 方法中，我们遍历了 `worldController` 类封装的 `testSprites` 数组，并为每个 `Sprite` 对象调用 `draw()` 方法。执行完所有渲染命令后，调用 `end()` 方法提交渲染命令并结束本帧渲染。与 `begin()` 方法相反，`end()` 方法必须在结束渲染时调用。

测试代码已经全部添加完成，接下来启动并测试游戏。从运行窗口可以发现五个精灵对象，其中四个是静止的，另外一个绕着中心持续旋转。从上述实现可以确定，旋转的精灵就是当前选中的对象。

图 3-5 所示的是该应用在 Windows 平台下的运行截图。

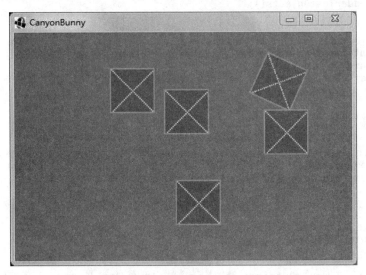

图 3-5

3.4.3 添加调试控制

在开发期，为项目添加一个可以精确控制游戏行为的调试控制是一项非常实用的操作。尽管调试控制具有非常高的实用价值，但很多游戏玩家也将其称为游戏作弊器。可以确定的是，调试控制能让你的开发生涯变得简单、有趣。在发布游戏之前，如果不是特意为用户预留的功能，都应该移除或禁用所有调试控制。

LibGDX 提供两种处理用户输入的方法。下面将分别讨论这两种方法应当什么时候使用，以及怎样使用。调试控制可以帮助我们完成以下操作。

- 在四个方向（上、下、左、右）平移当前选中的精灵对象。
- 将游戏重置为初始状态。
- 循环选中可选的精灵对象。

上面描述的第一种操作在持续性方面与其他两种操作有很大的区别。例如，当按下移动按钮时，我们希望精灵对象可以持续不断地移动直到松开该按钮。相反，另外两个操作应该当成一次性事件实现，因为我们不希望游戏在一秒钟内重复执行数百次重置或者循环选择操作。

对于平移功能，可以使用轮询检测的方法实现事件的响应。首先为 WorldController 导入 Keys 类，该类包含了 LibGDX 支持的所有按键常量：

```
import com.badlogic.gdx.Input.Keys;
```

接着添加下面的代码：

```
public void update(float deltaTime) {
  handleDebugInput(deltaTime);
    updateTestObjects(deltaTime);
}

private void handleDebugInput(float deltaTime) {
    if(Gdx.app.getType() != ApplicationType.Desktop) return;

    //控制选中的精灵
    float sprMoveSpeed = 5 * deltaTime;
    if(Gdx.input.isKeyPressed(Keys.A))
       moveSelectedSprite(-sprMoveSpeed, 0);
    if (Gdx.input.isKeyPressed(Keys.D))
       moveSelectedSprite(sprMoveSpeed, 0);
    if (Gdx.input.isKeyPressed(Keys.W))
       moveSelectedSprite(0, sprMoveSpeed);
    if (Gdx.input.isKeyPressed(Keys.S))
       moveSelectedSprite(0, - sprMoveSpeed);
}

private void moveSelectedSprite(float x, float y) {
    testSprites[selectedSprite].translate(x, y);
}
```

上述代码创建了两个新方法，分别是 handleDebugInput() 方法和 moveSelectedSprite() 方法。update() 方法最先调用 handleDebugInput() 方法是为了保证在执行任何游戏更新之前，首先响应用户输入。如果不这样做，那么可能会产生类似于更新与渲染的延时效应，该方法也需要一个增量时间作为参数。

handleDebugInput() 方法使用增量时间作为参数的目的与 updateTestObjects() 方法相同，同样是为了以时间为基准更新游戏对象。作为预防措施，我们在 handleDebugInput() 方法中添加了平台判断，表明只有桌面平台可以使用调试控制。如果本项目是为 Android 平台开发的，那么上述措施可以确保在发布应用时不需要移除任何代码。

  `Gdx.input` 模块提供的 `isKeyPressed()`方法用于测试按键是否按下。该方法需要使用 `Keys` 类的常量作为参数调用，以便测试正确的按键。上述代码简单测试了 A、D、W 和 S 四个按键。如果测试结果为 true，则表明按键按下，然后调用 `moveSelectedSprite()`方法。该方法包含两个参数，分别表示选中对象在水平和竖直方向上的平移量。传入的平移量参数 `sprMoveSpeed` 等于常数 5 乘以增量时间，这意味着选中的精灵对象将以 5 米/秒的速度平移。

  启动桌面平台应用，分别按下 A、D、W 和 S 四个按键测试选中精灵的移动效果。

  接下来需要实现的功能包括重置游戏和选择下一个精灵对象。首先为 `WorldController` 类导入下面的 Java 包：

```
import com.badlogic.gdx.InputAdapter;
```

  `InputAdapter` 类是 `InputProcessor` 接口的默认实现，而 `InputProcessor` 接口提供各种输入事件的处理方法。这里使用 `InputAdapter` 类而不是 `InputProcessor` 接口是为了避免强制实现所有处理方法。`InputAdapter` 类实现 `InputProcessor` 接口的所有方法，我们只需要重写需要响应的输入事件对应的方法即可。修改上述代码，让 `WorldController` 类继承于 `InputAdapter` 类：

```
public class WorldController extends InputAdapter {
    //...
}
```

  接下来为该类添加下面的代码：

```
private void init() {
    Gdx.input.setInputProcessor(this);
    initTestObjects();
}
```

  从现在起，`WorldController` 类的实例也将是一个 `InputProcessor` 接口实例。因此，该类具有了第二个服务于应用的功能——接收并处理输入事件。`Gdx.input` 模块提供的 `setInputProcessor()`方法用于告知 LibGDX 框架应该将输入事件发送到哪个 `InputProcessor` 实例。这里直接使用 `this` 参数将 `WorldController` 类设置为输入事件的处理器。

  现在，LibGDX 会将所有输入事件发送给 `WorldController` 类的实例，而我们只需重写相应事件的响应方法即可。目前只对按键松开事件感兴趣，而该事件的响应方法是 `keyUp()`，因此只要重写 `keyUp()`方法并添加响应代码即可：

```
@Override
public boolean keyUp(int keycode) {
    // 重置游戏世界
    if(keycode == Keys.R) {
        init();
        Gdx.app.debug(TAG, "Game world resetted");
    }
```

```
// 选中下一个精灵
else if(keycode == Keys.SPACE) {
    selectedSprite = (selectedSprite + 1) % testSprites.length;
    Gdx.app.debug(TAG, "Sprite #" + selectedSprite + " selected");
}
return false;
}
```

上面的代码监听了 R 键和空格键的松开事件。如果 R 键松开，则调用 init()方法重置游戏。如果空格键松开，则 selectedSprite 变量增 1，模操作（%）是为了避免 selectedSprite 变量过大导致数组溢出。

按键松开时，响应方法只会被调用一次，这与前面介绍的轮询方法响应用户输入有很大区别。两种方法都是正确的，只不过使用过程和适应情况有一定区别，需要理解和掌握。

启动桌面平台应用，按下并松开 R 键重置游戏世界，可以看到所有精灵对象重新洗牌。单击空格键选中下一个精灵对象，可以发现，前一个对象停止转动，下一个精灵对象开始旋转。同时，我们仍旧可以使用 A、D、W 和 S 四个按键移动当前选中的精灵对象。

3.4.4 添加 CameraHelper 类

接下来实现 CameraHelper 助手类，该类可以帮助我们管理和操作用于渲染游戏世界的正交投影相机。

下面是 CameraHelper 类的实现代码：

```
package com.packtpub.libgdx.canyonbunny.util;

import com.badlogic.gdx.graphics.OrthographicCamera;
import com.badlogic.gdx.graphics.g2d.Sprite;
import com.badlogic.gdx.math.MathUtils;
import com.badlogic.gdx.math.Vector2;

public class CameraHelper {
    private static final String TAG = CameraHelper.class.getName();

    private final float MAX_ZOOM_IN = 0.25f;
    private final float MAX_ZOOM_OUT = 10.0f;

    private Vector2 position;
    private float zoom;
    private Sprite target;

    public CameraHelper () {
        position = new Vector2();
        zoom = 1.0f;
    }

    public void update (float deltaTime) {
        if (!hasTarget()) return;
```

```java
        position.x = target.getX() + target.getOriginX();
        position.y = target.getY() + target.getOriginY();
    }
    public void setPosition (float x, float y) {
        this.position.set(x, y);
    }

    public Vector2 getPosition () {return position;}

    public void addZoom (float amount) {setZoom(zoom + amount);}
    public void setZoom (float zoom) {
        this.zoom = MathUtils.clamp(zoom, MAX_ZOOM_IN, MAX_ZOOM_OUT);
    }
    public float getZoom () {return zoom;}

    public void setTarget (Sprite target) {this.target = target;}
    public Sprite getTarget () {return target;}
    public boolean hasTarget () {return target != null;}
    public boolean hasTarget (Sprite target) {
        return hasTarget() && this.target.equals(target);
    }

    public void applyTo (OrthographicCamera camera) {
        camera.position.x = position.x;
        camera.position.y = position.y;
        camera.zoom = zoom;
        camera.update();
    }
}
```

CameraHelper 类保存着相机的位置和缩放因子。更进一步,setTarget()方法可以为 CameraHelper 类设置一个实时追踪的目标对象。也可将 CameraHelper 类的目标对象设置为 null,停止相机的追踪行为。该类还提供两个重载方法 hasTarget(),分别用于测试 CameraHelper 类是否已经关联目标对象或者测试是否关联了某个特定的目标对象。接下来更新循环调用 update()方法,更新相机的追踪位置。还有,我们必须在每帧开始渲染前调用 applyTo()方法为相机应用最新属性值。

3.4.5 添加相机调试控制

本章最后一步使用 CameraHelper 类为相机添加调试控制。相机调试控制允许我们自由观察游戏场景(通过移动相机位置)、缩放游戏对象、跟踪游戏对象。该功能极大地提高了我们对游戏的调试能力。

首先为 WorldController 类导入 CameraHelper 类:

```java
import com.packtpub.libgdx.canyonbunny.util.CameraHelper;
```

接着在该类中添加下面的代码:

```java
public CameraHelper cameraHelper;

private void init () {
    Gdx.input.setInputProcessor(this);
```

```
    cameraHelper = new CameraHelper();
    initTestObjects();
}

public void update (float deltaTime) {
    handleDebugInput(deltaTime);
    updateTestObjects(deltaTime);
    cameraHelper.update(deltaTime);
}

@Override
public boolean keyUp (int keycode) {
    // 重置游戏世界
    if (keycode == Keys.R) {
        init();
        Gdx.app.debug(TAG, "Game world resetted");
    }
    // 选择下一个精灵对象
    else if (keycode == Keys.SPACE) {
        selectedSprite = (selectedSprite + 1) % testSprites.length;
        // 更新相机的跟踪目标
        if (cameraHelper.hasTarget()) {
            cameraHelper.setTarget(testSprites[selectedSprite]);
        }
        Gdx.app.debug(TAG, "Sprite #" + selectedSprite + " selected");
    }
    // 相机跟踪开关
    elseif (keycode == Keys.ENTER) {
        cameraHelper.setTarget(cameraHelper.hasTarget() ? null :
            testSprites[selectedSprite]);
        Gdx.app.debug(TAG, "Camera follow enabled: " +
            cameraHelper.hasTarget());
    }
    return false;
}
```

上述代码为 `WorldController` 类添加一个 `CameraHelper` 实例并在 `init()` 方法中进行初始化。切记在更新循环中调用 `CameraHelper` 实例的 `update()` 方法，以便正确执行内部计算过程。在 `keyUp()` 方法中，我们添加了两项功能。第一项是当选中的精灵对象被切换时，同时更新 `CameraHelper` 实例的目标对象。第二项是实现 Enter 键对相机跟踪功能的开启与关闭。最后在 `WorldRenderer` 类中添加下面的代码：

```
private void renderTestObjects() {
    worldController.cameraHelper.applyTo(camera);
    batch.setProjectionMatrix(camera.combined);
    batch.begin();
    for(Sprite sprite : worldController.testSprites) {
        sprite.draw(batch);
    }
    batch.end();
}
```

上述代码在每帧开始渲染前先调用 `CameraHelper` 实例的 `applyTo()` 方法为相机应用最新属性值。

运行并测试上述代码工作是否正常。开启或关闭相机的追踪功能只需按 Enter 键即可。每次单击按键，控制台都会输出一条消息告知用户相机的状态。当相机追踪功能开启时，使用 A、D、S 和 W 键移动选中的精灵对象，可以发现整个游戏场景都将跟随该对象移动。

下面进行本章最后一项代码修改。为了控制相机的更多行为，我们为游戏又添加了几个按键的响应代码。

在 WorldController 类中添加下面的代码：

```
private void handleDebugInput (float deltaTime) {
    if (Gdx.app.getType() != ApplicationType.Desktop) return;

    //控制选中的精灵
    float sprMoveSpeed = 5 * deltaTime;
    if (Gdx.input.isKeyPressed(Keys.A))
        moveSelectedSprite(-sprMoveSpeed, 0);
    if (Gdx.input.isKeyPressed(Keys.D))
        moveSelectedSprite(sprMoveSpeed, 0);
    if (Gdx.input.isKeyPressed(Keys.W))
        moveSelectedSprite(0, sprMoveSpeed);
    if (Gdx.input.isKeyPressed(Keys.S))
        moveSelectedSprite(0, -sprMoveSpeed);

    // 相机控制(移动)
    float camMoveSpeed = 5 * deltaTime;
    float camMoveSpeedAccelerationFactor = 5;
    if (Gdx.input.isKeyPressed(Keys.SHIFT_LEFT))
        camMoveSpeed *= camMoveSpeedAccelerationFactor;
    if (Gdx.input.isKeyPressed(Keys.LEFT))
        moveCamera(-camMoveSpeed, 0);
    if (Gdx.input.isKeyPressed(Keys.RIGHT))
        moveCamera(camMoveSpeed, 0);
    if (Gdx.input.isKeyPressed(Keys.UP))
        moveCamera(0, camMoveSpeed);
    if (Gdx.input.isKeyPressed(Keys.DOWN))
        moveCamera(0, -camMoveSpeed);
    if (Gdx.input.isKeyPressed(Keys.BACKSPACE))
        cameraHelper.setPosition(0, 0);

    // 相机控制 (缩放)
    float camZoomSpeed = 1 * deltaTime;
    float camZoomSpeedAccelerationFactor = 5;
    if (Gdx.input.isKeyPressed(Keys.SHIFT_LEFT))
        camZoomSpeed *= camZoomSpeedAccelerationFactor;
    if (Gdx.input.isKeyPressed(Keys.COMMA))
        cameraHelper.addZoom(camZoomSpeed);
    if (Gdx.input.isKeyPressed(Keys.PERIOD))
        cameraHelper.addZoom(-camZoomSpeed);
    if (Gdx.input.isKeyPressed(Keys.SLASH))
        cameraHelper.setZoom(1);
}

private void moveCamera (float x, float y) {
    x += cameraHelper.getPosition().x;
    y += cameraHelper.getPosition().y;
    cameraHelper.setPosition(x, y);
}
```

上述代码在 `handleDebugInput()` 方法中添加了另外两项控制功能——相机的移动和相机的缩放。可以发现，这两项功能的实现代码与之前控制精灵移动的代码非常相似。实现原理同样是使用轮询方法测试按键是否按下，如果按下，则执行相应的行为。

相机的移动功能包括：

- 实现上、下、左、右四个方向键控制相机在相应方向上的移动；
- 同时按下键盘左侧 Shift 键，相机的移动速度将提高 500%；
- 按下 Backspace 键时，相机的位置将被重置为游戏世界的原点（0,0）。

相机的缩放功能包括：

- 实现使用逗号(,)和句号(.)控制相机的缩放；
- 同时按下键盘左侧 Shift 键，相机的缩放速度将提高 500%；
- 按下斜杠(/)键将相机缩放因子重置为 1（100%，原始大小）。

`moveCamera()` 方法用于执行相机的移动过程，原理类似于 `moveSelectedSprite()` 方法内部调用 `Sprite` 对象的 `translate()` 方法。

3.5 总结
Summary

本章学习了如何创建 Canyon Bunny 项目。首先使用一张 UML 类图将整个游戏框架解析为多个容易实现的逻辑模块。然后实现了第一个版本的游戏框架，该框架是后续章节扩展的基础。接着逐步讨论了每处功能的实现细节，这里是将整个开发过程作为整体进行学习的，而不是简单地介绍一款已经完成的游戏项目。

第 4 章将为大家介绍如何为 Canyon Bunny 项目打包游戏资源，包括图片、音频以及关卡数据等。还将讨论如何为游戏组织高效的资源访问过程。

第 4 章
资源打包
Gathering Resources

本章将介绍如何为 Canyon Bunny 游戏打包并组织游戏资源。游戏资源用于为游戏创建更加出色的视觉和听觉效果。首先介绍如何替换 Android 应用的启动图标、纹理集的概念，以及在 LibGDX 中如何使用纹理集技术。

然后了解运行期追踪资源的重要性，以及如何无忧无虑地将资源管理任务委派给 LibGDX。无忧无虑表示我们不用担心资源的卸载和重载。相反，我们只需要告知 LibGDX 需要载入什么资源，然后 LibGDX 会在后台自动管理这些资源，而且对于开发者而言，这些资源总是透明的，可以直接访问。

组织资源的访问又是一个重要的话题。本章将介绍如何创建自定义的 Assets 类，该类允许我们在任何位置访问游戏资源。

完成上述工作后，我们会将所有代码组织在一起。为了验证已经载入的游戏资源，将使用随机选取的纹理资源替换第 3 章测试精灵所使用的在线生成的纹理。

最后，将简单介绍如何处理关卡数据。关卡允许我们创建自定义的游戏世界并使用可用的游戏对象进行填充。

总结起来，本章需要完成以下任务。

- 为 Canyon Bunny 准备游戏资源。
- 组织资源的访问方法。
- 理解关卡数据。
- 运行游戏并测试资源。

4.1 替换 Android 应用图标
Setting up a custom Android application icon

我们希望将 Canyon Bunny Android 项目的默认启动图标替换为自定义图标，默认的启动图标由项目创建工具生成。CanyonBunny-android 项目中存在一个 res 目录，该目录下包含 Android 应用的专用资源。

展开 res 目录可以看到下面四个以 drawable 为前缀的文件夹。

- drawable-ldpi（低分辨率显示屏）。
- drawable-mdpi（中分辨率显示屏）。
- drawable-hdpi（高分辨率显示屏）。
- drawable-xdpi（极高分辨率显示屏）。

Android 应用使用这些文件夹支持不同分辨率的设备。为了简单起见，我们忽略屏幕分辨率的区别，创建一个公用的 drawable 文件夹。无论设备的分辨率如何，Android 应用都将使用该文件夹内包含的资源。

图 4-1 是当前 Android 应用的默认启动图标 ic_launcher.png。

接下来删除上述四个文件夹及内部文件。

图 4-2 是即将替换的 Android 应用启动图标。

图 4-1

图 4-2

将图 4-2 所示的图标命名为 ic_launcher.png 并拷贝到 drawable 文件夹中。因为并没有改变启动图标的名称，所以无须再为项目配置什么便能正常启动应用。相反，如果重命名启动图标的名称，则需要修改 AndroidManifest.xml 文件对该图标的引用。AndroidManifest.xml 文件对启动图标的引用如下：

```
<application
    android:icon="@drawable/ic_launcher"
.../>
```

现在，Canyon Bunny 游戏的启动图标已经替换为自定义图标。图 4-3 是 Canyon Bunny 应用安装在 HTC M8 设备上的截图。

Android 应用对不同屏幕分辨率的支持是一个复杂的话题，这些内容已经超出了本书的讨论范围。如果需要了解更多内容，那么请访问：http://developer.android.com/guide/practices/screens_support.html 链接和 http://developer.android.com/design/style/iconography.html 链接。

图 4-3

4.2 替换 iOS 应用图标
Setting up a custom iOS application icon

与 Android 设备不同，iOS 应用对图标的命名有特殊要求，名称后缀包含的尺寸必须对应特定设备。例如，对于 iPad 设备，图标命名应该是 Icon-72.png，并且图标尺寸必须是 72×72。如果没有给定尺寸信息，那么 iOS 将缩放可用图标以填充目标设备。上述行为同样适用启动图标。

接下来打开 CanyonBunny-robovm 项目的 data 文件夹。图 4-4 所示的截图显示了 data 文件夹包含的文件。

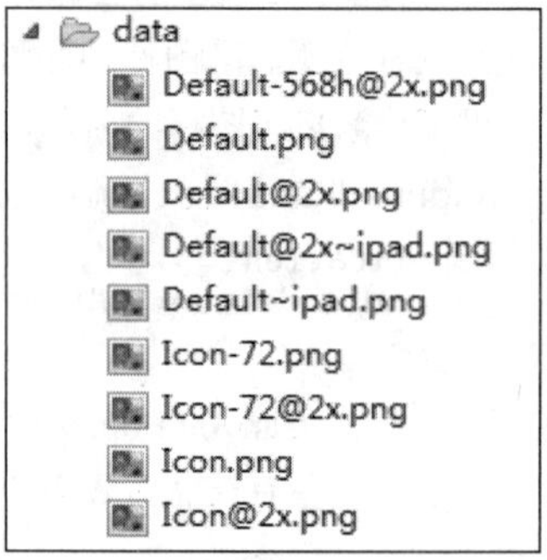

删除上述所有图标文件（Icon**.png），然后将 Canyon Bunny 图标拷贝到 data 文件夹。接着从 Info.plist.xml 文件内移除对 Icon-72.png 图标的引用：

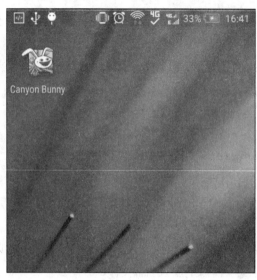

图 4-4

```
<array>
    <string>Icon</string>
    <string>Icon-72</string>
</array>
```

如果添加多个图标文件，则需要手动更新 Info.plist.xml 文件对图标的引用。然而，对于启动图标，则不必在 Info.plist.xml 文件中声明引用，因为 iOS 设备能够根据命名自动识别这些图标文件。

> 关于 iOS 设备对不同屏幕和启动图标的支持也是一个复杂的话题。如果需了解更多内容，请访问 Apple Developer 官方网站：https://developer.apple.com/library/ios/documentation/userexperience/conceptual/mobilehig/IconMatrix.html#//apple_ref/doc/uid/TP40006556-CH27-SW1。

4.3 创建纹理集
Creating the texture atlases

创建纹理集之前，首先让我们探讨一下该技术的优点。纹理集（也可称为 sprite sheet）的本质就是一张普通的图片文件，它也可以像其他图片一样直接被渲染到屏幕上。那么问题来了，它到底有什么特别的地方呢？通常，纹理集会被当成一种图片容器来使用，该容器包含许多较小的子图片，为了避免覆盖，这些子图片会按照一定方式进行排列，排列之后的尺寸总是小于纹理集的最大尺寸。对于显卡来说，切换纹理是一项非常耗时的任务，而纹理集技术可以避免频繁切换纹理，大大减少了发送到显卡的纹理数量，显著提高了游戏的渲染效率。纹理集尤其适合那些包含很多小尺寸、多种类纹理的应用。在渲染过程中，每次切换纹理，新的纹理数据都需要重新发送到显存。但如果每次渲染都使用同一张纹理，就可以避免这个过程。

使用纹理集技术不仅是为了增加帧率，还允许我们使用 Non-Power-Of-Two（NPOT）纹理。为什么纹理集可以使用任意尺寸纹理呢？这是因为 power-of-two 规则只适合发送到显存的纹理。因此，当渲染一个 NPOT 子纹理时，使用的仍是同一个适合 power-of-two 规则的纹理（纹理集）资源，真正被渲染到屏幕上的只是该纹理（纹理集）的一部分而已。

> 因为 OpenGL ES 2.0 默认是支持 NOPT 纹理的，因此 LibGDX 也支持 NOPT 纹理。但是，渲染一个 NOPT 纹理要比渲染一个 POT 纹理费时得多。即使不考虑渲染性能，纹理集也是非常有用的，因为显卡会将纹理集当成一个独立的单元进行处理。而且，绑定一个大尺寸纹理要比绑定多个小尺寸纹理快得多。

图 4-5 显示了本游戏需要使用的图片资源。

可能你会惊讶为什么云朵和山丘是一张纯白色的图片。实际上，由于这些图片只包含了白色和透明色像素，因此，在白色背景上很难看出图片的真实信息。基于该原因，后面所有的插图都将显示在灰色背景上，以便反映图片资源的真实信息。但是图片的真实内容不会因此而改变。

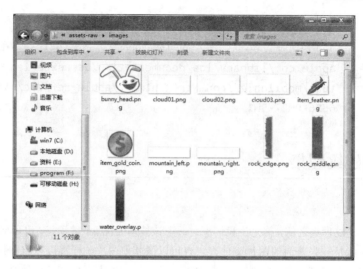

图 4-5

LibGDX 提供了一个 TextuePacker 工具，该工具允许我们很方便地创建、更新纹理集资源。接下来将图 4-5 中显示的所有图片打包在一张纹理集中，最终结果如图 4-6 所示。

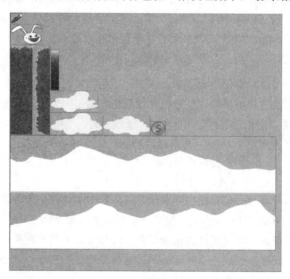

图 4-6

现在，所有图片不重叠地被排列在了一张纹理集中。图 4-6 中的紫色边框是 TexturePacker 工具提供的线框调试功能，我们可以手动开启和关闭该功能。线框调试可以反映每张子图片的真实尺寸，从而避免由于图片包含透明像素而无法识别边界的问题，上面的云朵和山丘图片很好地验证了这一点。还有，激活 padding 属性时，子图片的每个方向将默认添加两个像素的间隔。如果没有开启线框调试功能，则 padding 属性产生的间隔效果也很难被发现。

4.3 创建纹理集

在纹理集中，为每张子图片添加间隔像素能有效地避免纹理过滤和 mip 贴图产生的 texture bleeding(或称为 pixel bleeding)效应。纹理过滤用于平滑纹理像素，平滑的原理是使用当前像素和下一个像素的颜色综合计算出当前像素的颜色。如果下一个像素是相邻图片的内容，则平滑处理的结果就会失真，这就是著名的 texture bleeding 效应。

因为 TexturePacker 工具是 LibGDX 的扩展，所以使用 TexturePacker 类之前，首先要完成以下准备工作。

(1) 进入 C:\libgdx\ 文件夹，从 libgdx-1.2.0.zip 文件中提取出 extensions/tools/gdx-tools.jar 文件。

(2) 将第(1)步提取的 gdx-tools.jar 文件放到 CanyonBunny-desktop 项目的 libs 文件夹内。接下来将扩展添加到项目的构建路径中。

(3) 右击 CanyonBunny-desktop 项目，然后导航到 **Build Path|Configure Build Path|Libraries** 选项卡。

(4) 单击"Add JARs"按钮打开 **JAR selection** 窗口。

(5) 在列表中找到 **CanyonBunny-desktop** 项目的 libs 文件夹。

(6) 选中新添加的 gdx-tools.jar 扩展文件，然后单击"OK"按钮确认已选择。

对于 Gradle 用户，添加 gdx-tools 也很简单，只需要在 build.gradle 文件中添加下面的代码即可：

project(":desktop") {
...
compile "com.badlogic.gdx:gdx-tools:$gdxVersion"

一定要确保上述代码是在":desktop"项目下添加的。完成编辑之后，需要刷新项目的依赖关系。右击 CanyonBunny-desktop 项目，然后选择 **Gradle** 菜单并单击 **Refresh All** 菜单。此时还需要确保网络连接正常，因为 Eclipse 需要下载相关资源。

接下来根据下面的步骤添加打包纹理集的代码。

(1) 为 CanyonBunny-desktop 项目新建 assets-raw 文件夹，然后在该文件夹内创建 images 子文件夹，接着将上述图片拷贝到该文件夹内。

(2) 打开 CanyonBunny-desktop 项目的启动类 Main，添加下面两行代码：

import com.badlogic.gdx.tools.texturepacker.TexturePacker;
import com.badlogic.gdx.tools.texturepacker.TexturePacker.Settings;

(3) 继续为 Main 类添加以下代码：

public class Main {
    private static boolean rebuildAtlas = true;

```java
    private static boolean drawDebugOutline = true;
    public static void main(String[] args) {
        if (rebuildAtlas) {
            Settings settings = new Settings();
            settings.maxWidth = 1024;
            settings.maxHeight = 1024;
            settings.debug = drawDebugOutline;
            settings.duplicatePadding = true;
            TexturePacker.process(settings,"assets-raw/images",
"../CanyonBunny-android/assets/images", "canyonbunny.pack");
        }

        LwjglApplicationConfiguration cfg = new
LwjglApplicationConfiguration();
        cfg.title = "CanyonBunny";
        cfg.width = 800;
        cfg.height = 480;

        new LwjglApplication(new CanyonBunnyMain(), cfg);
    }
}
```

上面的代码为桌面项目添加了一项用于创建和更新纹理集资源的功能，每次桌面应用启动时都会检查是否需要更新纹理集资源，如果需要，则重新打包纹理集资源。`rebuildAtlas` 变量用于控制纹理集资源的更新。使用 `TexturePacker` 类创建纹理集资源的过程非常简单，该类提供的 `process()` 方法需要配置一个可选的 `Settings` 对象参数和三个必要的 `String` 类型参数。第一个 `String` 类型参数表示存放原始图片的文件夹路径，第二个 `String` 类型参数表示纹理集的输出路径，最后一个 `String` 类型参数表示纹理集描述文件的名称。

因为打包资源的过程只在 `desktop` 项目中执行，所以 `process()` 方法的源文件路径（`assets-raw/images`）和目标路径（`../CanyonBunny-android/assets/images`）都必须相对于 `desktop` 项目的根路径指定。而且，输出路径需要指向 Android 项目的 `assets` 文件夹，因为我们知道 LibGDX 项目的公共资源都必须存储在 Android 项目的 `assets` 文件夹内。纹理集的描述文件（`canyonbunny.pack`）由 `TexturePacker` 生成，该文件包含所有子图像的物理信息，如位置、尺寸、偏移量等。

对于 Gradle 用户，因为项目名称有所区别，所以需要参考 "第 1 章 LibGDX 简介与项目创建" 的 "gdx-setup 与 gdx-setup-ui" 一节的内容来设置各个参数。对于使用 Gradle 构建的 Android 项目，`assets` 文件夹的路径是 "`../android/assets/images`"。

`Settings` 类的 `maxWidth` 变量和 `maxHeight` 变量定义了纹理集的最大尺寸。一定要确保每张子图片的尺寸不会超过纹理集的最大尺寸。`padding` 属性也需要占用一定空间，因此，在定义尺寸时不要忘记该因素。`debug` 变量用于控制调试线框的生成与否，其值等于 `drawDebugOutline` 变量。`rebuildAtlas` 变量和 `drawDebugOutline` 变量只是为了方便控制纹理集的更新过程，因为开发过程中需要频繁重建纹理集资源。当 `duplicatePadding` 变量等于 `true` 时，表示需要将图片边缘的像素填充到 `padding` 中。

> 如果由于尺寸太小，TexturePacker 不能将所有图片排列在一张纹理集中，那么它会将图片资源自动分割为多个纹理集放置。一个特例，如果某张子图片被分割放置在两张纹理中，那么渲染该子图片时就需要频繁切换纹理，这将导致渲染性能急剧下降。
>
> LibGDX 为了解决该问题，提供了一个小窍门。我们只需要将所有需要打包的图片资源分组放置在多个文件夹（assets-raw 文件夹的子文件夹）中，这样 TexturePacker 将会为每个子文件夹创建一张资源纹理集，但只生成一个纹理集描述文件。还要注意，如果使用了该功能，那么在引用子文件夹的图片时就必须使用全路径名。例如，一个子图像被放置在 assets-raw/items/gold_coin.png 路径下，那么该图片的引用名就是 items/gold_coin。

现在，我们知道如何在代码中直接创建纹理集资源。大多数情况下，该方法都能很好地工作。唯一的缺点是，该方法并不能实时预览即将生成的纹理集，不具备友好的 GUI 交互界面。幸运的是，Aurélien Ribon 开发了一款名为 TexturePacker-GUI 的工具。该工具专门为 LibGDX 框架设计，其工作方式与 TexturePacker 的完全相同。

可访问 TexturePacker-GUI 项目的官方网站 https://code.google.com/p/libgdxtexturepacker-gui/ 了解更多内容。还可以通过 https://github.com/libgdx/libgdx/wiki/Texture-packer 链接获得 TexturePacker 的使用帮助。

图 4-7 是使用 TexturePacker-GUI 工具创建本项目纹理集资源的运行截图。

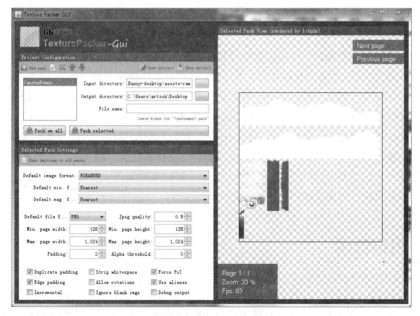

图 4-7

TexturePacker 是一款打包纹理集的商业软件工具。该工具由 Andreas Low 开发，并且支持三大主流平台。更多内容请访问 http://www.codeandweb.com/texturepacker 链接。

4.4 资源的加载与跟踪
Loading and tracking assets

完成资源打包后，接下来需要在游戏中加载纹理集。加载一个简单的纹理资源可以使用下面的代码：

```
Texture texture = new Texture(Gdx.files.internal("texture.png"));
```

上面的代码首先获取内部资源 texture.png 的文件句柄。调用内部文件意味着 LibGDX 必须通过扫描 assets 文件夹来解析资源路径。然后将文件句柄作为构造参数创建一个 Texture 实例。接下来使用下面一行代码便可直接将 Texture 实例渲染到屏幕上：

```
batch.draw(texture, x, y);
```

很明显，资源文件的使用非常简单。但是，当游戏包含很多资源时，使用上述方法加载资源就显得混乱无序。对于 Android 平台，这种情况会更糟糕。第 3 章提到过，Android 应用的 pause 和 resume 事件可能会导致 context（设备上下文）丢失。对于 Android 应用，context 丢失意味着操作系统将强制释放应用占用的内存空间。当 context 丢失后再访问游戏资源将导致应用发生崩溃，为了避免此类情况，必须在访问前重新载入资源。而且，当某个资源不再使用时，需要调用 dispose() 方法释放占用的内存空间，如下所示：

```
texture.dispose();
```

根据上面的描述，你可能会觉得管理大量资源并不是什么简单的事情，因为你必须注意资源的加载、重载以及卸载的所有过程，特别是那些使用频繁的资源。幸运的是，LibGDX 为了解决这一问题，提供了一个资源管理类 AssetManager。该类允许我们将资源的管理任务交于 LibGDX 处理。AssetManager 类还可以进行异步加载，也就是说，可以将加载资源的任务放置在后台进行，从而防止阻塞前台的渲染线程，这是一个非常强大的功能。该功能还允许我们创建一个进度条以反映资源的加载进度。尽管如此，但是有关资源的加载任务还是需要我们自己去做。基于这一点，我们打算创建一个自定义的 Assets 类来帮助我们按照逻辑模块组织和管理已加载的资源文件，以方便在任何时候都可访问这些资源。

4.5 组织资源
Organizing the assets

下面创建自定义 Assets 类组织已加载的游戏资源。首先，在 Constants 类中添加一个指向纹理集描述文件的路径常量：
```
public class Constants{
    // 将游戏世界的可视宽度定义为 5 米（视口宽度）
    public static final float VIEWPORT_WIDTH = 5.0f;

    // 将游戏世界的可视高度定义为 5 米（视口高度）
    public static final float VIEWPORT_HEIGHT = 5.0f;

    // 纹理集描述文件路径
    public static final String TEXTURE_ATLAS_OBJECTS =
        "images/canyonbunny.pack";
}
```

接下来，创建 Assets 类并添加以下代码：
```
package com.packtpub.libgdx.canyonbunny.game;

import com.badlogic.gdx.Gdx;
import com.badlogic.gdx.assets.AssetDescriptor;
import com.badlogic.gdx.assets.AssetErrorListener;
import com.badlogic.gdx.assets.AssetManager;
import com.badlogic.gdx.graphics.g2d.TextureAtlas;
import com.badlogic.gdx.utils.Disposable;
import com.packtpub.libgdx.canyonbunny.util.Constants;


public class Assets implements Disposable, AssetErrorListener {
    public static final String TAG = Assets.class.getName();

    public static final Assets instance = new Assets();

    private AssetManager assetManager;

    // 单例类:阻止在其他类中实例化
    private Assets () {}

    public void init (AssetManager assetManager) {
        this.assetManager = assetManager;
        // 设置资源管理器的错误处理对象
        assetManager.setErrorListener(this);
        //预加载纹理集资源
        assetManager.load(Constants.TEXTURE_ATLAS_OBJECTS,
            TextureAtlas.class);
        //开始加载资源
        assetManager.finishLoading();
    Gdx.app.debug(TAG, "# of assets loaded: " +
        assetManager.getAssetNames().size);
    for(String a : assetManager.getAssetNames()) {
            Gdx.app.debug(TAG, "asset: " + a);
        }
    }

    @Override
    public void dispose () {
        assetManager.dispose();
    }

    @Override
```

```
public void error(AssetDescriptor asset, Throwable throwable) {
    Gdx.app.debug(TAG, "Couldn't load asset '" +
        asset.fileName + "'", (Exception)throwable);
}
}
```

上面添加了大量代码,这里需要详细解释一下。首先该类被设计为单例类(singleton)。简单来说,单例类可以确保只存在一个实例,这样做是非常有意义的,因为我们并不需要创建多个指向同一份资源的实例。单例类将构造方法定义为私有类型,阻止在其他类中创建实例。实际上,`Assets` 类的唯一实例被保存在 `instance` 成员变量中,使用 `public static final` 关键字进行修饰是为了保证该变量的只读性和访问 `Assets` 类的唯一途径。这样的设计还允许我们在任何地方无需传递任何参数便可直接访问 `Assets` 实例包含的所有资源。

> 单例类既可以实现为懒汉式(lazy initialization),也可以实现为饿汉式(eager initialization)。懒汉式表示只在第一次请求时创建实例,后续的所有请求总是返回第一次创建的实例。相反,饿汉式表示实例在应用启动时(类被加载时)直接创建。
>
> 更多内容请参考《Design Patterns: Elements of Reusable Object-Oriented Software》(Erich Gamma、Richard Helm、Ralph Johnson 和 John Vlissides 著,Addison Wesley 出版)一书。

`init()`方法应该在游戏的最开始调用。因为该方法用于初始化资源管理器以及执行加载资源等过程。使用资源管理器预加载资源文件只需简单地调用 `load()`方法即可。`load()`方法的第一个参数要求传入资源路径,第二个参数要求指定希望创建的 `class` 对象。接下来调用 `finishLoading()`方法开始执行加载过程,该方法会阻塞当前线程,因此必须等待所有资源完成加载之后才能继续执行后续代码。最后在控制台中打印出资源的数量和名称,检查上述代码是否工作正常。

`Assets` 类还实现了 `Disposable` 和 `AssetErrorListener` 接口。我们知道,当资源不再使用时应该及时释放,所以我们也为 `Assets` 类实现了 `dispose()`方法,在 `dispose()`方法中将释放资源的任务委派给了资源管理器。资源管理器发生错误时会调用 `error()`方法。首先,需要调用 `setErrorListener()`方法告知资源管理器使用哪个 `AssetErrorListener` 实例处理错误。在 `error()`方法中我们只打印了错误消息,如果需要,也可添加更多的处理代码,避免应用发生崩溃。

下一步从载入的纹理集中检索子图片。一般情况下,使用 `findRegion()`方法就能很好地完成这项工作,调用该方法需要使用资源名作为参数。`findRegion()`方法会返回一个 `AtlasRegion` 对象,该对象包含纹理集的引用以及子图片在纹理集中如何存储的信息。

假设我们希望查找 assets/my_image.png 子图片,则只需调用下面一行代码即可:
`atlas.findRegion("my_image");`

注意资源名无需包含"assets/"前缀和".png"扩展名，但如果包含了子文件夹，则必须指明。如果查找失败，则该方法总是返回 null。所以，一定要确保文件名的拼写是正确的。还要明确一点，该方法是一个比较费时的过程。

 如果在 render()方法中调用 atlas.findRegion()方法查找资源，那么将会严重影响渲染性能，因此，我们极力推荐提前缓存这些检索结果，从而避免上述问题。

打开 Assets 类，添加下面一行代码，导入 AtlasRegion 类：
import com.badlogic.gdx.graphics.g2d.TextureAtlas.AtlasRegion;

接下来为 Assets 类创建几个较小的内部类。这些内部类将作为逻辑单元分组管理所有资源，并长期保存检索结果。

首先创建代表玩家角色的资源内部类 AssetBunny。该类包含一个 head 成员变量，该变量引用了 bunny_head.png 子图片。head 变量将在内部类的构造方法中获取检索结果。AssetBunny 内部类的构造方法需要一个纹理集参数。图 4-8 展示了 bunny-head 图片。

为 Assets 类添加以下代码：
```
public class AssetBunny {
    public final AtlasRegion head;

    public AssetBunny (TextureAtlas atlas) {
        head = atlas.findRegion("bunny_head");
    }
}
```

图 4-8

接下来创建代表石块的资源内部类。该类包含两张图片资源：rock_edge.png 和 rock_middle.png，如图 4-9 所示。我们将该资源内部类命名为 AssetRock。

为 Assets 类添加以下代码：
```
public class AssetRock {
    public final AtlasRegion edge;
    public final AtlasRegion middle;

    public AssetRock (TextureAtlas atlas) {
        edge = atlas.findRegion("rock_edge");
        middle = atlas.findRegion("rock_middle");
    }
}
```

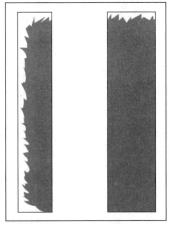

图 4-9

接下来是金币道具的资源内部类。该资源的原始文件是 item_gold_coin.png，因此我们将内部类命名为 AssetGoldCoin，如图 4-10 所示。

为 Assets 类添加以下代码：

```
public class AssetGoldCoin {
   public final AtlasRegion goldCoin;

   public AssetGoldCoin (TextureAtlas atlas) {
      goldCoin = atlas.findRegion("item_gold_coin");
   }
}
```

接下来是羽毛道具的资源内部类。羽毛图片的源文件是 item_feather.png，如图 4-11 所示。

图 4-10

图 4-11

为羽毛道具创建资源内部类，代码如下：

```
public class AssetFeather {
   public final AtlasRegion feather;

   public AssetFeather (TextureAtlas atlas) {
      feather = atlas.findRegion("item_feather");
   }
}
```

接下来创建最后一个资源内部类——AssetLevelDecoration 类。该类包含所有装饰资源，这些资源只是为了增加关卡的体验感，对游戏的逻辑和控制没有任何影响。该类分别包含三张不同形状的云朵图片（cloud01.png、cloud02.png、cloud03.png）、两张用于组合绘制山丘的图片（mountain_left.png、mountain_right.png）和一张被水平拉伸平铺至关卡底部的水层图片（water_overlay.png）。

 水层图片的宽度可以被缩减至 1 像素，因为该图片在水平方向上是完全重复的。更进一步，对于显卡来说，无论怎样拉伸图片，对游戏的渲染性能几乎没有影响，但拉伸图片却能为游戏创建一个宽度没有限制的条幅画面。

在 Assets 类中创建装饰资源的内部类，代码如下：

```
public class AssetLevelDecoration {
   public final AtlasRegion cloud01;
   public final AtlasRegion cloud02;
   public final AtlasRegion cloud03;
   public final AtlasRegion mountainLeft;
   public final AtlasRegion mountainRight;
   public final AtlasRegion waterOverlay;

   public AssetLevelDecoration (TextureAtlas atlas) {
```

```
            cloud01 = atlas.findRegion("cloud01");
            cloud02 = atlas.findRegion("cloud02");
            cloud03 = atlas.findRegion("cloud03");
            mountainLeft = atlas.findRegion("mountain_left");
            mountainRight = atlas.findRegion("mountain_right");
            waterOverlay = atlas.findRegion("water_overlay");
        }
    }
```

到目前为止，我们已经确定了一种使用逻辑单元分组管理游戏资源的方法，该方法在初始化之后缓存了各个纹理资源的引用。但目前仍然很难访问内部类的资源，接下来将解决这个问题。

首先为 Assets 类添加以下两行代码：

```
import com.badlogic.gdx.graphics.Texture;
import com.badlogic.gdx.graphics.Texture.TextureFilter;
```

接着为 Assets 类添加以下代码：

```
public AssetBunny bunny;
public AssetRock rock;
public AssetGoldCoin goldCoin;
public AssetFeather feather;
public AssetLevelDecoration levelDecoration;

public void init (AssetManager assetManager) {
    this.assetManager = assetManager;
    // 设置资源管理器的错误处理对象
    assetManager.setErrorListener(this);
    // 预加载纹理集资源
    assetManager.load(Constants.TEXTURE_ATLAS_OBJECTS,
        TextureAtlas.class);
    // 开始加载资源
    assetManager.finishLoading();

    Gdx.app.debug(TAG, "# of assets loaded: " +
        assetManager.getAssetNames().size);
    for (String a : assetManager.getAssetNames()) {
        Gdx.app.debug(TAG, "asset: " + a);
    }

    TextureAtlas atlas = assetManager.get(
        Constants.TEXTURE_ATLAS_OBJECTS);

    // 激活平滑纹理过滤
    for (Texture t : atlas.getTextures()) {
        t.setFilter(TextureFilter.Linear, TextureFilter.Linear);
    }

    //创建游戏资源对象
    bunny = new AssetBunny(atlas);
    rock = new AssetRock(atlas);
    goldCoin = new AssetGoldCoin(atlas);
    feather = new AssetFeather(atlas);
    levelDecoration = new AssetLevelDecoration(atlas);
}
```

上述代码在 Assets 类中为每个资源内部类创建了一个成员变量。init()方法首先调用 assetManager 的 get()方法获得已载入的纹理集资源（目前只有一个），然后将纹理过滤模式设置为 TextureFilter.Linear。该模式允许纹理渲染时平滑处理边缘像素。为什么 setFilter()包含两个参数？因为这里需要设定缩小和放大两种情况下的过滤模式。放大和缩小的默认模式是 TextureFilter.Nearest。

图 4-12 比较了两种模式的区别。

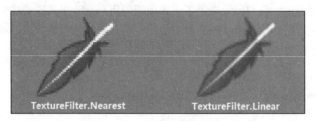

图 4-12

最后，为每个成员变量创建一个对应资源内部类的实例。

4.6 测试资源

Testing the assets

现在使用现成的代码测试 Assets 类的正确性。

首先为 CanyonBunnyMain 类添加以下两行代码：

```
import com.badlogic.gdx.assets.AssetManager;
import com.packtpub.libgdx.canyonbunny.game.Assets;
```

接着在 CanyonBunnyMain 类中实现资源的加载、重载和卸载过程：

```
@Override
public void create() {
    // 将 LibGDX 日志级别设定为 DEBUG
    Gdx.app.setLogLevel(Application.LOG_DEBUG);
    // 加载资源
    Assets.instance.init(new AssetManager());

    // 初始化控制器和渲染器
    worldController = new WorldController();
    worldRenderer = new WorldRenderer(worldController);
}

@Override
public void resume() {
    Assets.instance.init(new AssetManager());
    paused = false;
}

@Override
public void dispose() {
```

```
        worldRenderer.dispose();
        Assets.instance.dispose();
}
```

在 create()方法中,首先创建一个 AssetManager 实例,然后将该对象作为参数调用 init()方法初始化游戏资源。一定要记住,必须在创建 WorldController 实例之前初始化 Assets 类,因为在初始化其他对象时可能需要访问游戏资源。事实上,resume()方法和 create()方法做了相同的工作。对于 Android 平台,当设备上下文(context)丢失后再重新启动应用(resumed)时,必须重新加载游戏资源。最后在 dispose()方法中调用 Assets 的 dispose()方法委托 AssetManager 释放游戏资源。

接下来使用已加载的纹理资源代替测试精灵所使用的手绘纹理,首先为 WorldController 类添加以下两行代码:

```
import com.badlogic.gdx.graphics.g2d.TextureRegion;
import com.badlogic.gdx.utils.Array;
```

然后根据下面的代码修改 WorldController 类:

```
private void initTestObjects () {
    // 创建一个长度为 5 的精灵数组
    testSprites = new Sprite[5];
    // 创建一个 TextureRegion 列表
    Array<TextureRegion> regions = new Array<TextureRegion>();
    regions.add(Assets.instance.bunny.head);
    regions.add(Assets.instance.feather.feather);
    regions.add(Assets.instance.goldCoin.goldCoin);
    // 使用随机选取的 TextureRegion 创建 sprite 对象
    for (int i = 0; i < testSprites.length; i++) {
        Sprite spr = new Sprite(regions.random());
        // 将精灵在游戏世界的尺寸设置为 1 X 1
        spr.setSize(1, 1);
        // 将精灵对象的原点设置为中心
        spr.setOrigin(spr.getWidth() / 2.0f, spr.getHeight() / 2.0f);
        // 为精灵对象计算随机坐标
        float randomX = MathUtils.random(-2.0f, 2.0f);
        float randomY = MathUtils.random(-2.0f, 2.0f);
        spr.setPosition(randomX, randomY);
        // 将精灵对象添加到数组中
        testSprites[i] = spr;
    }
    // 将数组中的第一个精灵对象设置为选中对象
    selectedSprite = 0;
}
```

initTestObjects()方法仍旧创建了五个精灵。不同的是,我们现在使用的是 bunny head、feather 和 gold coin 三个纹理资源。为了让测试更加灵活,这里将上述三个纹理资源添加到一个 TextureRegion 列表中。然后在循环内为每个 Sprite 实例随机选取一个纹理资源。最终效果是:每次运行游戏,场景都会随机显示五个测试精灵。

运行游戏,测试上述代码。图 4-13 显示了游戏在 Windows 平台的测试窗口。

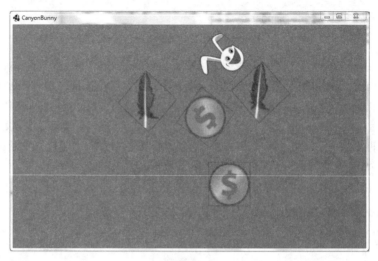

图 4-13

从图 4-13 中可以发现，我们激活了线框调试功能。关闭该功能只需要打开 desktop 项目的 Main 类，将 drawDebugOutlines 变量重置为 false 即可。不要忘记至少在 rebuildAtlas 为 ture 的情况下运行一次 desktop 项目，重建纹理资源。

 虽然有时候我们重建了纹理集资源，但游戏场景并没有发生任何改变。这可能是由于 Eclipse 还没有检测到纹理集文件的修改，此时可以尝试多次重启项目或按 F5 键刷新项目文件再重新启动应用。也可以点击 **Project|Clean** 菜单强制删除编译文件并重建项目。

取消调试线框之后的运行窗口如图 4-14 所示。

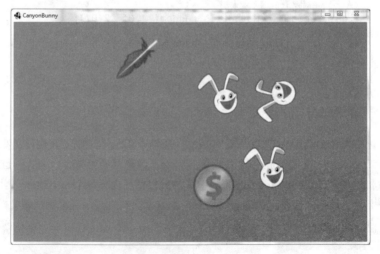

图 4-14

现在游戏已经包含非常酷的界面。而且，我们仍然可以使用移动相机、选择下一个精灵、移动选中精灵、跟踪精灵对象、缩放场景等功能。

4.7 处理关卡数据
Handling level data

现在需要考虑如何处理关卡数据，因为在接下来的几章中需要自定义关卡、确定游戏对象的位置、定义起始位置等。通常，使用关卡之前还需完成很多工作，例如，使用某些工具创建、修改和保存关卡数据。更进一步，加载和保存关卡之前，还要确定一种合适的文件格式来保存关卡数据。

幸运的是，只要游戏的要求足够简单，我们就可以使用一种最为简单的方法来处理关卡数据。该方法无须使用任何关卡编辑器，只需一款简单的绘图软件（如GIMP, http://www.gimp.org/，或者Paint.NET, http://www.getpaint.net/）即可。首先使用绘图软件绘制一张特殊的图片，不同颜色的像素代表不同类型的游戏对象，像素所在位置表示游戏对象在游戏世界中的位置。

图4-15解释了关卡数据是如何在图片中存储的。

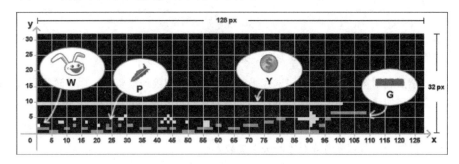

图4-15

上面使用了一张图片来处理关卡数据，但是这张图片并不是用来渲染的，更不会将其添加到纹理集中。所以这张图片的尺寸最好遵循power-of-two规则。在图4-15中，关卡被定义在一张尺寸为128像素×32像素的图片内。为了方便观察每个像素（游戏对象）的位置，我们在图上添加了一个笛卡尔坐标系。

下面列出了像素颜色和游戏对象的映射关系。

- W：白色像素表示玩家角色的起始位置（生成点）。
- P：紫色像素表示羽毛道具。
- Y：黄色像素表示金币道具。
- G：绿色像素表示石块平台。

其他所有黑色像素代表游戏世界的空白空间。

下面先在 Android 项目的 assets 文件内创建一个 levels 子文件夹，然后将 level-01.png 文件拷贝到该目录。在 Constants 类添加以下常量：

```java
public class Constants {
    // 将游戏世界的可视宽度定义为 5 米（视口宽度）
    public static final float VIEWPORT_WIDTH = 5.0f;

    // 将游戏世界的可视高度定义为 5 米（视口高度）
    public static final float VIEWPORT_HEIGHT = 5.0f;

    // 纹理集描述文件路径
    public static final String TEXTURE_ATLAS_OBJECTS =
        "images/canyonbunny.pack";

    // 01关卡文件路径
    public static final String LEVEL_01 = "levels/level-01.png";
}
```

以上就是使用关卡之前的准备工作。关于如何加载关卡数据将在第 5 章介绍。

4.8 总结
Summary

本章首先学习了如何替换 Android 项目的启动图标，简单介绍了纹理集技术和该技术的使用方法，以及如何组织、加载、追踪游戏资源。

然后利用第 3 章添加的测试代码对 Assets 类和纹理集资源进行了简单测试。最后简要介绍了如何处理关卡数据，以及定义了像素颜色与游戏对象的映射关系。

第 5 章将讨论如何创建可视化游戏场景，包括创建一个用于读取、解释关卡资源，根据规则为场景填充游戏对象的关卡加载器。

第 5 章
创建场景
Making a Scene

本章将为 Canyon Bunny 游戏创建一个真正的游戏场景。该场景由几个具有相同属性和功能的游戏对象组成。然而，这些对象的渲染方式各有不同，简单的对象可以直接渲染为其分配的纹理，复杂的对象需要组合多个纹理进行渲染。

第 4 章定义了关卡图片的像素颜色与游戏对象的映射关系。下一步将实现一个关卡加载器解析存储在 `level-01.png` 图片中的关卡信息。

实现所有的游戏对象和关卡加载器之后，我们会将所有新代码添加到游戏框架中，以测试游戏是否可以正常运行。

图 5-1 展示了最终实现的场景。

图 5-1

作为本章的最后一项任务，我们将为游戏场景添加一个覆盖于游戏世界顶层的 Graphical User Interface（GUI），也称为 Head-Up Display（HUD），为了避免混淆，本书统称为 GUI。GUI 用于显示用户分数、剩余生命数以及测试游戏性能的 FPS 计数器等。

综上所述，本章将学到以下内容。

- 创建游戏对象，如 rocks、mountains、clouds 等。
- 实现关卡加载器。
- 实现 GUI。

5.1 创建游戏对象
Creating game objects

开始创建具体的游戏对象之前，首先要实现一个非常重要的抽象类 `AbstractGameObject`。该类包含所有子类（游戏对象类）都具有的属性和功能。

 回顾"第 3 章　配置游戏"创建的 UML 类图，观察各个对象之间的继承关系。

接下来为 `AbstractGameObject` 类创建源文件并添加以下代码：

```
package com.packtpub.libgdx.canyonbunny.game.objects;

import com.badlogic.gdx.graphics.g2d.SpriteBatch;
import com.badlogic.gdx.math.Vector2;

public abstract class AbstractGameObject {

    public Vector2 position;
    public Vector2 dimension;
    public Vector2 origin;
    public Vector2 scale;
    public float rotation;

    public AbstractGameObject() {
        position = new Vector2();
        dimension = new Vector2(1, 1);
        origin = new Vector2();
        scale = new Vector2(1, 1);
        rotation = 0;
    }

    public void update(float deltaTime) {
    }

    public abstract void render(SpriteBatch batch);
}
```

`AbstractGameObject` 类不仅存储着对象的位置、尺寸、原点、缩放因子和旋转角度等物理信息，还包含了 `update()` 和 `render()` 两个方法，这两个方法分别在控制器和渲染器中进行调用。`update()` 方法用于更新游戏对象，默认实现为空。因此，目前继承于 `AbstractGameObject` 的游戏对象类还不能更新任何内容。`render()` 方法用于渲染游戏对象，将来会为每个对象提供一个特定的实现，因此这里将 `render()` 定义为抽象方法。

5.1.1 rock 对象

rock 对象由三部分组成：左侧边缘、中间部分、右侧边缘。中间部分较为特殊：为了实现任意长度的 rock 对象，中间部分必须可以重复添加。更进一步，右侧边缘可以使用左侧边缘的镜像定义。这意味着，渲染一个任意长度的 rock 对象，只需从纹理集中获得两张纹理即可，图 5-2 显示了一个完成的 rock 对象。

图 5-2

创建 Rock 类的源文件并添加以下代码：

```
package com.packtpub.libgdx.canyonbunny.game.objects;

import com.badlogic.gdx.graphics.g2d.SpriteBatch;
import com.badlogic.gdx.graphics.g2d.TextureRegion;
import com.packtpub.libgdx.canyonbunny.game.Assets;

public class Rock extends AbstractGameObject {

    private TextureRegion regEdge;
    private TextureRegion regMiddle;

    private int length;

    public Rock() {
        init();
    }

    private void init() {
        dimension.set(1, 1.5f);

        regEdge = Assets.instance.rock.edge;
        regMiddle = Assets.instance.rock.middle;
```

```java
    // 设置rock对象的初始长度
    setLength(1);
}
public void setLength(int length) {
    this.length = length;
}
public void increaseLength (int amount) {
    setLength(length + amount);
}
}
```

Rock 类包含两个成员变量——regEdge 和 regMiddle，分别用于存储 rock 对象左侧边缘和中间部分的纹理。另外，我们还为 Rock 类添加了一个整型成员变量 length，该变量用于表示 rock 对象中间部分的数量。换句话说，length 表示 rock 对象的长度。在 init() 方法中，首先设置 rock 对象的宽高尺寸。谨记这里尺寸的单位永远都是相对于游戏世界定义的"米"。因此，rock 对象的默认宽高分别为 1 米和 1.5 米。接下来，将纹理资源保存到对应的成员变量中。虽然这一步并不是必须的，但是为了便于访问，最好创建一个名称较短的成员变量来保存纹理资源。最后，调用 setLength() 设置 rock 对象的初始长度。increaseLength() 方法用于递增 rock 对象的长度，该方法将用于关卡加载器中创建长度大于 1 的 rock 对象。

既然 Rock 类继承（实现）于 AbstractGameObject 抽象类，那就必须实现 render() 方法。接下来为 render() 方法添加下面的代码：

```java
@Override
public void render(SpriteBatch batch) {
    TextureRegion reg = null;

    float relX = 0;
    float relY = 0;

    // 渲染左侧边缘
    reg = regEdge;
    relX -= dimension.x / 4;
    batch.draw(reg.getTexture(), position.x + relX, position.y + relY,
        origin.x,origin.y, dimension.x / 4, dimension.y, scale.x,scale.y,
        rotation,reg.getRegionX(), reg.getRegionY(),reg.getRegionWidth(),
        reg.getRegionHeight(), false, false);

    // 渲染中间部分
    relX = 0;
    reg = regMiddle;
    for(int i = 0; i < length; i++) {
        batch.draw(reg.getTex ture(), position.x + relX, position.y + relY,
            origin.x, origin.y, dimension.x, dimension.y, scale.x,scale.y,
            rotation,reg.getRegionX(), reg.getRegionY(),
            reg.getRegionWidth(), reg.getRegionHeight(), false, false);
        relX += dimension.x;
    }

    // 渲染右侧边缘
```

```
        reg = regEdge;
        batch.draw(reg.getTexture(), position.x + relX, position.y + relY,
        origin.x + dimension.x / 8, origin.y, dimension.x / 4, dimension.y,
        scale.x, scale.y, rotation, reg.getRegionX(), reg.getRegionY(),
        reg.getRegionWidth(), reg.getRegionHeight(), true, false);
}
```

首先分析 SpriteBatch.draw() 方法，代码如下：

```
public void draw (Texture texture, float x, float y, float originX,
        float originY, float width, float height,float scaleX, float scaleY,
        float rotation, int srcX, int srcY, int srcWidth, int srcHeight,
        boolean flipX, boolean flipY);
```

该方法首先从纹理集中截取一块矩形区域（由 srcX、srcY、srcWidth、srcHeight 定义），然后将该区域渲染到屏幕指定位置（x,y）。锚点（orginX, orginY）定义了矩形变换时的相对位置，（0,0）点表示矩形的左下角。width 和 height 定义了渲染时的尺寸。缩放因子（scaleX, scaleY）定义了矩形相对锚点的缩放倍数。angle 定义了矩形相对锚点的旋转角度。（flipX, flipY）用于设置纹理是否在水平和竖直方向上镜像渲染。

rock 对象的渲染过程可以分为以下三步。

（1）渲染 rock 对象的左侧边缘。首先为 position 的 x 和 y 分别加上相对量 relX 和 relY，由于 relX 为负值，最终左侧边缘将位于 rock 对象本地坐标系的 y 轴左侧。接下来绘制的中间部分将从 x 轴的 0 位置开始。这样绘制是为了更容易处理 rock 对象的位置。在关卡图片中，我们让每个像素代表一个中间部分，而边缘部分仅作为装饰效果进行绘制。

（2）根据长度渲染中间部分。完成第（1）步之后，紧接左侧部分的边缘（x=0）依次渲染中间部分。每次迭代都需要为相对量 relX 增加一个中间部分的宽度 dimension.x，从而正确排列中间部分。

（3）将左侧边缘的纹理水平镜像渲染到最后一个中间部分的右侧。镜像渲染纹理只需将 draw() 方法的 flipX 参数设置为 true 即可。

reg 变量用于临时保存每个步骤选中的纹理。

5.1.2 mountains 对象

mountains 对象包含三层纹理，各层纹理的着色和偏移量均不同，但每层均由 left 和 right 两部分组成。为了达到无缝连接的效果，必须精心处理两张纹理的连接部分。图 5-3 显示了 mountains 对象的一层纹理。

图 5-3

下面将选中图 5-3 中的白色区域，然后填充不同的颜色。

创建 Mountains 类并添加下面的代码：

```java
package com.packtpub.libgdx.canyonbunny.game.objects;

import com.badlogic.gdx.graphics.g2d.SpriteBatch;
import com.badlogic.gdx.graphics.g2d.TextureRegion;
import com.badlogic.gdx.math.MathUtils;
import com.packtpub.libgdx.canyonbunny.game.Assets;

public class Mountains extends AbstractGameObject {

    private TextureRegion regMountainLeft;
    private TextureRegion regMountainRigth;

    private int length;

    public Mountains (int length) {
        this.length = length;
        init();
    }

    private void init () {
        dimension.set(10, 2);

        regMountainLeft =
            Assets.instance.levelDecoration.mountainLeft;
        regMountainRigth =
            Assets.instance.levelDecoration.mountainRight;

        // 转换 mountain 并扩展长度
        origin.x = -dimension.x * 2;
        length += dimension.x * 2;
    }

    private void drawMountain (SpriteBatch batch, float offsetX,
        float offsetY, float tintColor) {
        TextureRegion reg = null;
        batch.setColor(tintColor, tintColor, tintColor, 1);
        float xRel = dimension.x * offsetX;
        float yRel = dimension.y * offsetY;

        // mountains 跨越整个关卡
        int mountainLength = 0;
        mountainLength += MathUtils.ceil(length / (2 * dimension.x));
        mountainLength += MathUtils.ceil(0.5f + offsetX);
        for(int i = 0; i < mountainLength; i++) {
            // 渲染左侧 mountain
            reg = regMountainLeft;
            batch.draw(reg.getTexture(), origin.x + xRel, position.y
                + origin.y + yRel, origin.x, origin.y, dimension.x,
                dimension.y, scale.x, scale.y, rotation, reg.getRegionX(),
                reg.getRegionY(), reg.getRegionWidth(),
                reg.getRegionHeight(), false, false);
            xRel += dimension.x;

            // 渲染右侧 mountain
            reg = regMountainRigth;
```

```
                batch.draw(reg.getTexture(), origin.x + xRel, position.y
                    +origin.y + yRel, origin.x, origin.x,
                    dimension.y, scale.x, scale.y, rotation, reg.getRegionX(),
                    reg.getRegionY(),reg.getRegionWidth(),
                    reg.getRegionHeight(), false, false);
                xRel += dimension.x;
            }

            // 重置为白色
            batch.setColor(1, 1, 1, 1);
        }
        @Override
        public void render(SpriteBatch batch) {
            // 远处的山丘 (dark gray)
            drawMountain(batch, 0.5f, 0.5f, 0.5f);
            // 远处的山丘 (gray)
            drawMountain(batch, 0.25f, 0.25f, 0.7f);
            // 远处的山丘 (light gray)
            drawMountain(batch, 0.0f, 0.0f, 0.9f);
        }
    }
```

  `Mountains` 类的结构与 `Rock` 类的非常相似。同样继承于 `AbstractGameObject` 抽象类并且使用 `length` 成员变量表示对象的长度。

  `drawMountain()` 方法封装渲染一层纹理代码，这样渲染一个具有三层纹理的 `mountains` 对象就变得非常简单了。`SpriteBatch` 类提供的 `setColor()` 方法用于设置渲染纹理时的着色，调用该方法之后所有使用 `draw()` 方法绘制的纹理都将应用这一着色。因此，完成本次对象的渲染之后，必须将着色重置为白色，以确保渲染其他对象时不会错误应用着色。

5.1.3 water overlay 对象

  water overlay 对象相对前面两种游戏对象要简单得多，因为它只包含一张纹理。该对象需要将纹理平铺至整个关卡底部。实现该效果有很多种方法，其中一种方法是，横跨视口的左右两侧渲染该纹理，然后实现相机与该对象的同步移动。虽然该方法可以让玩家产生无边无际的错觉，但不幸的是，该方法还要求我们必须关注相机在竖直方向上的移动。另一种实现方法只需渲染一张纹理即可，不过渲染时需要将纹理水平拉伸至横跨关卡的起止点，如图 5-4 所示，详细原理请看实现代码。

图 5-4

创建 `WaterOverlay` 类并添加下面的代码：

```java
package com.packtpub.libgdx.canyonbunny.game.objects;

import com.badlogic.gdx.graphics.g2d.SpriteBatch;
import com.badlogic.gdx.graphics.g2d.TextureRegion;
import com.packtpub.libgdx.canyonbunny.game.Assets;

public class WaterOverlay extends AbstractGameObject {

    private TextureRegion regWaterOverlay;
    private float length;

    public WaterOverlay (float length) {
        this.length = length;
        init();
    }

    private void init () {
        dimension.set(length * 10, 3);

        regWaterOverlay = Assets.instance.levelDecoration.waterOverlay;

        origin.x = -dimension.x / 2;
    }

    @Override
    public void render (SpriteBatch batch) {
        TextureRegion reg = null;
        reg = regWaterOverlay;
        batch.draw(reg.getTexture(), position.x + origin.x, position.y +
            origin.y,origin.x, origin.y, dimension.x, dimension.y, scale.x,
            scale.y, rotation, reg.getRegionX(), reg.getRegionY(),
            reg.getRegionWidth(), reg.getRegionHeight(), false, false);
    }
}
```

`WaterOverlay` 类的结构与前面两个游戏对象的类似，这里不再赘述。

5.1.4 clouds 对象

clouds 游戏对象由许多云朵组成。每个云朵由任意一张云朵纹理组成。云朵的数量由给定的长度 length 除以常量因子确定。图 5-5 显示了 clouds 对象的最终效果。

图 5-5

为 Clouds 类创建源文件并添加以下代码：

```java
package com.packtpub.libgdx.canyonbunny.game.objects;

import com.badlogic.gdx.graphics.g2d.SpriteBatch;
import com.badlogic.gdx.graphics.g2d.TextureRegion;
import com.badlogic.gdx.math.MathUtils;
import com.badlogic.gdx.math.Vector2;
import com.badlogic.gdx.utils.Array;
import com.packtpub.libgdx.canyonbunny.game.Assets;

public class Clouds extends AbstractGameObject {

    private float length;

    private Array<TextureRegion> regClouds;
    private Array<Cloud> clouds;

    private class Cloud extends AbstractGameObject {
        private TextureRegion regCloud;

        public Cloud() {}

        public void setRegion (TextureRegion region) {
            regCloud = region;
        }

        @Override
        public void render (SpriteBatch batch) {
            TextureRegion reg = regCloud;
            batch.draw(reg.getTexture(), position.x + origin.x, position.y
                + origin.y,origin.x, origin.y, dimension.x, dimension.y,
                scale.x, scale.y, rotation, reg.getRegionX(),
                reg.getRegionY(), reg.getRegionWidth(),
                reg.getRegionHeight(), false, false);
        }
    }

    public Clouds (float length) {
        this.length = length;
        init();
    }

    private void init () {
        dimension.set(3.0f, 1.5f);
        regClouds = new Array<TextureRegion>();
        regClouds.add(Assets.instance.levelDecoration.cloud01);
        regClouds.add(Assets.instance.levelDecoration.cloud02);
        regClouds.add(Assets.instance.levelDecoration.cloud03);

        int distFac = 5;
        int numClouds = (int)(length / distFac);
        clouds = new Array<Cloud>(2 * numClouds);
        for(int i = 0; i < numClouds; i++) {
            Cloud cloud = spawnCloud();
            cloud.position.x = i * distFac;
            clouds.add(cloud);
        }
    }

    private Cloud spawnCloud () {
        Cloud cloud = new Cloud();
```

```
            cloud.dimension.set(dimension);
            // 随机选取一张纹理
            cloud.setRegion(regClouds.random());
            // 位置
            Vector2 pos = new Vector2();
            pos.x = length + 10; // 关卡结束的位置
            pos.y += 1.75f;      // 基础位置
            pos.y += MathUtils.random(0.0f, 0.2f)
                * (MathUtils.randomBoolean() ? 1 : -1); // 随机位置
            cloud.position.set(pos);
            return cloud;
        }

        @Override
        public void render (SpriteBatch batch) {
            for(Cloud cloud : clouds) {
                cloud.render(batch);
            }
        }
    }
```

Clouds 类的结构与前面创建的其他类的结构也是非常相似的。clouds 对象的分布由指定的 length 变量和常量因子 distFac 决定，上面的代码将 distFac 设置为 5，表示在关卡内每 5 米创建一朵云。

单个云朵被定义为 Clouds 的内部类 Cloud，同样，该类也继承于 AbstractGameObject 抽象类。因此，Cloud 类才是真正的 cloud 游戏对象，而 Clouds 类只是一个维护了一组 Cloud 实例的容器。Clouds 类的 spawnCloud()方法用于创建 Cloud 实例。该方法首先创建一个 Cloud 实例，然后随机分配一张云朵纹理，接着将该对象移动至关卡尾部，并在竖直方向上随机指定一个位置。最后将该对象添加到列表中。

5.2 实现关卡加载器

Implementing the level loader

接下来实现关卡加载器，完成这项任务之后，我们的游戏就可以读取并解析关卡数据了。

 回顾第 4 章最后一节有关关卡数据的处理方式，查看像素颜色与游戏对象的映射关系。

现在创建新类 Level 并添加以下代码：

```
package com.packtpub.libgdx.canyonbunny.game;

import com.badlogic.gdx.Gdx;
import com.badlogic.gdx.graphics.Pixmap;
import com.badlogic.gdx.graphics.g2d.SpriteBatch;
```

```java
import com.badlogic.gdx.utils.Array;
import com.packtpub.libgdx.canyonbunny.game.objects.AbstractGameObject;
import com.packtpub.libgdx.canyonbunny.game.objects.Clouds;
import com.packtpub.libgdx.canyonbunny.game.objects.Mountains;
import com.packtpub.libgdx.canyonbunny.game.objects.Rock;
import com.packtpub.libgdx.canyonbunny.game.objects.WaterOverlay;

public class Level {
    public static final String TAG = Level.class.getName();

    public enum BLOCK_TYPE {
        EMPTY(0, 0, 0), // 黑色
        ROCK(0, 255, 0), // 绿色
        PLAYER_SPAWNPOINT(255, 255, 255), // 白色
        ITEM_FEATHER(255, 0, 255), // 紫色
        ITEM_GOLD_COIN(255, 255, 0); // 黄色

        private int color;

        private BLOCK_TYPE (int r, int g, int b) {
            color = r << 24 | g << 16 | b << 8 | 0xff;
        }

        public boolean sameColor (int color) {
            return this.color == color;
        }

        public int getColor () {
            return color;
        }
    }

    // 游戏对象
    public Array<Rock> rocks;

    // 装饰对象
    public Clouds clouds;
    public Mountains mountains;
    public WaterOverlay waterOverlay;

    public Level (String filename) {
        init(filename);
    }

    private void init (String filename) {}

    public void render (SpriteBatch batch) {}
}
```

Level 类包含一个用于表示所有游戏对象的 enum 数据类型。在关卡图片中，每个游戏对象都使用一个独一无二的 RGBA 颜色作为辨别身份的 ID。因为我们并不使用 alpha 通道，因此表示游戏对象的所有像素都是不透明的。RGBA 颜色需要使用四个 8 位二进制数进行定义，因此一个 RGBA 颜色需要占用 32 位，即 4 字节。在 Java 中，int 表示 32 位整型数据。所以，使用 int 类型的变量存储 RGBA 颜色再合适不过了。

> 关于 RGBA 格式,以及接下来介绍的位操作,可以查看 http://www.zimnox.com/resources/articles/tutorials/?ar=t002 链接了解更多内容。

Level 类的 sameColor()方法提供了一种判断两种颜色是否相同的高效算法,高效是因为该方法只需比较一个整型数值即可确定结果,而不是比较四个值。

Level 类封装了一个用于存储 Rock 实例的列表 rocks,以及分别用于存储 Clouds、Mountains、WaterOverlay 实例的成员变量。这些存储游戏对象的成员变量将在 init()方法加载关卡时填充。

接下来为 init()方法添加下面的代码:

```
private void init(String filename) {
    // 游戏对象
    rocks = new Array<Rock>();

    //加载关卡图片
    Pixmap pixmap = new Pixmap(Gdx.files.internal(filename));
    //从图片的左上角逐行扫描直至右下角
    int lastPixel = -1;
    for(int pixelY = 0; pixelY < pixmap.getHeight(); pixelY++) {
        for (int pixelX = 0; pixelX < pixmap.getWidth(); pixelX++) {
            AbstractGameObject obj = null;
            float offsetHeight = 0;
            //计算底部高度
            float baseHeight = pixmap.getHeight() - pixelY;
            //获取当前位置的 RGBA 颜色
            int currentPixel = pixmap.getPixel(pixelX, pixelY);
            //找到与当前位置(x,y)颜色匹配的代码块并创建相应对象

            // 空白空间
            if(BLOCK_TYPE.EMPTY.sameColor(currentPixel)) {
            // 什么都不做
            }
            // rock对象
            else if(BLOCK_TYPE.ROCK.sameColor(currentPixel)) {
                if(lastPixel != currentPixel) {
                    obj = new Rock();
                    float heightIncreaseFactor = 0.25f;
                    offsetHeight = -2.5f;
                    obj.position.set(pixelX, baseHeight *obj.dimension.y *
                        heightIncreaseFactor + offsetHeight);
                    rocks.add((Rock)obj);
                } else {
                    rocks.get(rocks.size - 1).increaseLength(1);
                }
            }
            //玩家初始位置
            else if
                (BLOCK_TYPE.PLAYER_SPAWNPOINT.sameColor(currentPixel)) {
            }
            // feather对象
            else if (BLOCK_TYPE.ITEM_FEATHER.sameColor(currentPixel)){
```

```
        }
        //金币对象
        else if (BLOCK_TYPE.ITEM_GOLD_COIN.sameColor(currentPixel)){
        }
        //未定义对象或颜色
        else {
            int r = 0xff & (currentPixel >> 24);// red 通道
            int g = 0xff & (currentPixel >> 16);// green 通道
            int b = 0xff & (currentPixel >> 8); // blue 通道
            int a = 0xff & currentPixel;        // alpha 通道
            Gdx.app.error(TAG, "Unkonw object at x<" + pixelX +
               "> y<" + pixelY + "> : r<" + r + "> g<" + g +"> b<"
               + b + "> a<" + a + ">");
        }
        lastPixel = currentPixel;
    }
}

//装饰
clouds = new Clouds(pixmap.getWidth());
clouds.position.set(0, 2);
mountains = new Mountains(pixmap.getWidth());
mountains.position.set(-1, -1);
waterOverlay = new WaterOverlay(pixmap.getWidth());
waterOverlay.position.set(0, -3.75f);

// 释放内存
pixmap.dispose();
Gdx.app.debug(TAG, "level'" + filename + "' load");
}
```

init()方法首先为 rock 对象创建了一个空列表，然后调用 Gdx.files.internal() 方法获取关卡文件的句柄，接着将该句柄作为构造参数并创建一个 Pixmap 对象。Pixmap 对象包含关卡图片的像素数据。

下面通过两层 for 循环逐行遍历每个像素。baseHeight 变量等于关卡总高度减去当前像素所处高度，获得的结果表示从底部计算的像素高度。因为像素的扫描过程是从上到下进行的，而游戏坐标的 y 轴是竖直向上的，所以必须计算像素的反转高度才能获得游戏对象在场景中的正确位置。offsetHeight 变量用于调整对象在竖直方向上的位置。currentPixel 变量用于存储当前扫描位置的像素颜色，该变量依次与每种游戏对象的代表色进行对比，直到发现匹配的颜色。如果没有发现匹配的颜色，则在控制台打印一条错误消息，以告知我们可能在代码或者文件中存在未定义的颜色。错误消息包含当前像素的颜色信息，可以根据这些信息判断错误发生的位置。

完成扫描后，还需要初始化装饰对象，如 Clouds、Mountains 和 WaterOverlay。当初始化这些对象时，需要为构造方法传递 Pixmap 对象的宽度，因为它们需要根据关卡的长度进行初始化，而 Pixmap 对象的宽度就表示关卡的长度。最后，释放 Pixmap 对象。

虽然这里已经正确添加了处理颜色的代码，但除了 rock 对象以外，目前还没有为其他颜色定义响应代码。在上述代码中，一旦匹配到 rock 对象的代表色，就创建一个 rock 对象并添加到 rocks 列表。lastPixel 变量存储着上次循环获得的像素颜色。我们利用该变量测试两个相邻的 rock 像素是否相同,如果相同,则为当前 rock 对象的长度加 1。

接下来为 render() 方法添加以下代码:

```
public void render(SpriteBatch batch) {
    // 渲染 Mountains
    mountains.render(batch);

    // 渲染 Rocks
    for (Rock rock : rocks) {
        rock.render(batch);
    }

    // 渲染 Water Overlay
    waterOverlay.render(batch);

    // 渲染 Clouds
    clouds.render(batch);
}
```

render() 方法渲染了 Level 类(关卡)封装的所有游戏对象。游戏对象的渲染顺序是非常重要的,因为每次调用 draw() 方法都会在场景的顶层进行渲染,因此,该方法会覆盖所渲染区域的全部内容。虽然 2D 场景没有深度测试或者像 3D 空间的 z 轴,但仍然可以将渲染顺序假想为一层一层的绘制过程。

假设你可以以 45 度角观察 Level 类渲染的场景,最终效果可能如图 5-6 所示。

图 5-6

在场景中,应该首先渲染距离比较远的对象。从图 5-6 可以看出,mountains 对象比其他所有对象都要远,所以首先应该渲染该对象。

5.3 组建游戏世界

Assembling the game world

现在移除第 4 章创建的旧代码。另外添加三个常量,分别表示玩家的初始生命数和

GUI 相机的视口尺寸（包括视口高度和视口宽度）。

根据下面的代码修改 Constants 类：

```
public class Constants {
    // 将游戏世界的可视高度定义为 5 米（视口高度）
    public static final float VIEWPORT_WIDTH = 5.0f;
    // 将游戏世界的可视宽度定义为 5 米（视口宽度）
    public static final float VIEWPORT_HEIGHT = 5.0f;
    // GUI 视口宽度
    public static final float VIEWPORT_GUI_WIDTH = 800f;
    // GUI 视口高度
    public static final float VIEWPORT_GUI_HEIGHT = 480f;
    // 纹理集描述文件路径
    public static final String TEXTURE_ATLAS_OBJECTS =
        "images/canyonbunny.pack";
    // 01 关卡文件路径
    public static final String LEVEL_01 = "levels/level-01.png";
    // 初始化玩家生命数
    public static final int LIVES_START = 3;
}
```

移除 WorldController 类的下面两行代码：

```
public Sprite[] testSprites;
public int selectedSprite;
```

继续移除该类的下面三个方法：

- initTestObject()。
- updateTestObject()。
- moveSelectedSprite()。

然后移除 handleDebugInput() 方法的下面部分：

```
// 控制选中的精灵
float sprMoveSpeed = 5 * deltaTime;
if (Gdx.input.isKeyPressed(Keys.A))
    moveSelectedSprite(-sprMoveSpeed, 0);
if (Gdx.input.isKeyPressed(Keys.D))
    moveSelectedSprite(sprMoveSpeed, 0);
if (Gdx.input.isKeyPressed(Keys.W))
    moveSelectedSprite(0, sprMoveSpeed);
if (Gdx.input.isKeyPressed(Keys.S))
    moveSelectedSprite(0, -sprMoveSpeed);
```

接下来修改 KeyUp() 方法，移除 Select next sprite（选择下一个精灵对象）和 Toggle camera follow（切换相机的控制权）两行注释之下的所有代码，修改完成后的代码如下：

```
@Override
public boolean keyUp (int keycode) {
    // 重置游戏
    if (keycode == Keys.R) {
        init();
        Gdx.app.debug(TAG, "Game world resetted");
    }
    return false;
}
```

为 `WorldController` 类添加下面两行代码：

```
import com.packtpub.libgdx.canyonbunny.game.objects.Rock;
import com.packtpub.libgdx.canyonbunny.util.Constants;
```

继续为该类添加下面的代码：

```
public Level level;
public int lives;
public int score;

private void initLevel() {
    score = 0;
    level = new Level(Constants.LEVEL_01);
}
```

修改 `WorldController` 类的 `init()` 方法，代码如下：

```
private void init() {
    Gdx.input.setInputProcessor(this);
    cameraHelper = new CameraHelper();
    lives = Constants.LIVES_START;
    initLevel();
}
```

最后，移除 `update()` 方法对 `updateTestObject()` 方法的调用。

现在我们已经移除了所有旧代码，并且还为控制器添加了初始化关卡加载器的代码。上述代码新增了两个成员变量，分别是 `score` 和 `lives`，这两个变量分别表示当前得分和剩余的生命数。

现在每个游戏对象都继承于 `AbstractGameObject` 类。因此，要让相机跟踪某个游戏对象，还需稍微修改 `CameraHelper` 类。

首先，移除 `CameraHelper` 类的下面代码：

```
import com.badlogic.gdx.graphics.g2d.Sprite;
```

接着导入 `AbstractGameObject` 类：

```
import com.packtpub.libgdx.canyonbunny.game.objects.AbstractGameObject;
```

根据下面代码继续修改该类：

```
private AbstractGameObject target;

public void update(float deltaTime) {
    if(!hasTarget()) return ;

    position.x = target.position.x + target.origin.x;
    position.y = target.position.y + target.origin.y;
}

public void setTarget(AbstractGameObject target) {
    this.target = target;
}

public AbstractGameObject getTarget() {
    return target;
}
```

```
public boolean hasTarget(AbstractGameObject sprite) {
   return hasTarget() && this.target.equals(target);
}
```

接下来为 WorldRenderer 类创建 renderWorld()方法，代码如下：

```
private void renderWorld (SpriteBatch batch) {
   worldController.cameraHelper.applyTo(camera);
   batch.setProjectionMatrix(camera.combined);
   batch.begin();
   worldController.level.render(batch);
   batch.end();
}
```

移除 renderTestObject()方法以及 render()方法对 renderTestObjects()方法的调用，然后在 render()方法中调用 renderWorld()方法：

```
public void render() {
   renderWorld(batch);
}
```

现在游戏渲染的调用过程是，在 render()方法内部调用 renderWorld()方法，而 renderWorld()方法调用 Level 类的 render()方法来渲染所有游戏对象。

5.4 实现游戏 GUI

Implementing the game GUI

在本章的最后一部分，我们将为游戏场景添加多个 GUI 元素。GUI 用于显示玩家当前得分、剩余生命数以及 FPS 计数器。

想要在屏幕上输出文本信息，那么就必须加载位图字体。幸运的是，可以使用 LibGDX 提供默认字体（Arial 15 磅）。首先将 arial-15.fnt 和 arial-15.png 两个文件拷贝到 CanyonBunny-android/asset/images/路径下。

图 5-7 展示了 LibGDX 默认支持的位图字体。

图 5-7

还可以使用 Hiero 软件创建自定义的位图字体。Hiero 是 LibGDX 官方提供的字体生成工具。详情请访问 Hiero 教程,网址为:https://github.com/libgdx/libgdx/wiki/hiero。如果你是 Mac 用户,那么还可以选用专为 Mac 平台设计的商业软件 **Glyph Designer** 创建位图字体,该软件的官方网站是:https://71squared.com/en/glyphdesigner。

接下来为 `Assets` 类导入 `BitmapFont` 类,代码如下:

```java
import com.badlogic.gdx.graphics.g2d.BitmapFont;
```

然后添加下面的代码:

```java
public AssetFonts fonts;

public class AssetFonts {
    public final BitmapFont defaultSmall;
    public final BitmapFont defaultNormal;
    public final BitmapFont defaultBig;

    public AssetFonts () {
        // 创建三个 15 磅的位图字体
        defaultSmall = new BitmapFont(
            Gdx.files.internal("images/arial-15.fnt"), true);
        defaultNormal = new BitmapFont(
            Gdx.files.internal("images/arial-15.fnt"), true);
        defaultBig = new BitmapFont(
            Gdx.files.internal("images/arial-15.fnt"), true);
        // 设置字体尺寸
        defaultSmall.setScale(0.75f);
        defaultNormal.setScale(1.0f);
        defaultBig.setScale(2.0f);
        // 为字体激活线性纹理过滤模式
        defaultSmall.getRegion().getTexture().setFilter(
            TextureFilter.Linear, TextureFilter.Linear);
        defaultNormal.getRegion().getTexture().setFilter(
            TextureFilter.Linear, TextureFilter.Linear);
        defaultBig.getRegion().getTexture().setFilter(
            TextureFilter.Linear, TextureFilter.Linear);
    }
}

public void init (AssetManager assetManager) {
    this.assetManager = assetManager;
    // 设置资源管理器的错误处理对象
    assetManager.setErrorListener(this);
    // 预加载纹理集资源
    assetManager.load(Constants.TEXTURE_ATLAS_OBJECTS,
        TextureAtlas.class);
    // 开始加载资源
    assetManager.finishLoading();

    Gdx.app.debug(TAG, "# of assets loaded: " +
        assetManager.getAssetNames().size);
    for(String a : assetManager.getAssetNames()) {
        Gdx.app.debug(TAG, "asset: " + a);
    }

    TextureAtlas atlas = assetManager.get(
        Constants.TEXTURE_ATLAS_OBJECTS);
```

```
    // 激活平滑纹理过滤
    for (Texture t : atlas.getTextures()) {
        t.setFilter(TextureFilter.Linear, TextureFilter.Linear);
    }

    // 创建游戏资源对象
    fonts = new AssetFonts();
    bunny = new AssetBunny(atlas);
    rock = new AssetRock(atlas);
    goldCoin = new AssetGoldCoin(atlas);
    feather = new AssetFeather(atlas);
    levelDecoration = new AssetLevelDecoration(atlas);
}

@Override
public void dispose () {
    assetManager.dispose();
    fonts.defaultSmall.dispose();
    fonts.defaultNormal.dispose();
    fonts.defaultBig.dispose();
}
```

上述代码创建了一个 `AssetFonts` 内部类，该类封装了三种不同尺寸的字体。字体的尺寸可以通过缩放来设置。当字体不再使用时，也需要调用 `dispose()` 方法来释放。

下面添加游戏 GUI 的实现代码。首先让我们观察最终效果，如图 5-8 所示。

图 5-8

在图 5-8 窗口的左上角，可以看到一个金币图标和分数文本。在右上角，可以看到三个用于表示玩家当前剩余生命数的兔子头图标。最后，窗口的右下角还包含一个较小的 FPS 计数器，FPS 计数器的数据和颜色可以帮助我们判断游戏的渲染性能。

接下来为 `WorldRenderer` 导入 `BitmapFont` 类，代码如下：

```
import com.badlogic.gdx.graphics.g2d.BitmapFont;
```

然后根据下面的代码修改 `WorldRenderer` 类：

```
private OrthographicCamera cameraGUI;

private void init () {
    batch = new SpriteBatch();
    camera = new OrthographicCamera(Constants.VIEWPORT_WIDTH,
        Constants.VIEWPORT_HEIGHT);
    camera.position.set(0, 0, 0);
    camera.update();
    cameraGUI = new OrthographicCamera(Constants.VIEWPORT_GUI_WIDTH,
        Constants.VIEWPORT_GUI_HEIGHT);
    cameraGUI.position.set(0, 0, 0);
    cameraGUI.setToOrtho(true); // 反转y轴
    cameraGUI.update();
}
public void resize (int width, int height) {
    camera.viewportWidth = (Constants.VIEWPORT_HEIGHT / height) * width;
    camera.update();
    cameraGUI.viewportHeight = Constants.VIEWPORT_GUI_HEIGHT;
    cameraGUI.viewportWidth = (Constants.VIEWPORT_GUI_HEIGHT
        / (float)height) * (float)width;
    cameraGUI.position.set(cameraGUI.viewportWidth / 2,
        cameraGUI.viewportHeight / 2, 0);
    cameraGUI.update();
}
```

上述代码创建了第二个相机，该相机是专门为渲染游戏 GUI 而创建的。GUI 相机的视口使用了更大的尺寸进行定义，因为只有这样做，才能让位图字体以 15 像素的高度显示出来。如果使用 5 米×5 米的视口尺寸，最好的情况下也只能显示该字体的三分之一。剩下的代码和游戏相机的设置基本一致。另外，创建独立的 GUI 相机（cameraGUI）还能保证我们在自由变换游戏相机（camera）的时候不影响 GUI 元素的显示。

接下来实现每个 GUI 元素的显示方法。

5.4.1 分数 GUI

图 5-9 显示了玩家得分的 GUI 元素。

下面为 WorldRenderer 类创建新方法 renderGuiScore()，并添加下面的代码：

```
private void renderGuiScore(SpriteBatch batch) {
    float x = -15;
    float y = -15;
    batch.draw(Assets.instance.goldCoin.goldCoin,
        x, y, 50, 50, 100, 100, 0.35f, -0.35f, 0);

    Assets.instance.fonts.defaultBig.draw(batch,
        "" + worldController.score, x + 75, y + 37);
}
```

图 5-9

上述代码首先在窗口的左上角绘制了一个金币图标，然后使用大号字体在金币图标的左侧绘制分数文本。

5.4.2 生命数 GUI

图 5-10 展示了剩余生命数的 GUI 元素。

首先为 `WorldRenderer` 类创建 `renderGuiExtraLive()` 方法,然后添加下面的代码:

图 5-10

```
private void renderGuiExtraLive (SpriteBatch batch) {
    float x = cameraGUI.viewportWidth - 50
        - Constants.LIVES_START * 50;
    float y = -15;
    for(int i = 0; i < Constants.LIVES_START; i++) {
        if(i >= worldController.lives)
            batch.setColor(0.5f, 0.5f, 0.5f, 0.5f);
        batch.draw(Assets.instance.bunny.head,
            x + i * 50, y, 50, 50, 120, 100, 0.35f, -0.35f, 0);
        batch.setColor(1, 1, 1, 1);
    }
}
```

上述代码在窗口的右上角绘制了三个兔子头图标,用于表示玩家当前剩余的生命数。图标的绘制顺序是从左到右的,绘制图标前,首先要检查循环变量是否超过了当前剩余的生命数,如果超过,则使用半透明的灰色进行渲染。

5.4.3 GUI FPS 计数器

图 5-11 显示了 FPS(帧率)计数器 GUI 元素的不同状态。

图 5-11

接下来在 `WorldRenderer` 类中创建 `renderGuiFpsCounter()` 方法,然后添加下面的代码:

```
private void renderGuiFpsCounter(SpriteBatch batch) {
    float x = cameraGUI.viewportWidth - 55;
    float y = cameraGUI.viewportHeight - 15;
    int fps = Gdx.graphics.getFramesPerSecond();
    BitmapFont fpsFont = Assets.instance.fonts.defaultNormal;
    if (fps >= 45) {
        // 帧率大于等于 45 时显示为绿色
        fpsFont.setColor(0, 1, 0, 1);
    } else if (fps >= 30) {
        // 帧率在 30 到 45 之间显示为黄色
        fpsFont.setColor(1, 1, 0, 1);
    } else {
        // 帧率小于 30 显示为红色
        fpsFont.setColor(1, 0, 0, 1);
    }
```

```
fpsFont.draw(batch, "FPS: " + fps, x, y);
fpsFont.setColor(1, 1, 1, 1); // 恢复为默认颜色(白色)
}
```

FPS 计数器显示了当前屏幕的刷新频率。文本颜色由帧率的大小决定，如果 FPS 大于等于 45，则显示为绿色，表明渲染性能良好；如果 FPS 在 30 到 45 之间，则显示为黄色，表明渲染性能普通；如果 FPS 低于 30，则显示为红色，表明渲染性能很差，需要警惕。

5.4.4 渲染游戏 GUI

接下来需要将上述创建的每种 GUI 元素的渲染方法聚集起来，首先为 WorldRenderer 类创建 renderGui()方法，然后添加下面的代码：

```
private void renderGui(SpriteBatch batch) {
    batch.setProjectionMatrix(cameraGUI.combined);
    batch.begin();
    // 绘制金币图标和玩家得分(左上角)
    renderGuiScore(batch);
    // 绘制剩余的生命数(右上角)
    renderGuiExtraLive(batch);
    // 绘制 FPS 计数器(右下角)
    renderGuiFpsCounter(batch);
    batch.end();
}
```

最后一步，修改 render()方法，代码如下：

```
public void render() {
    renderWorld(batch);
    renderGui(batch);
}
```

到现在为止，Canyon Bunny 游戏的 GUI 元素就已经全部实现了。运行游戏，观察场景是否与预期的设计相同。

5.5 总结

Summary

本章首先介绍了如何创建简单的游戏对象以及使用多张纹理组合渲染复杂的游戏对象。其次详细讨论了关卡加载器的实现过程，之后将关卡加载器组装到游戏框架中，成功为应用实现了自动解析关卡数据并创建相应对象的功能。然后还学习了怎样使用位图字体渲染文本。最后为游戏添加了三个显示游戏状态的 GUI 元素，分别是玩家当前得分 GUI、剩余的生命数 GUI 以及 FPS 计数器。需要注意，现在仍然可以使用 `CameraHelper` 助手类来帮助我们移动和缩放游戏场景。

第 6 章将继续实现剩下的几个游戏对象，如玩家角色、可收集道具等。其次，还要实现控制玩家移动、碰撞检测的游戏逻辑。

第 6 章
添加演员
Adding the Actors

本章将实现剩下几个代表游戏演员的对象，包括玩家角色对象以及两个可收集的道具对象，分别是 gold coin（金币道具）和 feather（羽毛道具）。之后还将实现关卡加载器对新添加的演员对象的支持。

接着将为游戏扩展一个简单的物理模拟环境。物理模拟允许我们使用对象的物理属性控制对象的运动状态，如速度、加速度和摩擦力等。另外，游戏逻辑还需要实现检测对象之间的碰撞并触发相应的事件。例如，我们希望玩家角色可以在 rock 平台（对象）上跳跃、站立、行走、碰撞、收集道具、落入水中失去生命。游戏逻辑必须时刻检查游戏结束的条件，当条件成立时，立刻结束游戏并显示一条 **GAME OVER** 文本信息。

综上所述，本章将介绍以下内容。

- 实现游戏的演员对象。
- 创建碰撞检测逻辑。
- 完成 GUI 元素。

6.1 实现游戏的演员对象
Implementing the actor game objects

gold coin、feather 和 bunny head 对象都属于游戏对象。因此，也需要继承于 `AbstractGameObject` 抽象类，该类包含物理模拟和碰撞检测所需的属性和方法。

首先，修改 `AbstractGameObject` 类，为即将到来的物理模拟和碰撞检测添加相应代码。

为 `AbstractGameObject` 类添加下面一行代码：
`import com.badlogic.gdx.math.Rectangle;`

继续为该类添加以下成员变量和初始化代码：

```java
public Vector2 velocity;
public Vector2 terminalVelocity;
public Vector2 friction;

public Vector2 acceleration;
public Rectangle bounds;

public AbstractGameObject () {
   position = new Vector2();
   dimension = new Vector2(1, 1);
   origin = new Vector2();
   scale = new Vector2(1, 1);
   rotation = 0;
   velocity = new Vector2();
   terminalVelocity = new Vector2(1, 1);
   friction = new Vector2();
   acceleration = new Vector2();
   bounds = new Rectangle();
}
```

下面简要介绍上述代码创建的成员变量：

- `velocity`：表示对象当前的移动速度，单位为 m/s。
- `terminalVelocity`：定义对象的正负最大移动速度，单位为 m/s。
- `friction`：表示可以使对象减速的摩擦力，该变量是一个无量纲系数。当 `friction` 等于零时，表示没有摩擦力，因此对象的速度也不会减小。
- `acceleration`：表示对象的加速度，单位为 m/s^2。
- `bounds`：表示游戏对象的边界矩形，用于碰撞检测。边界矩形可以设置为任意尺寸而不受对象的真实尺寸的限制，但为了符合正常的视觉效果，通常与真实尺寸相同。

接下来根据下面步骤为游戏添加简单的物理模拟环境，以便我们利用物理属性（如 `velocity`、`terminalVelocity`、`friction` 和 `acceleration`）控制游戏对象的运动。

(1) 为 `AbstractGameObject` 类导入 `MathUtils` 类：

```java
import com.badlogic.gdx.math.MathUtils;
```

(2) 为 `AbstractGameObject` 类添加下面的代码：

```java
protected void updateMotionX (float deltaTime) {
   if (velocity.x != 0) {
      // 应用摩擦力
      if (velocity.x > 0) {
         velocity.x =
            Math.max(velocity.x - friction.x * deltaTime, 0);
      } else {
         velocity.x =
            Math.min(velocity.x + friction.x * deltaTime, 0);
      }
   }
   // 应用加速度
   velocity.x += acceleration.x * deltaTime;
   // 确保当前速度没有超过正负最大值
   velocity.x = MathUtils.clamp(velocity.x,
```

```
            -terminalVelocity.x, terminalVelocity.x);
    }
    protected void updateMotionY (float deltaTime) {
        if (velocity.y != 0) {
            // 应用摩擦力
            if (velocity.y > 0) {
                velocity.y = Math.max(velocity.y - friction.y *
                    deltaTime, 0);
            } else {
                velocity.y = Math.min(velocity.y + friction.y *
                    deltaTime, 0);
            }
        }
        // 应用加速度
        velocity.y += acceleration.y * deltaTime;
        // 确保当前速度没有超过正负最大值
        velocity.y = MathUtils.clamp(velocity.y, -
            terminalVelocity.y, terminalVelocity.y);
    }
```

(3) 修改 update() 方法，代码如下：

```
public void update (float deltaTime) {
    updateMotionX(deltaTime);
    updateMotionY(deltaTime);
    // 移动到最新位置
    position.x += velocity.x * deltaTime;
    position.y += velocity.y * deltaTime;
}
```

以上代码添加的两个新方法 updateMotionX() 和 updateMotionY() 在每个更新循环都会被调用，以便计算游戏对象的最新速度。整个计算过程可以分为三部分完成。

(1) 如果对象的速度不等于零，则表明对象正在运动，摩擦力将产生减速效果。因为摩擦力的属性是减小速度，而速度的正负表示移动的方向，所以必须分情况处理。当速度大于零时，为当前速度减去摩擦力产生的减速；当速度小于零时，为当前速度加上摩擦力产生的减速。还有一点，上述代码使用 Math.max 和 Math.min 方法可避免由于摩擦力的作用而导致速度方向的变化，在现实中该情况是不可能发生的。

(2) 为当前速度应用加速度。

(3) 确保新速度在正负最大速度之内。

x 和 y 方向上的速度更新完成之后，接下来只要为对象的当前位置加上新速度并在指定的增量时间内产生位移即可。

6.1.1　创建 gold coin 对象

gold coin 对象只包含一张图片。该对象是一个可收集道具，这意味着玩家角色只需要简单地接触便能将其收集起来，之后该对象将变得不可见。图 6-1 展示了一个 gold coin 对象。

图 6-1

创建 GoldCoin 类并添加下面的代码：

```java
package com.packtpub.libgdx.canyonbunny.game.objects;

import com.badlogic.gdx.graphics.g2d.SpriteBatch;
import com.badlogic.gdx.graphics.g2d.TextureRegion;
import com.packtpub.libgdx.canyonbunny.game.Assets;

public class GoldCoin extends AbstractGameObject {

    private TextureRegion regGoldCoin;

    public boolean collected;

    public GoldCoin () {
        init();
    }

    private void init () {
        dimension.set(0.5f, 0.5f);

        regGoldCoin = Assets.instance.goldCoin.goldCoin;

        // 设置碰撞检测的矩形边界
        bounds.set(0, 0, dimension.x, dimension.y);

        collected = false;
    }

    public void render (SpriteBatch batch) {
        if (collected) return;

        TextureRegion reg = null;
        reg = regGoldCoin;
        batch.draw(reg.getTexture(), position.x, position.y,origin.x,
            origin.y, dimension.x, dimension.y, scale.x, scale.y,
            rotation, reg.getRegionX(), reg.getRegionY(),
            reg.getRegionWidth(), reg.getRegionHeight(), false, false);
    }
    public int getScore() {
      return 100;
    }
}
```

GoldCoin 类使用 collected 变量表明对象的可见状态。render()方法首先检查对象的可见状态，然后决定是否渲染该对象。getScore()方法返回玩家角色收集该道具获得的分数。边界矩形的尺寸与游戏对象的真实尺寸相同。

6.1.2 创建 feather 对象

feather 对象与 gold coin 对象基本一致。同样是一个只包含一张图片的可收集道具，而且被收集后也将变得不可见，如图 6-2 所示。

创建源文件并命名为 Feather.java，然后添加下面的代码：

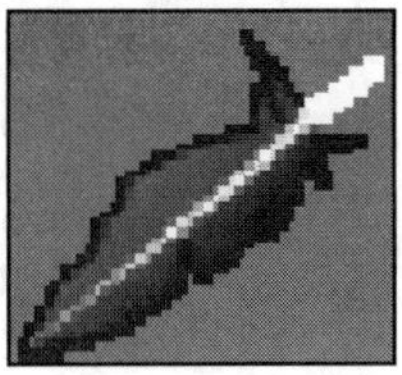

```java
package com.packtpub.libgdx.canyonbunny.game.objects;

import com.badlogic.gdx.graphics.g2d.SpriteBatch;
import com.badlogic.gdx.graphics.g2d.TextureRegion;
import com.packtpub.libgdx.canyonbunny.game.Assets;

public class Feather extends AbstractGameObject {

    private TextureRegion regFeather;

    public boolean collected;

    public Feather () {
        init();
    }

    private void init () {
        dimension.set(0.5f, 0.5f);

        regFeather = Assets.instance.feather.feather;

        // 设置边界举行的尺寸
        bounds.set(0, 0, dimension.x, dimension.y);

        collected = false;
    }

    public void render (SpriteBatch batch) {
        if (collected) return;

        TextureRegion reg = null;
        reg = regFeather;
        batch.draw(reg.getTexture(), position.x, position.y, origin.x,
            origin.y, dimension.x, dimension.y, scale.x, scale.y,rotation,
            reg.getRegionX(), reg.getRegionY(), reg.getRegionWidth(),
            reg.getRegionHeight(), false, false);
    }

    public int getScore () {
        return 250;
    }
}
```

图 6-2

可以看到，feather 对象与 gold coin 对象的实现几乎一模一样。唯一区别是两种道具被玩家收集后获得的分数不同，feather 道具的得分较 gold coin 的高一些。所以，收集 feather 道具可以让玩家分数增长得更快。

6.1.3 创建 bunny head 对象

bunny head（玩家角色）是本项目最复杂的一个游戏对象。虽然该对象也只包含一张图片，但涉及跳跃、降落、飞行等特殊效果，所以实现起来稍微复杂一些，如图 6-3 所示。

首先创建 BunnyHead 类并添加以下基础代码：

图 6-3

```java
package com.packtpub.libgdx.canyonbunny.game.objects;

import com.badlogic.gdx.Gdx;
import com.badlogic.gdx.graphics.g2d.SpriteBatch;
import com.badlogic.gdx.graphics.g2d.TextureRegion;
import com.packtpub.libgdx.canyonbunny.game.Assets;
import com.packtpub.libgdx.canyonbunny.util.Constants;

public class BunnyHead extends AbstractGameObject {

    public static final String TAG = BunnyHead.class.getName();

    private final float JUMP_TIME_MAX = 0.3f;
    private final float JUMP_TIME_MIN = 0.1f;
    private final float JUMP_TIME_OFFSET_FLYING =
        JUMP_TIME_MAX - 0.018f;

    public enum VIEW_DIRECTION {
        LEFT, RIGHT
    }

    public enum JUMP_STATE {
        GROUNDED, FALLING, JUMP_RISING, JUMP_FALLING
    }

    private TextureRegion regHead;

    public VIEW_DIRECTION viewDirection;
    public float timeJumping;
    public JUMP_STATE jumpState;
    public boolean hasFeatherPowerup;
    public float timeLeftFeatherPowerup;

    public BunnyHead () {
        init();
    }

    public void init () {}
    public void setJumping (boolean jumpKeyPressed) {};
    public void setFeatherPowerup (boolean pickedUp) {};
    public boolean hasFeatherPowerup () {};
}
```

上述代码定义了观察方向（viewing direction）——跳跃状态和飞行状态，接下来继续填充空方法。

首先在 init() 方法中添加以下代码：

```java
public void init () {
    dimension.set(1, 1);
    regHead = Assets.instance.bunny.head;
    // 将原点设置为对象中心
    origin.set(dimension.x / 2, dimension.y / 2);
    // 设置边界矩形的尺寸
    bounds.set(0, 0, dimension.x, dimension.y);
    // 设置物理属性
    terminalVelocity.set(3.0f, 4.0f);
    friction.set(12.0f, 0.0f);
    acceleration.set(0.0f, -25.0f);
```

```
    // 初始化观察方向
    viewDirection = VIEW_DIRECTION.RIGHT;
    // 初始化跳跃状态
    jumpState = JUMP_STATE.FALLING;
    timeJumping = 0;
    // 初始化飞行状态
    hasFeatherPowerup = false;
    timeLeftFeatherPowerup = 0;
}
```

init()方法完成了bunny head游戏对象的初始化,包括设置对象的物理属性、初始观察方向、跳跃状态以及禁用feather道具效果。

接下来填充setJumping()方法:

```
public void setJumping (boolean jumpKeyPressed) {
    switch (jumpState) {
        case GROUNDED: // 玩家角色站在rock平台上
            if (jumpKeyPressed) {
                // 从0开始计算跳跃经过的时间
                timeJumping = 0;
                jumpState = JUMP_STATE.JUMP_RISING;
            }
            break;
        case JUMP_RISING: //上升状态
            if (!jumpKeyPressed)
                jumpState = JUMP_STATE.JUMP_FALLING;
            break;
        case FALLING:// 掉落状态
        case JUMP_FALLING: // 完成一个跳跃后的下降状态
            if (jumpKeyPressed && hasFeatherPowerup) {
                timeJumping = JUMP_TIME_OFFSET_FLYING;
                jumpState = JUMP_STATE.JUMP_RISING;
            }
            break;
    }
}
```

上述代码实现了触发bunny head对象跳跃的逻辑。跳跃状态决定了当前是否可以跳跃,是单次跳跃还是连续跳跃。

接下来填充setFeatherPowerup()和hasFeatherPowerup()方法:

```
public void setFeatherPowerup (boolean pickedUp) {
    hasFeatherPowerup = pickedUp;
    if (pickedUp) {
        timeLeftFeatherPowerup =
            Constants.ITEM_FEATHER_POWERUP_DURATION;
    }
}

public boolean hasFeatherPowerup () {
    return hasFeatherPowerup && timeLeftFeatherPowerup > 0;
}
```

上面的代码允许我们使用 setFeatherPowerup() 方法触发飞行效果。hasFeatherPowerup()方法用于检测飞行效果是否处于激活状态。

接下来重写update()方法并添加下面的代码:

```java
@Override
public void update (float deltaTime) {
    super.update(deltaTime);
    if (velocity.x != 0) {
        viewDirection = velocity.x < 0 ? VIEW_DIRECTION.LEFT :
            VIEW_DIRECTION.RIGHT;
    }
    if (timeLeftFeatherPowerup > 0) {
        timeLeftFeatherPowerup -= deltaTime;
        if (timeLeftFeatherPowerup < 0) {
            // 关闭 feather 特效
            timeLeftFeatherPowerup = 0;
            setFeatherPowerup(false);
        }
    }
}
```

update()方法首先根据速度的正负判断并更新对象的观察方向，接着检查飞行效果剩余的时间。如果剩余时间为零，则禁用飞行效果。

重写 updateMotionY()方法并添加下面的代码：

```java
@Override
protected void updateMotionY (float deltaTime) {
    switch (jumpState) {
        case GROUNDED:
            jumpState = JUMP_STATE.FALLING;
            break;
        case JUMP_RISING:
            // 跳跃计时
            timeJumping += deltaTime;
            // 如果跳跃还没达到最大高度
            if (timeJumping <= JUMP_TIME_MAX) {
                // 继续上升
                velocity.y = terminalVelocity.y;
            }
            break;
        case FALLING:
            break;
        case JUMP_FALLING:
            // 跳跃计时
            timeJumping += deltaTime;
            // 如果跳跃按键被释放过快，则应该保证一个最低跳跃高度
            if (timeJumping > 0 && timeJumping <= JUMP_TIME_MIN) {
                // 仍旧上升
                velocity.y = terminalVelocity.y;
            }
    }
    if (jumpState != JUMP_STATE.GROUNDED)
        super.updateMotionY(deltaTime);
}
```

上述代码实现了上升/下降过程的状态切换和相应运算。

接着为 render()方法添加下面的代码：

```java
@Override
public void render (SpriteBatch batch) {
```

```
    TextureRegion reg = null;

    // 如果激活了飞行效果，则设置一个特殊着色
    if (hasFeatherPowerup) {
    batch.setColor(1.0f, 0.8f, 0.0f, 1.0f);
}
    // 渲染图片
    reg = regHead;
    batch.draw(reg.getTexture(), position.x, position.y, origin.x,
    origin.y,dimension.x, dimension.y, scale.x, scale.y, rotation,
    reg.getRegionX(),reg.getRegionY(), reg.getRegionWidth(),
    reg.getRegionHeight(), viewDirection== VIEW_DIRECTION.LEFT,false);

    // 重置着色
    batch.setColor(1, 1, 1, 1);
}
```

上述代码处理了 bunny head 游戏对象的渲染过程。如果飞行效果处于激活状态，则 bunny head 对象会被渲染为橘黄色。

最后在 Constants 类中添加以下常量：

```
// 飞行效果持续时间
public static final float ITEM_FEATHER_POWERUP_DURATION = 9;
```

只要对象的速度不为零，观察方向 viewDirection 都会根据速度的正负进行更新。如果水平方向上的速度为负，则观察方向 viewDirection 等于 VIEW_DIRECTION.LEFT，否则等于 VIEW_DIRECTION.RIGHT。实际上，观察方向就是玩家角色的移动方向。

整个跳跃过程包含以下四个状态。

- GROUNDED：表示玩家站立在 rock 平台上。
- FALLING：表示玩家处于降落状态。
- JUMP_RISING：表示已经触发跳跃并正处于上升的状态。
- JUMP_FALLING：表示触发跳跃后的降落状态。该状态既可以通过长时间按下跳跃按键获得，也可以通过快速按下并释放跳跃按键获得。

跳跃状态存储在 jumpState 变量中。上述代码还定义了跳跃时间的最大值和最小值（分别是 JUMP_TIME_MIN 和 JUMP_TIME_MAX），这两个值分别用于限制对象的最小跳跃高度和最大跳跃高度。如果跳跃按键的按下时间小于 JUMP_TIME_MIN，就会激活最小跳跃高度。

跳跃的持续时间保存在 timeJumping 变量中，该变量在每次触发跳跃时都会重置为零。这里还包含一个 JUMP_TIME_OFFSET_FLAYING 常量，该常量用于从某一特定时刻开始计时跳跃，以此缩短跳跃的高度。该机制用于实现 feather 道具的飞行效果，当玩家收集到一个 feather 道具后，重复按下跳跃按键即可触发连续跳跃（飞行）效果。只有当 bunny head 对象处于悬空状态，才能触发连续跳跃。对于玩家而言，这种小幅度的连续跳跃可以增加游戏的难度。

上面描述的就是 updateMotionY() 方法实现的所有逻辑控制。注意，只有跳跃状态

不等于 GROUNDED，AbstractGameObject 类的 updateMotionY() 方法才会被调用。

图 6-4 的可视化解释了 updateMotionY() 方法的执行过程。

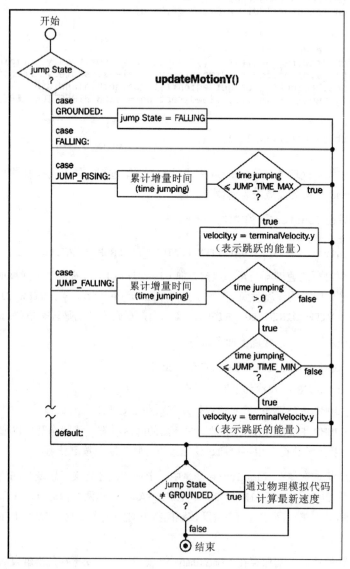

图 6-4

正如我们看到的，无论什么时候将跳跃状态设置为 GROUNDED，随后都会被更改为 FALING。这样做的原因是，我们希望处于地面上的 bunny head 对象能在到达平台端点时自由落下。上面的代码实现了一个循环触发的过程，GROUNDED 状态被转换为 FALLING 状态后，当检测到有碰撞时重置为 GROUNDED。如果将角色对象的初始跳跃状态设置为 FALLING，那么游戏一开始，角色对象就有下降的趋势。

调用 setJumping() 方法可能会触发一个新的跳跃。参数等于 true 表示跳跃按键处于按下状态。因此，该方法将根据跳跃状态和按键状态决定具体的执行代码，是启动一个新跳跃、取消一个正在执行的跳跃或是触发 feather 道具的连续跳跃（飞行）效果。

图 6-5 所示的流程图可视化地解释了 setJumping() 方法的执行过程。

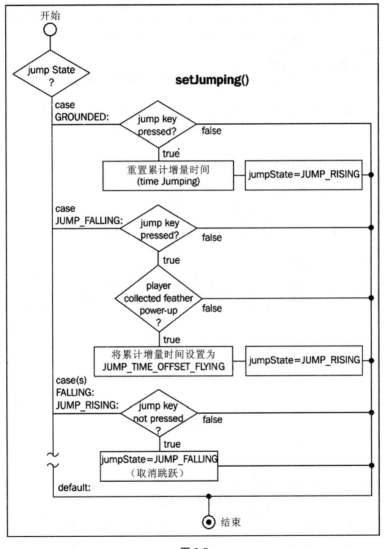

图 6-5

hasFeatherPowerup 变量用于确定玩家是否已经收集到 feahter 道具，而 timeLeftFeatherPowerup 变量用于表示飞行效果的剩余时间。飞行效果可以通过 setFeatherPowerup() 方法触发。hasFeatherPowerup() 方法用于测试飞行效果是否还处于激活状态。

当玩家角色收集到一枚 feather 道具后，render() 方法将以橘色渲染角色图片。观察方向 viewDirection 用于决定角色图片是否需要在 x 轴方向镜像渲染。

6.1.4 更新 rock 对象

根据下面的代码修改 Rock 类的 setLength() 方法：

```
public void setLength (int length) {
    this.length = length;
    // 更新边界（碰撞）矩形的尺寸
    bounds.set(0, 0, dimension.x * length, dimension.y);
}
```

上述代码可以确保边界矩形的宽度与 rock 对象的长度是同步更新的。

6.2 完成关卡加载器
Completing the level loader

到现在为止，所有游戏对象已经全部实现，接下来完善关卡加载器的剩余部分。

首先，为 Level 类导入下面三个类：

```
import com.packtpub.libgdx.canyonbunny.game.objects.BunnyHead;
import com.packtpub.libgdx.canyonbunny.game.objects.Feather;
import com.packtpub.libgdx.canyonbunny.game.objects.GoldCoin;
```

另外，添加三个成员变量：

```
public BunnyHead bunnyHead;
public Array<GoldCoin> goldCoins;
public Array<Feather> feathers;
```

接下来修改 Level 类的 init() 方法和 render() 方法：

```
private void init (String filename) {
    // 玩家角色
    bunnyHead = null;
    // 游戏对象
    rocks = new Array<Rock>();
    goldCoins = new Array<GoldCoin>();
    feathers = new Array<Feather>();
    // 加载存储着关卡数据的图片文件，即关卡图片
    Pixmap pixmap = new Pixmap(Gdx.files.internal(filename));
    // 从图片的左上角逐行扫描直至右下角
    int lastPixel = -1;
    for(int pixelY = 0; pixelY < pixmap.getHeight(); pixelY++) {
        for (int pixelX = 0; pixelX < pixmap.getWidth(); pixelX++) {
            ...
            // rock 对象
            else if (BLOCK_TYPE.ROCK.sameColor(currentPixel)) {
                ...
            }
```

```
        // 玩家初始位置
        else if
(BLOCK_TYPE.PLAYER_SPAWNPOINT.sameColor(currentPixel)) {
            obj = new BunnyHead();
            offsetHeight = -3.0f;
            obj.position.set(pixelX, baseHeight * obj.dimension.y + offsetHeight);
            bunnyHead = (BunnyHead)obj;
        }
        // feather 对象
        else if (BLOCK_TYPE.ITEM_FEATHER.sameColor(currentPixel)) {
            obj = new Feather();
            offsetHeight = -1.5f;
            obj.position.set(pixelX, baseHeight * obj.dimension.y + offsetHeight);
            feathers.add((Feather)obj);
        }
        // gold coin 对象
        else if
(BLOCK_TYPE.ITEM_GOLD_COIN.sameColor(currentPixel)) {
            obj = new GoldCoin();
            offsetHeight = -1.5f;
            obj.position.set(pixelX, baseHeight * obj.dimension.y + offsetHeight);
            goldCoins.add((GoldCoin)obj);
        }
        // 未定义对象或颜色
        else {
            ...
        }
        lastPixel = currentPixel;
        }
    }
    ...
}
```

上述代码实现了关卡加载器对演员对象的支持。接下来修改 render() 方法：

```
public void render (SpriteBatch batch) {
    // 渲染 Mountains
    mountains.render(batch);
    // 渲染 Rocks
    for (Rock rock : rocks) {
        rock.render(batch);
    }

    // 渲染 Gold Coins
    for (GoldCoin coin : goldCoins) {
        coin.render(batch);
    }
    // 渲染 Feathers
    for(Feather feather : feathers) {
        feather.render(batch);
    }
    // 渲染 Bunny Head
    bunnyHead.render(batch);
    // 渲染 Water Overlay
    waterOverlay.render(batch);
    // 渲染 Clouds
    clouds.render(batch);
}
```

然后为 `Level` 类创建一个 `update()` 方法，并添加以下代码：

```
public void update (float deltaTime) {
    bunnyHead.update(deltaTime);
    for(Rock rock : rocks)
        rock.update(deltaTime);
    for(GoldCoin goldCoin : goldCoins)
        goldCoin.update(deltaTime);
    for(Feather feather : feathers)
        feather.update(deltaTime);
    clouds.update(deltaTime);
}
```

上述代码首先在 `render()` 方法中添加了演员对象的渲染过程，接着又创建了一个 `update()` 方法，用于将所有对象的更新方法集中起来。

最后，修改 `WorldController` 类的 `update()` 方法：

```
public void update (float deltaTime) {
    handleDebugInput(deltaTime);
    level.update(deltaTime);
    cameraHelper.update(deltaTime);
}
```

当 `WorldController` 类的 `update()` 方法被调用时，上述代码可以确保 `Level` 类封装的所有游戏对象都能及时更新。

6.3 添加游戏逻辑
Adding the game logic

本节将为游戏添加组成游戏规则的逻辑代码。在处理游戏事件（如收集道具）之前，游戏逻辑首先要具有碰撞检测的能力。因此，本节将实现一个非常简单的碰撞检测系统，该系统通过测试两个对象的边界矩形是否重叠来确定是否发生碰撞。接着将为不同的碰撞事件绑定一个具体的响应行为。

6.3.1 添加碰撞检测系统

这里只添加 bunny head 对象与其他演员对象的碰撞检测代码，如 gold coin、feather、rock 对象。

首先为 `WorldController` 类导入下面的代码：

```
import com.badlogic.gdx.math.Rectangle;
import com.packtpub.libgdx.canyonbunny.game.objects.BunnyHead;
import com.packtpub.libgdx.canyonbunny.game.objects.BunnyHead.JUMP_STATE;
import com.packtpub.libgdx.canyonbunny.game.objects.Feather;
import com.packtpub.libgdx.canyonbunny.game.objects.GoldCoin;
import com.packtpub.libgdx.canyonbunny.game.objects.Rock;
```

接着添加下面的代码：

```java
// 用于碰撞检测的临时变量
private Rectangle r1 = new Rectangle();
private Rectangle r2 = new Rectangle();

private void onCollisionBunnyHeadWithRock(Rock rock) { }
private void onCollisionBunnyHeadWithGoldCoin(GoldCoin goldcoin) { }
private void onCollisionBunnyHeadWithFeather(Feather feather) { }

private void testCollisions() {
    r1.set(level.bunnyHead.position.x, level.bunnyHead.position.y,
      level.bunnyHead.bounds.width,level.bunnyHead.bounds.height);

    //碰撞检测: Bunny Head <-> Rocks
    for(Rock rock : level.rocks) {
       r2.set(rock.position.x, rock.position.y,
          rock.bounds.width, rock.bounds.height);
       if(!r1.overlaps(r2)) continue;
       onCollisionBunnyHeadWithRock(rock);
       // IMPORTANT: 必须测试所有的 rock 对象
    }

    //碰撞检测:Bunny Head <-> Gold Coins
    for(GoldCoin goldCoin : level.goldCoins) {
       if(goldCoin.collected) continue;
       r2.set(goldCoin.position.x, goldCoin.position.y,
         goldCoin.bounds.width, goldCoin.bounds.height);
       if(!r1.overlaps(r2)) continue;
       onCollisionBunnyHeadWithGoldCoin(goldCoin);
       break;
    }

    //碰撞检测: Bunny Head <-> Feather
    for(Feather feather : level.feathers) {
       if(feather.collected) continue;
       r2.set(feather.position.x, feather.position.y,
         feather.bounds.width, feather.bounds.height);
       if(!r1.overlaps(r2)) continue;
       onCollisionBunnyHeadWithFeather(feather);
       break;
    }
}
```

上述代码创建的 `testCollisions()`方法用于迭代所有游戏对象并测试 bunny head 对象是否与其他对象发生碰撞。一旦检测到发生碰撞，就委托三个子方法处理相应事件，这三个方法分别是 `onCollisionBunnyHeadWithRock()`、`onCollisionBunnyHeadWithGoldCoin()`和 `onCollisionBunnyHeadWithFeather()`，目前还没有为这些方法添加任何代码。

接下来填充 `onCollisionBunnyHeadWithRock()`方法：

```java
private void onCollisionBunnyHeadWithRock(Rock rock) {
    BunnyHead bunnyHead = level.bunnyHead;
    float heightDifference = Math.abs(bunnyHead.position.y -
      (rock.position.y + rock.bounds.height));

    if(heightDifference > 0.25f) {
       boolean hitRightEdge = bunnyHead.position.x > (
```

```
                rock.position.x + rock.bounds.width / 2.0f);
            if(hitRightEdge) {
                bunnyHead.position.x = rock.position.x + rock.bounds.width;
            } else {
                bunnyHead.position.x = rock.position.x -
                    bunnyHead.bounds.width;
            }
            return ;
        }
        switch (bunnyHead.jumpState) {
            case GROUNDED:
                break;
            case FALLING:
            case JUMP_FALLING:
                bunnyHead.position.y = rock.position.y +
                    bunnyHead.bounds.height + bunnyHead.origin.y;
                bunnyHead.jumpState = JUMP_STATE.GROUNDED;
                break;
            case JUMP_RISING:
                bunnyHead.position.y = rock.position.y +
                    bunnyHead.bounds.height + bunnyHead.origin.y;
                break;
        }
    }
```

当 bunny head 对象和 rock 对象发生碰撞时，上述方法将被调用。该方法根据碰撞深度将 bunny head 对象平移至与 rock 平台（对象）刚好分离的位置。

接下来填充 onCollisionBunnyHeadWithGoldCoin()方法，代码如下：

```
private void onCollisionBunnyWithGoldCoin (GoldCoin goldcoin) {
    goldcoin.collected = true;
    score += goldcoin.getScore();
    Gdx.app.log(TAG, "Gold coin collected");
}
```

上述代码用于处理 bunny head 对象和 gold coin 对象的碰撞事件。onCollisionBunnyHeadWithGoldCoin()方法首先将 gold coin 对象标记为已收集道具，表示即将隐藏该对象。然后为总分加上 getScore()方法返回的分数。

最后，填充 onCollisionBunnyHeadWithFeather()方法，代码如下：

```
private void onCollisionBunnyWithFeather (Feather feather) {
    feather.collected = true;
    score += feather.getScore();
    level.bunnyHead.setFeatherPowerup(true);
    Gdx.app.log(TAG, "Feather collected");
}
```

上述代码用于处理 bunny head 对象和 feather 对象的碰撞事件。onCollisionBunny-HeadWithFeather()方法的处理代码与 onCollisionBunnyWithGoldCoin()方法的基本一致，唯一区别是，该方法还需要激活 bunny head 对象的飞行效果。

现在让我们修改 WorldController.update()方法，代码如下：

```
public void update (float deltaTime) {
    handleDebugInput(deltaTime);
```

```
level.update(deltaTime);
testCollisions();
cameraHelper.update(deltaTime);
}
```

接下来运行应用，验证关卡加载器和碰撞检测系统是否工作正常。单击启动按钮，稍等片刻，场景中出现一个 bunny head 对象并逐渐下降直到与 rock 平台接触而停止。图 6-6 显示了这一场景。

图 6-6

现在仍然可以使用功能键↑、↓、←、→、,、.控制相机视图。所以，此刻是观察游戏全景的最佳时机。

图 6-7 展示了将相机缩放到合适大小的全景图。

图 6-7

接下来为游戏添加一个切换键,该键可以切换方向键对相机和 bunny head 对象的控制权。游戏开始时相机应处于跟踪玩家角色的状态。按下切换键,相机将进入用户控制状态。最后,还需要增加一个控制玩家跳跃的按键。

首先将玩家角色设置为相机的目标对象。修改 WorldController 的 initLevel() 方法:

```java
private void initLevel() {
    score = 0;
    level = new Level(Constants.LEVEL_01);
    cameraHelper.setTarget(level.bunnyHead);
}
```

接着修改 handleDebugInput() 方法和 keyUp() 方法,代码如下:

```java
private void handleDebugInput(float deltaTime) {
    if(Gdx.app.getType() != ApplicationType.Desktop) return;

    if(!cameraHelper.hasTarget(level.bunnyHead)) {
        //控制相机移动
        float camMoveSpeed= 5 * deltaTime;
        float camMoveSpeedAccelerationFactor = 5;
        if(Gdx.input.isKeyPressed(Keys.SHIFT_LEFT)) camMoveSpeed* =
            camMoveSpeedAccelerationFactor;
        if(Gdx.input.isKeyPressed(Keys.LEFT))
            moveCamera(-camMoveSpeed, 0);
        if(Gdx.input.isKeyPressed(Keys.RIGHT))
            moveCamera(camMoveSpeed, 0);
        if(Gdx.input.isKeyPressed(Keys.UP))
            moveCamera(0, camMoveSpeed);
        if(Gdx.input.isKeyPressed(Keys.DOWN))
            moveCamera(0, - camMoveSpeed);
        if(Gdx.input.isKeyPressed(Keys.BACKSPACE))
            cameraHelper.setPosition(0, 0);
    }

    //控制相机缩放
    ...
}

@Override
public boolean keyUp(int keycode) {
    // 重置游戏世界
    if(keycode == Keys.R) {
        init();
        Gdx.app.debug(TAG, "Game world resetted!");
    }
    // 切换相机的控制权
    else if (keycode == Keys.ENTER) {
        cameraHelper.setTarget(cameraHelper.hasTarget()
            ? null : level.bunnyHead);
        Gdx.app.debug(TAG, "Camera follow enabled:"
            + cameraHelper.hasTarget());
    }
    return false;
}
```

虽然现在可以使用 Enter 键切换相机的控制权,但目前还没有为角色对象添加任何控制代码，所以角色对象暂时还不能移动。

接下来为 WorldController 类添加以下方法：

```
private void handleInputGame(float deltaTime) {
    if(cameraHelper.hasTarget(level.bunnyHead)) {
        // 角色移动
        if(Gdx.input.isKeyPressed(Keys.LEFT)) {
            level.bunnyHead.velocity.x =
                -level.bunnyHead.terminalVelocity.x;
        } else if(Gdx.input.isKeyPressed(Keys.RIGHT)) {
            level.bunnyHead.velocity.x =
                level.bunnyHead.terminalVelocity.x;
        } else {
            // 如果不是桌面平台，则自动向右移动
            if (Gdx.app.getType() != ApplicationType.Desktop) {
                level.bunnyHead.velocity.x =
                    level.bunnyHead.terminalVelocity.x;
            }
        }

        // 跳跃
        if(Gdx.input.isTouched() || Gdx.input.isKeyPressed(Keys.SPACE)) {
            level.bunnyHead.setJumping(true);
        } else {
            level.bunnyHead.setJumping(false);
        }
    }
}
```

最后更新 WorldController 类的 update()方法：

```
public void update(float deltaTime) {
    handleDebugInput(deltaTime);
    handleInputGame(deltaTime);
    level.update(deltaTime);
    testCollisions();
    cameraHelper.update(deltaTime);
}
```

现在可以使用左右方向键控制角色对象的移动。对于非桌面平台项目，如 Android、iOS，角色对象会以最大的速度自动向右移动。单击空格键或者触摸手机屏幕都可以触发角色跳跃。运行应用，尝试收集一个道具，再试试从一个平台跳跃到另一个平台而不落入水中。也许你想知道，如果角色对象掉入水中会发生什么？很明显，根本不会发生任何事情，因为我们还没有为该事件添加任何响应代码。最后需要限制相机的跟踪距离，以方便玩家分辨关卡的上下边界，而且这样处理还可以避免发生渲染故障。

在后面章节会看到一个成熟的物理引擎 BOX2D，该引擎非常全面地实现了碰撞检测系统。然而，我们并不会使用 BOX2D 替换本项目的碰撞检测系统，因为 Canyon Bunny 项目很难使用精确的物理模拟实现自然的游戏效果。使用物理引擎模拟一个不太真实的物理环境是非常困难和无味的。

6.3.2 失去生命、结束游戏以及限制相机的移动范围

任何时候，一旦角色对象掉入水中，玩家就会失去一条额外生命。当玩家失去所有额外生命时，角色对象再次掉入水中，游戏就结束。游戏结束时将显示一条"GAME OVER"文本信息，然后经过 3 秒延时重新启动游戏。

在 Constants 类中添加下面的代码：

```
// 游戏结束后的延迟时间(s)
public static final float TIME_DELAY_GAME_OVER = 3;
```

为 WorldController 类添加下面的代码：

```
private float timeLeftGameOverDelay;

public boolean isGameOver () {
   return lives < 0;
}

public boolean isPlayerInWater() {
   return level.bunnyHead.position.y < -5;
}
```

isPlayerInWater()方法通过测试 bunny head 对象在竖直方向上的位置，可以确定角色对象是否掉入水中。因为水层位于屏幕底部边缘（y = 0），所以只需要确定 bunny head 对象在竖直方向上的坐标是否比该值小即可。但上述代码使用的是-5 而不是 0，这是为了当玩家角色失去生命时，为游戏增加一点点延时而特意设置的。

完成上述任务后，接下来修改 WorldController 的 init()方法和 update()方法，代码如下：

```
private void init() {
   Gdx.input.setInputProcessor(this);
   cameraHelper = new CameraHelper();
   lives = Constants.LIVES_START;
   timeLeftGameOverDelay = 0;
   initLevel();
}

public void update(float deltaTime) {
   handleDebugInput(deltaTime);
   if(isGameOver()) {
      timeLeftGameOverDelay -= deltaTime;
      if(timeLeftGameOverDelay < 0) init();
   } else {
      handleInputGame(deltaTime);
   }
   level.update(deltaTime);
   testCollisions();
   cameraHelper.update(deltaTime);
   if(!isGameOver() && isPlayerInWater()) {
      lives--;
   if(isGameOver())
      timeLeftGameOverDelay = Constants.TIME_DELAY_GAME_OVER;
   } else {
      initLevel();
```

        }
    }

现在，每次玩家落入水中都会失去一条额外的生命。从屏幕右上角的 bunny head 图标也能验证这一点。失去生命的 bunny head 图标将变为半透明状态。运行游戏，观察游戏结束后的延时和重启是否与预期的效果一样。

为了限制相机的移动范围，还需要进一步修改代码。打开 CameraHelper 类，根据下面的代码修改 update()方法：

```
public void update(float deltaTime) {
    if(!hasTarget()) return ;

    postion.x = target.position.x + target.origin.x;
    postion.y = target.position.y + target.origin.y;

    // 防止 camera 向下移动太远距离
    position.y = Math.max(-1f, position.y);
}
```

6.3.3 添加"GAME OVER"文本和 feather 图标 GUI

本节为应用添加提示游戏结束的文本信息和表示 feather 道具的 GUI 元素。

首先为 WorldRenderer 类创建以下方法：

```
private void renderGuiGameOverMessage(SpriteBatch batch) {
    float x = cameraGUI.viewportWidth / 2;
    float y = cameraGUI.viewportHeight / 2;
    if(worldController.isGameOver()) {
        BitmapFont fontGameOver = Assets.instance.fonts.defaultBig;
        fontGameOver.setColor(1, 0.75f, 0.25f, 1);
        fontGameOver.drawMultiLine(batch, "GAME OVER", x, y, 0,
            BitmapFont.HAlignment.CENTER);
        fontGameOver.setColor(1, 1, 1, 1);
    }
}
```

该方法首先计算 GUI 相机的视口中心点。渲染文本使用的是 bigFont 字体，字体颜色可以使用 Bitmap.setColor()方法设置。上述代码使用了 BitmapFont.drawMultiLine()方法绘制文本。该方法需要的参数分别是 SpriteBatch 对象、需要绘制的字符串、2D 坐标、水平偏移量以及水平对齐方式。

> 这里也可以使用 draw()方法绘制文本，但是 draw()方法不支持对齐参数，如果需要居中显示文本，则必须计算文本尺寸。还有，draw()方法不支持类似于"\n"的转义字符。

对齐参数 BitmapFont.HAlignment.CENTER 要求 BitmapFont 将字符串水平居中显示在指定的位置。只有当 isGameOver()方法返回 true 时，游戏才会真正显示"GAME OVER"文本。

图 6-8 展示了游戏结束时的"GAME OVER"信息。

图 6-8

接下来为 WorldController 类添加 renderGuiFeatherPowerup() 方法，代码如下：

```
private void renderGuiFeatherPowerup(SpriteBatch batch) {
    float x = - 15f;
    float y = 30f;
    float timeLeftFeatherPowerup =
      worldController.level.bunnyHead.timeLeftFeatherPowerup;
    if(timeLeftFeatherPowerup > 0) {
        // 如果剩余时间小于 4 秒，则闪烁显示，闪烁的时间间隔被设置为 5 次/秒
        if(timeLeftFeatherPowerup < 4) {
            if(((int)(timeLeftFeatherPowerup * 5) % 2) != 0) {
                batch.setColor(1, 1, 1, 0.5f);
            }
        }
        batch.draw(Assets.instance.feather.feather,
          x, y, 50, 50, 100, 100,0.35f, -0.35f, 0);
        batch.setColor(1, 1, 1, 1);
        Assets.instance.fonts.defaultSmall.draw(batch,
          "" + (int)timeLeftFeatherPowerup, x + 60, y + 57);
    }
}
```

上述代码首先检查 feather 特效的剩余时间。如果大于零，则在窗口左上角绘制一个 feather 图标，并使用小号字体在图标的右下角绘制剩余时间。其余代码为 feather 图标增加一种非常有趣的效果，当剩余时间小于 4 秒时，feather 图标将闪烁显示，以提醒用户飞行效果即将失效。

图 6-9 展示了玩家角色收集到 feather 道具时的场景。

从图 6-9 中可以看到，窗口的左上角多了一个羽毛图标，而且羽毛图标的右下角包含一个非常小的数字文本。

图 6-9

接下来完成本章最后一步，在 `WorldRenderer.renderGui()` 方法中调用上面创建的几个方法：

```
private void renderGui(SpriteBatch batch) {
    batch.setProjectionMatrix(cameraGUI.combined);
    batch.begin();

    // 绘制 gold coins 图标和得分文本(左上角)
    renderGuiScore(batch);
    // 绘制 feather 道具图标(左上角)
    renderGuiFeatherPowerup(batch);
    // 渲染额外生命(右上角)
    renderGuiExtraLive(batch);
    // 渲染 FPS 文本(右下角)
    renderGuiFpsCounter(batch);
    // 渲染 GAME OVER 文本
    renderGuiGameOverMessage(batch);

    batch.end();
}
```

6.4 总结

Summary

本章介绍了如何为应用创建玩家角色对象、rock 对象、可收集道具对象以及物理模拟和碰撞检测等内容。需要说明一点的是，本章创建的物理模拟和碰撞检测系统都有很大的局限性，但只要本项目的基本要求不变，该系统还是非常合适的。

更进一步，我们完善了关卡加载器的功能，详细讨论了触发角色跳跃的实现过程。接着添加了两个判断方法，分别用于判断玩家角色是否失去了一条生命以及游戏是否结束。相机的位置被固定在水面以上。最后为游戏添加了一行"GAME OVER"文本信息以告知玩家游戏已经结束。我们还为 feather 道具添加了一项可视化的反馈功能,当玩家收集到一枚 feather 道具时,窗口左上角将显示一个 feather 图标和一个有趣的计时器,该计时器用于显示飞行效果的剩余时间。

到目前为止,我们已经完成了"第 1 章 LibGDX 简介与项目创建"对本项目制定的所有基本要求。第 7 章将为游戏实现菜单系统,以提升游戏的完整度。

第7章
菜单和选项
Menus and Options

本章将为 Canyon Bunny 游戏创建一个菜单系统。该系统包含两个按钮供玩家选择。第一个按钮 Play 用于启动新游戏；第二个按钮 Options 用于激活选项窗口，该窗口用于设置声音、音量、调试等选项。所有配置都将作为游戏参数通过 Preferences（参数）文件进行存储和访问。

如果希望玩家可以在多个界面之间进行切换，那么必须使用某种机制来管理多个屏幕。LibGDX 提供的 Game 类支持基本的屏幕管理。

本章还将学习如何使用 LibGDX 提供的 Scene2D（scene graph）创建和组织复杂的菜单系统并实现相应的事件响应，如按钮单击事件。

综上所述，本章我们将学到以下内容。

- 使用 Scene2D UI 创建并组织复杂的菜单系统。
- 游戏参数的存储与访问。

7.1 多屏管理
Managing multiple screens

接下来略微修改一下第 3 章创建的类图，以反映 Canyon Bunny 游戏对多屏的支持。

 回顾第 3 章中"使用类图分析 Canyon Bunny 游戏"观察各类之间的继承和组织关系。

图 7-1 是本章更新之后的 UML 类图。

从图 7-1 中可以看到，CanyonBunnyMain 类已经不再实现于 ApplicationListener 接口。相反，CanyonBunnyMain 类现在继承于 LibGDX 提供的 Game 类，该类内部已经实现了 ApplicationListener 接口。Game 类提供的 setScreen()方法可以帮助我们实

现屏幕切换功能。

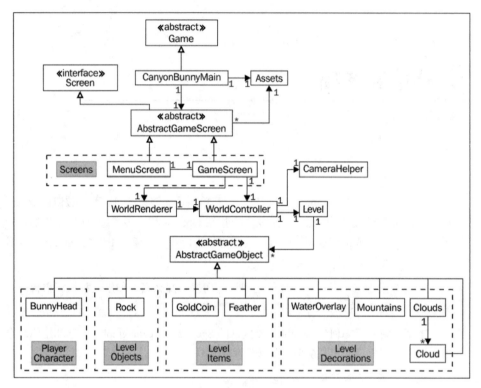

图 7-1

在图 7-1 所示的类图中，游戏的每个屏幕（界面）被封装为一个独立的类，并以 *Screen 作为后缀。使用相同的后缀名只是为了方便管理和观察，读者完全可以修改成其他名称。为了方便定义所有屏幕类的公共行为，菜单屏幕和游戏屏幕都继承了 AbstractGameScreen 抽象类。另外，AbstractGameScreen 抽象类实现了 LibGDX 的 Screen 接口，该接口又引入了 show()和 hide()两个方法。这两个方法由 Game 类调用，用于替代 create()方法和 dispose()方法的功能，因此可以直接将 create()方法和 dispose()方法的代码迁移到 show()方法和 hide()方法中。

图 7-1 所示的类图还表明：CanyonBunnyMain 类不再直接管理 WorldController 和 WorldRenderer 实例。相反，这两个实例将由 GameScreen 类接管。所以，还需要将 CanyonBunnyMain 类中与游戏世界关联的代码迁移到 GameScreen 类中。

首先创建 AbstractGameScreen 类并添加下面的代码：

```
package com.packtpub.libgdx.canyonbunny.screens;

import com.badlogic.gdx.Game;
import com.badlogic.gdx.Screen;
import com.badlogic.gdx.assets.AssetManager;
import com.packtpub.libgdx.canyonbunny.game.Assets;
```

```
public abstract class AbstractGameScreen implements Screen {
    protected Game game;

    public AbstractGameScreen(Game game) {
        this.game = game;
    }

    public abstract void render(float delta);
    public abstract void resize(int width, int height);
    public abstract void show();
    public abstract void hide();
    public abstract void pause();

    public void resume() {
        Assets.instance.init(new AssetManager());
    }

    public void dispose() {
        Assets.instance.dispose();
    }
}
```

每个屏幕类都需要封装一个 Game 实例的引用。因为每个屏幕都有可能在恰当的时机调用 setScreen() 方法以切换屏幕。此外，还需要确保游戏资源的加载与释放过程。

接下来创建两个子屏幕类，首先创建 MenuScreen 类并添加下面的代码：

```
package com.packtpub.libgdx.canyonbunny.screens;

import com.badlogic.gdx.Game;
import com.badlogic.gdx.Gdx;
import com.badlogic.gdx.graphics.GL20;

public class MenuScreen extends AbstractGameScreen {
    private static final String TAG = MenuScreen.class.getName();

    public MenuScreen(Game game) {
        super(game);
    }

    @Override
    public void render(float deltaTime) {
        Gdx.gl.glClearColor(0.0f, 0.0f, 0.0f, 0.0f);
        Gdx.gl.glClear(GL20.GL_COLOR_BUFFER_BIT);
        if(Gdx.input.isTouched())
            game.setScreen(new GameScreen(game));
    }

    @Override public void resize(int width, int height) {}
    @Override public void show() {}
    @Override public void hide() {}
    public void pause() {}
}
```

虽然菜单屏幕类的实现还很简陋，但目前还是可以为我们服务一段时间的。render() 方法只做了两件事：首先使用纯黑色清除屏幕；其次检查用户是否触摸了屏幕，这里的触摸既包含手指在手机屏幕上的触摸，也包含桌面平台的鼠标单击。一旦检测到有触摸，就立刻将应用切换到游戏屏幕。

接着创建 GameScreen 类并添加下面的代码：

```
package com.packtpub.libgdx.canyonbunny.screens;

import com.badlogic.gdx.Game;
import com.badlogic.gdx.Gdx;
import com.badlogic.gdx.graphics.GL20;
import com.packtpub.libgdx.canyonbunny.game.WorldController;
import com.packtpub.libgdx.canyonbunny.game.WorldRenderer;

public class GameScreen extends AbstractGameScreen {
    private static final String TAG = GameScreen.class.getName();

    private WorldController worldController;
    private WorldRenderer worldRenderer;

    private boolean paused;

    public GameScreen(Game game) {
        super(game);
    }

    @Override
    public void render(float deltaTime) {
        // 如果暂停，则不更新游戏
        if(!paused) {
            // 根据增量时间更新游戏
            worldController.update(deltaTime);
        }
        // 设置清屏颜色：浅蓝色
        Gdx.gl.glClearColor(0x64 / 255.0f, 0x95 / 255.0f,
            0xed / 255.0f, 0xff / 255.0f);
        // 清屏
        Gdx.gl.glClear(GL20.GL_COLOR_BUFFER_BIT);
        // 渲染游戏世界
        worldRenderer.render();
    }

    @Override
    public void resize(int width, int height) {
        worldRenderer.resize(width, height);
    }

    @Override
    public void show() {
        worldController = new WorldController(game);
        worldRenderer = new WorldRenderer(worldController);
        Gdx.input.setCatchBackKey(true);
    }

    @Override
    public void hide() {
        worldRenderer.dispose();
        Gdx.input.setCatchBackKey(false);
    }

    @Override
```

```
    public void pause() {
        paused = true;
    }

    @Override
    public void resume() {
        super.resume();
        // 只有 Android 才会被调用
        paused = false;
    }
}
```

以上代码与之前创建的 CanyonBunnyMain 类几乎相同。区别是，为了适应 Screen 接口的调用机制，我们将 CanyonBunnyMain 类的 create()方法和 dispose()方法包含的内容迁移到 GameScreen 类的 show()方法和 hide()方法中。更进一步，当应用切换到游戏屏幕时，需要激活 Android 平台返回键的事件捕获，并且当游戏屏幕隐藏时取消该事件捕获。上述做法允许我们重新定义系统默认的返回操作。

接下来修改 CanyonBunnyMain 类。为了简单一些，可以直接替换整个源文件。

下面列出了 CanyonBunnyMain 类修改后的完整代码：

```
package com.packtpub.libgdx.canyonbunny;

import com.badlogic.gdx.Application;
import com.badlogic.gdx.Game;
import com.badlogic.gdx.Gdx;
import com.badlogic.gdx.assets.AssetManager;
import com.packtpub.libgdx.canyonbunny.game.Assets;
import com.packtpub.libgdx.canyonbunny.screens.MenuScreen;

public class CanyonBunnyMain extends Game {

    @Override
    public void create() {
        // 设置日志级别
        Gdx.app.setLogLevel(Application.LOG_DEBUG);
        // 加载资源
        Assets.instance.init(new AssetManager());
        // 启动游戏菜单屏幕
        setScreen(new MenuScreen(this));
    }
}
```

平台独立的游戏入口现在变得非常简单，基本上只剩下了 create()方法，而且该方法与之前的版本几乎一样。唯一区别是，在完成资源的加载之后，该方法还调用了 Game 类的 setScreen()方法将游戏初始化界面设置为菜单屏幕，setScreen()方法需要一个 MenuScreen 实例作为参数。

接下来完成多屏管理的最后一项修改。我们希望为游戏屏幕添加一个返回至菜单屏幕的功能，当游戏结束、按下 Esc 键或者按下退出键（Android 平台）时，都可以返回到菜单屏幕。

首先为 `WorldController` 类添加下面两行代码：

```
import com.badlogic.gdx.Game;
import com.packtpub.libgdx.canyonbunny.screens.MenuScreen;
```

接着添加下面的代码：

```
private Game game;

private void backToMenu() {
    // 切换到菜单界面
    game.setScreen(new MenuScreen(game));
}
```

上面的代码为 `WorldController` 类添加了一个 `game` 成员变量，该类封装 `game` 变量与其他屏幕类封装 `game` 变量的目的完全相同。接着创建一个返回菜单屏幕的功能方法 `backToMenu()`。

继续修改 `WorldController` 类，代码如下：

```
public WorldController(Game game) {
    this.game = game;
    init();
}
public void update(float deltaTime) {
    handleDebugInput(deltaTime);
    if(isGameOver()) {
        timeLeftGameOverDelay -= deltaTime;
        if(timeLeftGameOverDelay < 0) backToMenu();
    } else {
        handleInputGame(deltaTime);
    }
    level.update(deltaTime);
    ...
}

@Override
public boolean keyUp(int keycode) {
    ...
    // 切换镜头跟随
    else if (keycode == Keys.ENTER) {
        ...
    }
    // 返回菜单界面
    else if(keycode == Keys.ESCAPE || keycode == Keys.BACK) {
        backToMenu();
    }
    return false;
}
```

现在，`WorldController` 类的构造方法也需要一个 `Game` 实例参数，在构造方法的内部我们将该参数保存在 `game` 成员变量中，以便后续切换屏幕时引用。在 `update()` 方法中，我们将原来对 `init()` 方法的调用替换为 `backToMenu()` 方法，表示当游戏结束时立刻返回至菜单屏幕。还有，`keyUp()` 方法实现了返回键（Android 平台）和 Esc 键（桌面平台）返回至菜单屏幕的功能。

运行游戏，验证 `MenuScreen` 和 `GameScreen` 屏幕是否可以正常切换。触摸或单击菜单屏幕，观察是否可以正常进入游戏屏幕，单击 Esc 键或返回键再次回到菜单屏幕。尝试损失所有额外生命，观察是否同样可以返回菜单屏幕。

7.2 探索 Scene2D UI、TableLayout 和 skins
Exploring Scene2D UI, TableLayout, and skins

LibGDX 包含许多非常强大的特性集，这使得我们可以很容易创建出丰富的场景图。场景图可以通过层次结构组织各部分对象，就好比文件和文件夹一样。在 LibGDX 中，像这样的对象被称为演员。演员可以嵌套创建。容器演员提供了一项非常有用的功能，因为对父演员的修改同样可以影响子演员。更进一步，每个演员都有自己的本地坐标系，这使得在容器演员中定义相对关系变得非常简单，如相对位置、旋转角度和缩放大小等。

Scene2D 支持旋转和缩放演员的击中检测。LibGDX 灵活的事件处理系统允许我们根据需求任意处理和随机路由输入事件。例如，可以在父演员中拦截某些输入事件，以避免子演员接收相同事件。LibGDX 内置的动作系统可以通过操作演员对象的属性，创建出复杂的动画效果，这些效果既可以按照顺序执行，也可以并发执行。上面讨论的这些功能全部封装在 `Stage` 类中，该类也包含用户事件的层级结构和分发逻辑。我们可以在任何时候为 `Stage` 类添加或移除演员对象。`Stage` 类和 `Actor` 类都包含 `act()` 方法，该方法以增量时间为参数执行一个以时间为基准的动作。`Stage` 类的 `act()` 方法迭代所有 `Actor` 实例，并调用每个实例的 `act()` 方法执行相应的动作。其实，`Stage` 类和 `Actor` 类的 `act()` 方法类似于前面介绍的 `update()` 方法，只是名字不同而已。有关 Screne2D 的更多内容，请访问官方文档：`https://github.com/libgdx/libgdx/wiki/Scene2d/`。

到目前为止，还没有在游戏中使用到任何 Scene2D 的方法。还有，虽然也可以使用 Scene2D 实现游戏世界和游戏对象，但是，由于每个场景图都需要一笔不小的资源开销，因此要慎重使用 Scene2D 创建场景图。LibGDX 总是会尝试保持游戏资源开销的最小化，如果演员对象不需要旋转、缩放等变换操作，那么 LibGDX 将跳过复杂的矩阵计算。因此，是否使用 Scene2D 创建游戏世界和游戏对象主要取决你的需求。

接下来将要创建的菜单系统是比较复杂的，而且希望使用 LibGDX 的场景图完成这项任务。准确来说，将使用 Scene2D UI。这是 LibGDX 提供的另一套构建于 Scene2D 之上的模块，该模块利用一组丰富的、随时可用的 UI 元素为应用扩展了许多功能。LibGDX 将这些 UI 元素统称为 widget。

目前，LibGDX 提供的 widget 包括：`Button`、`ButtonGroup`、`CheckBox`、`Dialog`、`Image`、`ImageButton`、`Label`、`List`、`ScollPane`、`SelectBox`、`Slider`、`SplitPane`、`Stack`、`Window`、`TextButton`、`TextFiled`、`TextArea`、`Touchpad` 和 `Tree`。

Scene2D UI 还支持自定义 widget。实现菜单系统时，我们将会介绍多个控件的创建和使用方法。有关 widget 的详细内容，请访问 https://github.com/libgdx/libgdx/wiki/Scene2d.ui 链接。

除 Scene2D UI 以外，LibGDX 还提供一个独立的 TableLayout 项目。TableLayout 对象用于创建和维护动态（与分辨率无关）布局，它还提供了一系列直观的 API 供我们使用。Table 类提供了访问 TableLayout 的方法。由于 Table 类也是作为控件实现的，因此可以将 TableLayout 与 Scene2D UI 无缝结合。有关 TableLayout 的详细内容，请访问官方文档：https://github.com/EsotericSoftware/tablelayout/。

Scene2D UI 的另一个重要特性就是支持皮肤。皮肤是一种资源集合，一般用于设计和显示 UI 控件。皮肤的资源可以是纹理、字体或颜色。典型地，纹理集的某个区域对象也可作为皮肤使用。还有，控件的风格定义可以存储在独立的 JSON 文件中。更多信息请访问官方文档：https://github.com/libgdx/libgdx/wiki/Skin/。

7.3 使用场景图创建菜单 UI
Using LibGDX's scene graph for the menu UI

接下来开始创建菜单屏幕。首先为菜单屏幕填充一张背景图；接着在菜单屏幕的左上角和左下角添加几个 logo。窗口的右下角包含两个按钮控件，分别用于启动新游戏和打开选项窗口。我们还将为菜单屏幕添加几枚金币和一个超大的 bunny head 图标。

图 7-2 展示了菜单屏幕的最终效果。

图 7-2

开始创建菜单屏幕之前，还需完成一些准备工作。首先为项目添加 UI 资源；接着将这些纹理资源打包成纹理集，以便后续访问。

首先在 CanyonBunny-desktop 项目的 assets-raw 文件夹内创建一个 images-ui

7.3 使用场景图创建菜单 UI

文件夹，接着将 UI 资源拷贝到该文件夹中。完成之后，打开 CanyonBunny-desktop 项目的 Main 类，按照下面的代码进行修改：

```
public static void main(String[] args) {
    if(rebuildAtlas) {
        Settings settings = new Settings();
        settings.maxWidth = 1024;
        settings.maxHeight = 1024;
        settings.duplicatePadding = true;
        settings.debug = drawDebugOutline;
        TexturePacker.process(settings, "assets-raw/images",
            "../CanyonBunny-android/assets/images",
            "canyonbunny.pack");
      TexturePacker.process(settings, "assets-raw/images-ui",
            "../CanyonBunny-android/assets/images",
            "canyonbunny-ui.pack");
    }
}
```

 完成修改后，必须将 rebuildAtlas 变量设置为 ture 并重新运行一次 desktop 项目，完成 UI 资源的打包过程。

Gradle 用户必须记住，Android 平台的项目名称为"android"，所以需要将 TexturePacker.process()方法的输出路径修改为"../android/assets/images"。

最终，UI 纹理集会被输出到 CanyonBunny-android 项目的 assets/images 目录下，描述文件的名称为 canyonbunny-ui.pack。

图 7-3 展示了打包之后的 UI 纹理集。

图 7-3

第 7 章 菜单和选项

接下来创建一个合适的 JSON 文件来定义菜单控件的皮肤。

在 CanyonBunny-android 项目的 /assets/images/ 目录下创建 canyonbunny-ui.json 文件并添加下面的代码：

```
{
com.badlogic.gdx.scenes.scene2d.ui.Button$ButtonStyle: {
    play: { down: play-dn, up: play-up },
    options: { down: options-dn, up: options-up }
},
com.badlogic.gdx.scenes.scene2d.ui.Image: {
    background: { drawable: background },
    logo: { drawable: logo },
    info: { drawable: info },
    coins: { drawable: coins },
    bunny: { drawable: bunny },
    },
}
```

CanyonBunny-html 项目解析 CanyonBunny-ui.json 文件时会出现一些错误。这是由于 GWT 没有提供与 Java 一样的反射机制造成的。如果希望 GWT 项目可以使用反射机制，则需要完成一些额外的配置。

打开 CanyonBunny-html 项目的 GwtDefinition.gwt.xml 文件，然后按照下面的代码进行修改：

```
<module>
...
<extend-configuration-property
name="gdx.reflect.include"
    value="com.badlogic.gdx.scenes.scene2d.ui"
/>
<extend-configuration-property
name="gdx.reflect.include"
    value="com.badlogic.gdx.utils" />
</module>
```

上述代码激活了 gwt 对 com.badlogic.gdx.scenes.scene2d.ui 和 com.badlogic.gdx.utils 包的反射机制，LibGDX 解析 Scene2D UI 元素时，需要使用这两个包的类。一定要确保上面两个新添加的 extend-configuration-property 节点位于 set-configuration-property 节点下。有关 LibGDX 反射机制的更多内容请访问：https://github.com/libgdx/libgdx/wiki/Reflection。

当定义 JSON 文件时，必须使用完全限定名描述控件类型。在控件的定义块内部，可以自由定义名称。上述代码使用了 play、option、background 等名称。每个名称之后紧跟一个冒号，该冒号用于将控件的属性列表与命名分开。属性列表包含一个或多个键-值对，而且每个键必须精确等于控件的某个字段。例如，Image 控件包含一个 drawable 字段。

在 JSON 文件中，内部类的表示方法是，在外部类的完全限定名基础上使用$符号连接内部类的名称即可。样式类包含控件专用的字段。我们为 Play 和 Options 按钮使用的就是这样的样式定义，因为按钮包含按下和释放两种状态的图片。

最后，在 `Constants` 类中添加下面几行代码：

```
public static final String TEXTURE_ATLAS_UI =
    "images/canyonbunny-ui.pack";
public static final String TEXTURE_ATLAS_LIBGDX_UI =
    "images/uiskin.atlas";
// skin 的描述文件位置
public static final String SKIN_LIBGDX_UI =
    "images/uiskin.json";
public static final String SKIN_CANYONBUNNY_UI =
    "images/canyonbunny-ui.json";
public static final String PREFERENCES = "canyonbunny.prefs";
```

稍后再下载 `uiskin.atlas` 和 `uiskin.json` 文件。

7.4 创建菜单屏幕
Building the scene for the menu screen

接下来开始实现菜单屏幕。首先观察图 7-4 所示的 UI 场景图的层次结构，然后根据该图一步一步实现菜单系统。

我们在图 7-4 所示的场景图中首先添加了一个空的 `Stage` 对象。第一个被添加到舞台（stage）的演员（actor）对象是 `Stack` 控件。`Stack` 控件允许我们将多个演员对象重叠显示。利用该功能将菜单系统分解成多个层次。每层使用一个 `Table` 控件作为父演员。stack table 可以让演员的排列和逻辑处理变得更加简单。

第一步，创建基础层次结构和骨架方法，后续逐步填充各个方法。

为 `MenuScreen` 类添加下面的代码：

```
import com.badlogic.gdx.graphics.Color;
import com.badlogic.gdx.graphics.g2d.TextureAtlas;
import com.badlogic.gdx.scenes.scene2d.Stage;
import com.badlogic.gdx.scenes.scene2d.Actor;
import com.badlogic.gdx.scenes.scene2d.ui.Button;
import com.badlogic.gdx.scenes.scene2d.ui.CheckBox;
import com.badlogic.gdx.scenes.scene2d.ui.Image;
import com.badlogic.gdx.scenes.scene2d.ui.Label;
import com.badlogic.gdx.scenes.scene2d.ui.Label.LabelStyle;
import com.badlogic.gdx.scenes.scene2d.ui.SelectBox;
import com.badlogic.gdx.scenes.scene2d.ui.Skin;
import com.badlogic.gdx.scenes.scene2d.ui.Slider;
import com.badlogic.gdx.scenes.scene2d.ui.Stack;
import com.badlogic.gdx.scenes.scene2d.ui.Table;
import com.badlogic.gdx.scenes.scene2d.ui.TextButton;
import com.badlogic.gdx.scenes.scene2d.ui.Window;
import com.badlogic.gdx.scenes.scene2d.utils.ChangeListener;
```

```
import com.packtpub.libgdx.canyonbunny.game.Assets;
import com.packtpub.libgdx.canyonbunny.util.Constants;
```

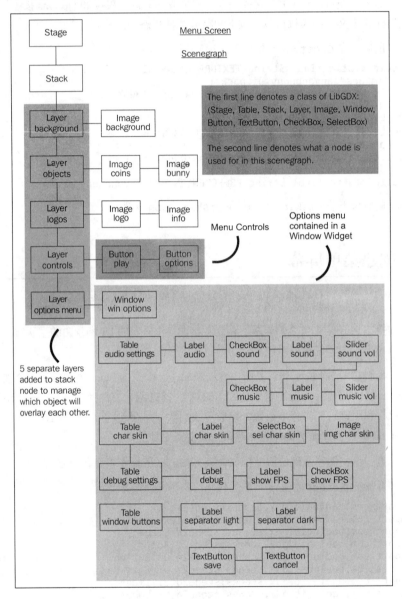

图 7-4

继续为 MenuScreen 类添加下面的代码:

```
private Stage stage;
private Skin skinCanyonBunny;

// 菜单
private Image imgBackground;
```

```java
private Image imgLogo;
private Image imgInfo;
private Image imgCoins;
private Image imgBunny;
private Button btnMenuPlay;
private Button btnMenuOptions;

// 选项
private Window winOptions;
private TextButton btnWinOptSave;
private TextButton btnWinOptCancel;
private CheckBox chkSound;
private Slider sldSound;
private CheckBox chkMusic;
private Slider sldMusic;
private SelectBox<CharacterSkin> selCharSkin;
private Image imgCharSkin;
private CheckBox chkShowFpsCounter;

// 调试
private final float DEBUG_REBUILD_INTERVAL = 5.0f;
private boolean debugEnabled = false;
private float debugRebuildStage;
```

上述代码为 MenuScreen 类添加了一个 Stage 类型的成员变量 stage、一个 Skin 类型的成员变量 skinCanyonBunny，以及一些与菜单屏幕和选项窗口相关的变量。

接下来添加下面的代码：

```java
private void rebuildStage() {
    skinCanyonBunny = new Skin(
        Gdx.files.internal(Constants.SKIN_CANYONBUNNY_UI),
        new TextureAtlas(Constants.TEXTURE_ATLAS_UI));

    // 创建所有层
    Table layerBackground = buildBackgroundLayer();
    Table layerObjects = buildObjectsLayer();
    Table layerLogos = buildLogosLayer();
    Table layerControls = buildControlsLayer();
    Table layerOptionsWindow = buildOptionsWindowLayer();

    // 为菜单屏幕组装舞台
    stage.clear();
    Stack stack = new Stack();
    stage.addActor(stack);
    stack.setSize(Constants.VIEWPORT_GUI_WIDTH,
        Constants.VIEWPORT_GUI_HEIGHT);
    stack.add(layerBackground);
    stack.add(layerObjects);
    stack.add(layerLogos);
    stack.add(layerControls);
    stage.addActor(layerOptionsWindow);
}
```

rebuildStage()方法创建了组成菜单屏幕的所有对象。该方法之所以独立实现，是为了方便重复调用，这也是命名为 rebuildStage 的原因。当实现每个 Table 控件时，可以尝试修改各个步骤的代码和参数，以了解 TableLayout 对象的工作原理。

接着添加下面代码:

```
private Table buildBackgroundLayer() {
    Table layer = new Table();
    return layer;
}

private Table buildObjectsLayer() {
    Table layer = new Table();
    return layer;
}

private Table buildLogosLayer() {
    Table layer = new Table();
    return layer;
}

private Table buildControlsLayer() {
    Table layer = new Table();
    return layer;
}

private Table buildOptionsWindowLayer() {
    Table layer = new Table();
    return layer;
}
```

上述代码创建了五个新方法,而且每个方法只包含了基本实现。接下来将填充这些用于创建 Table 层的方法。

根据下面的代码修改 MenuScreen 类:

```
@Override
public void resize(int width, int height) {
    stage.getViewport().update(width, height, true);
}

@Override
public void hide() {
    stage.dispose();
    skinCanyonBunny.dispose();
}

@Override
public void show() {
    stage = new Stage(new StretchViewport(
        Constants.VIEWPORT_GUI_WIDTH,
        Constants.VIEWPORT_GUI_HEIGHT));
    Gdx.input.setInputProcessor(stage);
    rebuildStage();
}
```

当游戏切换到菜单屏幕时,show()方法被调用。该方法首先初始化舞台(stage)类,然后将 stage 设置为 LibGDX 的输入处理器,此后,stage 实例将接收并处理所有输入事件,最后调用 rebuildStage()创建菜单系统。当屏幕被隐藏时,LibGDX 将主动调用 hide()方法,释放所有占用的资源。resize()方法用于更新 stage 实例的视口尺寸。

最后,修改该类的 render()方法,代码如下:

7.4 创建菜单屏幕

```
@Override
public void render(float delta) {
    Gdx.gl.glClearColor(0.0f, 0.0f, 0.0f, 0.0f);
    Gdx.gl.glClear(GL20.GL_COLOR_BUFFER_BIT);

    if(debugEnabled) {
        debugRebuildStage -= delta;
        if(debugRebuildStage <= 0) {
            debugRebuildStage = DEBUG_REBUILD_INTERVAL;
            rebuildStage();
        }
    }
    stage.act(delta);
    stage.draw();
    Table.drawDebug(stage);
}
```

`render()`方法的代码被替换为舞台类的更新和渲染。`Table.drawDebug()`方法是`TableLayout`类提供的一项调试功能，该功能可以为控件绘制可视化调试线框。如果需要为某个`Table`对象绘制调试线框，那么必须提前调用该对象的`debug()`方法进行设置，否则`Table.drawDebug()`方法是不会绘制该`Table`对象的调试线框的。

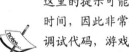

> 这里的提示可能没有想象的那么重要，但因为可以为开发者节省大量时间，因此非常值得一提。上面为`MenuScreen`类添加了一些额外的调试代码，游戏每经过`DEBUG_REBUILD_INVERVAL`时会重新调用一次`rebuildStage()`方法。而我们只需要将`debugEnabled`设置为`false`就能禁用上述调试功能。

7.4.1 添加 background 层

为`MenuScreen`类的`buildBackgroundLayer()`方法填充下面的代码：

```
private Table buildBackgroundLayer() {
    Table layer = new Table();
    // 添加 background 层
    imgBackground = new Image(skinCanyonBunny, "background");
    layer.add(imgBackground);
    return layer;
}
```

上述代码为菜单屏幕添加了一张背景图。背景图是通过"background"直接引用的，该名称是在皮肤文件`canyonbunny-ui.json`中定义的。如果窗口尺寸发生改变，那么`stage`将根据最新尺寸自动调节背景层和`Image`控件。

7.4.2 添加对象层

填充`buildObjectsLayer()`方法，代码如下：

```
private Table buildObjectsLayer() {
    Table layer = new Table();
```

```
        // add coins
        imgCoins = new Image(skinCanyonBunny, "coins");
        layer.addActor(imgCoins);
        imgCoins.setPosition(135, 80);
        // add bunny
        imgBunny = new Image(skinCanyonBunny, "bunny");
        layer.addActor(imgBunny);
        imgBunny.setPosition(355, 40);
        return layer;
    }
```

上述代码为菜单屏幕添加了一个包含金币图标和兔子头图标的 table 层，这两张图片将显示在背景层的上面。控件的位置可以通过 setPosition() 方法精确控制。

7.4.3 添加 Logo 层

根据下面的代码修改 MenuScreen 类的 buildLogosLayer() 方法：

```
    private Table buildLogosLayer() {
        Table layer = new Table();
        layer.left().top();
        // 添加游戏 Logo
        imgLogo = new Image(skinCanyonBunny, "logo");
        layer.add(imgLogo);
        layer.row().expandY();
        // 添加信息 Logos
        imgInfo = new Image(skinCanyonBunny, "info");
        layer.add(imgInfo).bottom();
        if(debugEnabled) layer.debug();
        return layer;
    }
```

上述代码首先将 Logo 层固定在菜单屏幕的左上角，然后为该层添加一个游戏 Logo，接着又调用 row() 方法和 expandY() 方法。每次调用 Table.add() 方法时，TableLayout 都会为布局增加一个新列，这意味着添加的控件将在水平方向递增排列。如果希望为布局添加一个新行，则需要调用 TableLayout.row() 方法。expandY() 方法表示将竖直方向上的空间扩充到当前单元格。每个单元格内部包含的控件默认是以居中方式显示的。

上述代码还为 Table 对象添加了一个信息图标，然后调用 bottom() 方法将该图标显示在单元格的底部边界。

7.4.4 添加控制层

根据下面的代码修改 buildControlsLayer() 方法：

```
    private Table buildControlsLayer() {
        Table layer = new Table();
        layer.right().bottom();

        // 添加 Play 按钮
        btnMenuPlay = new Button(skinCanyonBunny, "play");
        layer.add(btnMenuPlay);
```

7.4 创建菜单屏幕

```
    btnMenuPlay.addListener(new ChangeListener() {
      @Override
      public void changed(ChangeEvent event, Actor actor) {
        onPlayClicked();
      }
    });
    layer.row();
    // 添加 Options 按钮
    btnMenuOptions = new Button(skinCanyonBunny, "options");
    layer.add(btnMenuOptions);
    btnMenuOptions.addListener(new ChangeListener() {
      @Override
      public void changed(ChangeEvent event, Actor actor) {
        onOptionsClicked();
      }
    });
    if(debugEnabled) layer.debug();
    return layer;
}
```

接下来创建两个新方法,代码如下:

```
private void onPlayClicked() {
    game.setScreen(new GameScreen(game));
}

private void onOptionsClicked() {
}
```

控制层被固定在菜单屏幕的右下角。首先,使用"Play"样式创建一个按钮控件;然后将该控件添加到控制层;接着,为该按钮注册一个监听单击事件的 `ChangeListener` 监听器。

> 上述代码使用的是 `ChangeListener` 接口为按钮控件注册监听器,这也是我们推荐的方法,因为当按钮状态发生改变时,该监听器真正关心的是 `ChangeEvent` 对象。虽然也可以使用 `ClickListener` 接口完成按钮的监听任务,但有一个缺点,`ClickListener` 接口是根据控件的输入事件完成响应的,它不关心控件的状态和属性。因此,如果一个控件被设置为不可用,`ClickListener` 监听器仍可以接收输入事件并执行响应。

添加完 `btnMenuPlay` 按钮后,为控制层新建一行并添加第二个按钮控件(使用 Options 风格创建的 `btnMenuOptions` 按钮)。为每个监听器创建一个独立的响应方法有利于代码的管理和事件处理。`onPlayClicked()` 方法实现了游戏屏幕的切换,`OnOptionsClicked()` 目前还是空方法。

7.4.5 添加 Options 窗口层

Options(选项)窗口相比其他层要复杂很多。实现该层之前,还需要做一些准备工作。首先让我们一睹完成之后的 Options 窗口，如图 7-5 所示。

图 7-5

Options 层是一个较小的长方形窗口，该窗口的顶部包含一个文本标题栏，剩下的空间全部用于包含其他控件。我们可以通过拖曳标题栏移动该窗口。Options 窗口包含两个复选框，分别用于控制 Sound 和 Music 的开关。复选框的左侧包含两个用于调节音量的滑动控件。我们还可以通过下拉列表框为游戏角色选择皮肤。列表框的右侧包含一个预览图标，用于反馈选中的角色皮肤。每次选择皮肤时，预览图标都会根据选中的皮肤颜色进行更新。窗口最底层包含一个用于显示或隐藏 FPS 计数器的复选框。

当显示 Options 窗口时，菜单控制层的 Play 和 Options 按钮将自动隐藏。单击保存（Save）按钮或取消（Cancel）按钮都可以关闭 Options 窗口，但只有单击保存（Save）按钮时，选项窗口包含的配置信息才会被保存到参数文件中。Options 窗口被关闭后，菜单控制层会自动弹出。

通常需要自己来绘制上述截图包含的所有控件所使用的纹理。幸运的是，这里有一条捷径可走，那就是可以从 LibGDX 的测试库中获得纹理集、合适的皮肤文件以及用于显示标题的字体定义文件。由于测试库中包含的内容远远超过我们所需要的，因此还必须仔细查看皮肤文件，保留我们需要使用的内容，剔除多余部分。

接下来需要从 LibGDX 的测试资源库找到以下文件，然后将这些资源复制到 CanyonBunny-android/assets/images/ 目录：

- uiskin.png。
- uiskin.atals。
- uiskin.json。

也可以从本章的源码包中复制上述文件，然后复制到 CanyonBunny-android/assets/images/。图 7-6 是 uiskin.png 文件的截图。

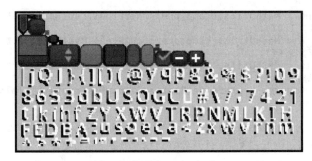

图 7-6

实现 Options 窗口之前，还需要完成两项准备工作。第一项是实现 `GamePerferences` 类，并创建游戏参数的加载与保存方法，代码如下：

```java
package com.packtpub.libgdx.canyonbunny.util;

import com.badlogic.gdx.Gdx;
import com.badlogic.gdx.Preferences;
import com.badlogic.gdx.math.MathUtils;
import com.packtpub.libgdx.canyonbunny.util.Constants;

public class GamePerferences {
    public static final String TAG =
        GamePerferences.class.getName();

    public static final GamePerferences instance =
        new GamePerferences();

    public boolean sound;
    public boolean music;
    public float volSound;
    public float volMusic;
    public int charSkin;
    public boolean showFpsCounter;

    private Preferences prefs;

    // 单例类：防止在其他位置创建实例
    private GamePerferences() {
        prefs = Gdx.app.getPreferences(Constants.PREFERENCES);
    }

    public void load() {}
    public void save() {}
}
```

首先，`GamePerferences` 是一个单例类，这意味可以在任何位置直接调用 `load()` 方法和 `save()` 方法。还有，所有游戏参数都将从 `Constants.PREFERENCES` 常量定义的文件中加载和保存。

接下来为 `load()` 方法填充下面的代码：

```java
public void load() {
    sound = prefs.getBoolean("sound", true);
    music = prefs.getBoolean("music", true);
```

```
        volSound = MathUtils.clamp(prefs.getFloat("volSound", 0.5f),
            0.0f, 1.0f);
        volMusic = MathUtils.clamp(prefs.getFloat("volMusic", 0.5f),
            0.0f, 1.0f);
        charSkin = MathUtils.clamp(prefs.getInteger("charSkin", 0),
            0, 2);
        showFpsCounter = prefs.getBoolean("showFpsCounter", false);
    }
```

load()方法总是尽力寻找一个有效值,如果没有发现相应的键值,则返回默认值。例如,getFloat("volSound", 0.5f)这行代码表示如果没有发现"volSound"键,则返回默认值 0.5f。另外,获得音量之后还需要确保该值在允许的范围内,上述代码使用 clamp()方法将音量的范围限制在 0.0f~1.0f 之间。

接下来为 save()方法添加下面的代码:

```
public void save() {
    prefs.putBoolean("sound", sound);
    prefs.putBoolean("music", music);
    prefs.putFloat("volSound", volSound);
    prefs.putFloat("volMusic", volMusic);
    prefs.putInteger("charSkin", charSkin);
    prefs.putBoolean("showFpsCounter", showFpsCounter);
    prefs.flush();
}
```

save()方法非常简洁。首先将 GamePerferences 类包含的公共成员变量存入 GamePerferences 对象的映射表,然后调用 flush()方法将映射表写入参数文件。

第二项工作是创建一个包含角色皮肤的枚举类型。我们将该类型命名为 CharacterSkin。接下来创建 CharacterSkin 类并添加下面的代码:

```
package com.packtpub.libgdx.canyonbunny.util;

import com.badlogic.gdx.graphics.Color;

public enum CharacterSkin {
    WHITE("White", 1.0f, 1.0f, 1.0f),
    GRAY("Gray", 0.7f, 0.7f, 0.7f),
    BROWN("Brown", 0.7f, 0.5f, 0.3f);

    private String name;
    private Color color = new Color();

    private CharacterSkin(String name, float r, float g, float b){
        this.name = name;
        color.set(r, g, b, 1.0f);
    }

    @Override
    public String toString() {
        return name;
    }

    public Color getColor() {
        return color;
    }
}
```

该类创建了三种角色皮肤，分别是 White、Gray 和 Brown。每种皮肤的枚举都包含一条文本信息和 RGB 颜色。文本信息将作为显示的名称，RGB 颜色用于决定渲染时的着色。

7.5 创建 Options 窗口
Building the Options window

首先为 `MenuScreen` 类添加下面的代码：

```
import com.packtpub.libgdx.canyonbunny.util.CharacterSkin;
import com.packtpub.libgdx.canyonbunny.util.GamePerferences;

private Skin skinLibgdx;

private void loadSettings() {
    GamePerferences prefs = GamePerferences.instance;
    prefs.load();
    chkSound.setChecked(prefs.sound);
    sldSound.setValue(prefs.volSound);
    chkMusic.setChecked(prefs.music);
    sldMusic.setValue(prefs.volMusic);
    selCharSkin.setSelectedIndex(prefs.charSkin);
    onCharSkinSelected(prefs.charSkin);
    chkShowFpsCounter.setChecked(prefs.showFpsCounter);
}

private void saveSettings() {
    GamePerferences prefs = GamePerferences.instance;
    prefs.sound = chkSound.isChecked();
    prefs.volSound = sldSound.getValue();
    prefs.music = chkMusic.isChecked();
    prefs.volMusic = sldMusic.getValue();
    prefs.charSkin = selCharSkin.getSelectedIndex();
    prefs.showFpsCounter = chkShowFpsCounter.isChecked();
    prefs.save();
}

private void onCharSkinSelected(int index) {
    CharacterSkin skin = CharacterSkin.values()[index];
    imgCharSkin.setColor(skin.getColor());
}

private void onSaveClicked() {
    saveSettings();
    onCancelClicked();
}

private void onCancelClicked() {
    btnMenuPlay.setVisible(true);
    btnMenuOptions.setVisible(true);
    winOptions.setVisible(false);
}
```

loadSettings()方法和 saveSettings()方法用于控制控件与 GamePreferences 类之间的数据交换。上述代码中以 on 为前缀的方法用于处理控件的输入事件。例如，onCharSkinSelected()方法用于更新预览图标的着色，onSaveClicked()方法用于保存 Options 窗口的配置参数。onCancelClicked()方法用于实现隐藏 Options 窗口并显示菜单控制层的功能，该方法将舍弃 Options 窗口的所有配置。菜单控制层和 Options 窗口的可见性都可以通过 setVisible()方法设置。

接下来继续修改 MenuScreen 类，代码如下：

```
private void rebuildStage () {
    skinCanyonBunny = new Skin(
        Gdx.files.internal(Constants.SKIN_CANYONBUNNY_UI),
        new TextureAtlas(Constants.TEXTURE_ATLAS_UI));
    skinLibgdx = new Skin(
        Gdx.files.internal(Constants.SKIN_LIBGDX_UI),
        new TextureAtlas(Constants.TEXTURE_ATLAS_LIBGDX_UI));
    // 创建所有层
    ...
}

@Override
public void hide() {
    stage.dispose();
    skinCanyonBunny.dispose();
    skinLibgdx.dispose();
}
```

上述代码为 Options 窗口包含的控件创建了皮肤对象。由于 Options 窗口包含的控件比较多，所以我们将其分为四个独立的方法进行创建。

首先为 MenuScreen 类创建 buildOptWinAudioSettings()方法，并添加下面的代码：

```
private Table buildOptWinAudioSettings() {
    Table tbl = new Table();
    // 添加标题:"Audio"
    tbl.pad(10, 10, 0, 10);
    tbl.add(new Label("Audio", skinLibgdx, "default-font",
        Color.ORANGE)).colspan(3);
    tbl.row();
    tbl.columnDefaults(0).padRight(10);
    tbl.columnDefaults(1).padRight(10);
    // 添加复选框，"Sound" 标签，声音音量滑动控件
    chkSound = new CheckBox("", skinLibgdx);
    tbl.add(chkSound);
    tbl.add(new Label("Sound", skinLibgdx));
    sldSound = new Slider(0.0f, 1.0f, 0.1f, false, skinLibgdx);
    tbl.add(sldSound);
    tbl.row();
    // 添加复选框，"Music" 标签，音乐音量滑动控件
    chkMusic = new CheckBox("", skinLibgdx);
    tbl.add(chkMusic);
    tbl.add(new Label("Music", skinLibgdx));
    sldMusic = new Slider(0.0f, 1.0f, 0.1f, false, skinLibgdx);
    tbl.add(sldMusic);
```

```
        tbl.row();
        return tbl;
}
```

上述方法创建了一个包含音频设置的 table 层。首先添加一个橘色 Audio 标题。接着另起一行添加用于声音设置的复选框、Sound 标签和滑动控件。最后为 music 设置添加三个相同的控件。

接下来创建 buildOptWinSkinSelection()方法并添加下面的代码：

```
private Table buildOptWinSkinSelection() {
    Table tbl = new Table();
    // 添加标题: "Character Skin"
    tbl.pad(10, 10, 0, 10);
    tbl.add(new Label("Character Skin", skinLibgdx,
        "default-font", Color.ORANGE)).colspan(2);
    tbl.row();
    // 添加已经初始化了皮肤选项的下拉列表控件
    selCharSkin = new SelectBox<CharacterSkin>(skinLibgdx);

selCharSkin.setItems(CharacterSkin.values());

    selCharSkin.addListener(new ChangeListener() {
        @Override
        @SuppressWarnings("unchecked")
        public void changed(ChangeEvent event, Actor actor) {
            onCharSkinSelected(((SelectBox<CharacterSkin>)
                actor).getSelectedIndex());
        }
    });
    tbl.add(selCharSkin).width(120).padRight(20);
    // 添加皮肤预览图片
    imgCharSkin = new Image(Assets.instance.bunny.head);
    tbl.add(imgCharSkin).width(50).height(50);
    return tbl;
}
```

上述方法创建了一个 table 层，该层包含一个选择角色皮肤的下拉列表控件和一个用于预览角色皮肤的图标控件。接着为下拉列表控件添加一个 ChangeListener 监听器，当用户选择新的皮肤时，系统将自动调用 onCharSkinSelected()方法更新设置和预览图标。

selCharSkin.setItems(CharacterSkin.values())可以在 Android、iOS 和 desktop 平台正常工作，但在 GWT 平台运行时会抛出 ArrayStoreException 异常。这也是由于 GWT 的反射机制造成的，但可以使用下面的代码解决该问题：

```
Array<CharacterSkin> items = new Array<CharacterSkin>();
CharacterSkin[] arr = CharacterSkin.values();
for(int i = 0; i < arr.length; i++) {
    items.add(arr[i]);
}
selCharSkin.setItems(items);
```

接下来为 MenuScreen 类创建 buildOptWinDebug() 方法，代码如下：

```java
private Table buildOptWinDebug() {
    Table tbl = new Table();
    // 添加标题: "Debug"
    tbl.pad(10, 10, 0, 10);
    tbl.add(new Label("Debug", skinLibgdx, "default-font",
        Color.RED)).colspan(3);
    tbl.row();
    tbl.columnDefaults(0).padRight(10);
    tbl.columnDefaults(1).padRight(10);
    // 添加复选框, "Show FPS Counter" 标签
    chkShowFpsCounter = new CheckBox("", skinLibgdx);
    tbl.add(new Label("Show FPS Counter", skinLibgdx));
    tbl.add(chkShowFpsCounter);
    tbl.row();
    return tbl;
}
```

buildOptWinDebug() 方法创建了一个包含调试设置的 table 层，该层目前只有一个用于决定是否在游戏屏幕显示 FPS 计数器的复选框。

接下来添加 buildOptWinButtons() 方法并添加下面的代码：

```java
private Table buildOptWinButtons() {
    Table tbl = new Table();
    // 添加分割线
    Label lbl = null;
    lbl = new Label("", skinLibgdx);
    lbl.setColor(0.75f, 0.75f, 0.75f, 1f);
    lbl.setStyle(new LabelStyle(lbl.getStyle()));
    lbl.getStyle().background = skinLibgdx.newDrawable("white");
    tbl.add(lbl).colspan(2).height(1).width(220).pad(0, 0, 0, 1);
    tbl.row();
    lbl = new Label("", skinLibgdx);
    lbl.setColor(0.5f, 0.5f, 0.5f, 1f);
    lbl.setStyle(new LabelStyle(lbl.getStyle()));
    lbl.getStyle().background = skinLibgdx.newDrawable("white");
    tbl.add(lbl).colspan(2).height(1).width(220).pad(0, 1, 5, 0);
    tbl.row();
    // 添加 Save 按钮并初始化事件处理器
    btnWinOptSave = new TextButton("Save", skinLibgdx);
    tbl.add(btnWinOptSave).padRight(30);
    btnWinOptSave.addListener(new ChangeListener() {
        @Override
        public void changed(ChangeEvent event, Actor actor) {
            onSaveClicked();
        }
    });
    // 添加 Cancel 按钮并初始化事件处理器
    btnWinOptCancel = new TextButton("Cancel", skinLibgdx);
    tbl.add(btnWinOptCancel);
    btnWinOptCancel.addListener(new ChangeListener() {
        @Override
        public void changed(ChangeEvent event, Actor actor) {
            onCancelClicked();
        }
```

```
    });
    return tbl;
}
```

buildOptWinButtons()方法创建了一个包含分隔标签、**Save**按钮和**Cancel**按钮的table层,而且该层位于**Options**窗口的底部。**Save**按钮和**Cancel**按钮也使用ChangeListener接口作为监听器,这两个监听器在事件处理时分别调用了onSaveClicked()方法和onCancelClicked()方法。

最后修改buildOptionsWindowLayer()方法,代码如下:

```
private Table buildOptionsWindowLayer() {
    winOptions = new Window("Options", skinLibgdx);
    // 添加音频设置:声音/音乐复选框和音量滑动控件
    winOptions.add(buildOptWinAudioSettings()).row();
    // 添加角色皮肤:下拉列表框 (White, Gray, Brown)
    winOptions.add(buildOptWinSkinSelection()).row();
    // 添加调试控件: FPS 计数器
    winOptions.add(buildOptWinDebug()).row();
    // 添加分隔符和 Save&Cancel 按钮
    winOptions.add(buildOptWinButtons()).pad(10, 0, 10, 0);
    // 设置 options 窗口半透明
    winOptions.setColor(1, 1, 1, 0.8f);
    // 默认隐藏选项窗口
    winOptions.setVisible(false);
    if(debugEnabled) winOptions.debug();
    // 让 TableLayout 重新计算控件的尺寸和位置
    winOptions.pack();
    // 将选项窗口移动到右下角
    winOptions.setPosition(
        Constants.VIEWPORT_GUI_WIDTH-winOptions.getWidth() - 50,50);
    return winOptions;
}
```

上述代码首先创建一个**Options**窗口,然后调用刚才实现的四个以build为前缀的方法为窗口添加控件。**Options**窗口的透明度被设置为20%,这是一个非常优秀的设计细节。Window.pack()方法可以确保TableLayout重新计算控件的大小并设置合适的位置以适应窗口的最新尺寸。最后将该窗口放置到屏幕的右下角。

接下来为onOptionsClicked()方法添加下面的代码:

```
private void onOptionsClicked() {
    loadSettings();
    btnMenuPlay.setVisible(false);
    btnMenuOptions.setVisible(false);
    winOptions.setVisible(true);
}
```

上述代码实现了从菜单控制层到**Options**窗口的切换过程。显示**Options**窗口之前,首先调用loadSettings()方法载入游戏配置,这样可以确保即将显示的**Options**窗口所包含的控件都能得到正确的初始化。图7-7显示了**Options**窗口的最终效果。

图7-7中的线框是TableLayout提供的调试功能。

图 7-7

到目前为止,我们已经成功创建了 Options 窗口。接下来运行并测试应用,单击"Options"按钮观察是否可以弹出 Options 窗口,继续单击"Save"按钮或"Cancel"按钮,观察是否可以隐藏 Options 窗口。切记,只有单击"Save"按钮,Options 窗口的配置信息才能被保存和应用。

使用游戏配置

前面在菜单屏幕和 Options 窗口中完成的大量工作就是为了让用户修改游戏的某些配置。但是到目前为止,还没有应用 Options 窗口配置的任何参数。幸运的是,前面已经完成了绝大部分任务,接下来只需添加几行代码即可。

首先为 GameScreen 类导入 GamePreferences 类,代码如下:

```
import com.packtpub.libgdx.canyonbunny.util.GamePreferences;
```

接下来根据下面的代码修改 GameScreen 类的 show()方法:

```
@Override
public void show() {
    GamePerferences.instance.load();
    worldController = new WorldController(game);
    worldRenderer = new WorldRenderer(worldController);
    Gdx.input.setCatchBackKey(true);
}
```

上述代码可以确保进入游戏屏幕时,游戏使用的总是最新的配置参数。接下来为 BunnyHead 类添加下面的代码:

7.5 创建 Options 窗口

```
import com.packtpub.libgdx.canyonbunny.util.CharacterSkin;
import com.packtpub.libgdx.canyonbunny.util.GamePreferences;
```

完成上述任务之后，接下来修改 BunngHead 类的 render() 方法，代码如下：

```
@Override
public void render(SpriteBatch batch) {
    TextureRegion reg = null;

    // 应用皮肤颜色
    batch.setColor(CharacterSkin.values()[GamePerferences.
        instance.charSkin].getColor());

    // 当对象收集到羽毛道具时设置特殊着色
    if(hasFeatherPowerup) {
        batch.setColor(1.0f, 0.8f, 0.0f, 1.0f);
    }

    // 渲染图片
    reg = regHead;
    batch.draw(reg.getTexture(), position.x, position.y,
        origin.x,origin.y, dimension.x, dimension.y,
        scale.x, scale.y,rotation,reg.getRegionX(),
        reg.getRegionY(), reg.getRegionWidth(),
        reg.getRegionHeight(), viewDirection ==
        VIEW_DIRECTION.LEFT, false);

    //重置着色
    batch.setColor(1, 1, 1, 1);
}
```

以上代码首先获取用户设置的角色皮肤，然后为角色设置相应的着色。接下来为 WorldRenderer 类添加下面一行代码：

```
import com.packtpub.libgdx.canyonbunny.util.GamePreferences;
```

然后按照下面的代码修改 WorldRenderer 类的 renderGui() 方法：

```
private void renderGui(SpriteBatch batch) {
    batch.setProjectionMatrix(cameraGUI.combined);
    batch.begin();

    // 渲染 gold coins 图标和得分文本(左上角)
    renderGuiScore(batch);
    // 渲染 feather 道具图标(左上角)
    renderGuiFeatherPowerup(batch);
    // 渲染额外生命数(右上角)
    renderGuiExtraLive(batch);
    // 渲染 FPS 文本(右下角)
    if (GamePerferences.instance.showFpsCounter)
        renderGuiFpsCounter(batch);
    // 渲染 GAME OVER 文本
    renderGuiGameOverMessage(batch);
    batch.end();
}
```

按照上述代码修改之后，游戏屏幕的 FPS 计数器就会与 **Options** 窗口的 **Show FPS Counter** 复选框关联。只有当该复选框被选中时，游戏屏幕才会显示 FPS 计数器。

7.6 小结
Summary

本章介绍了多屏管理技术和屏幕切换技术等内容。讨论了场景图是什么，如何使用场景图与 Scene2D UI、TableLayout 和 Skin 等创建复杂的用户 UI。还介绍了如何为控件添加事件监听器及处理方法。

第 8 章将继续讨论如何进一步提高游戏的可视化外观，并介绍如何使用粒子特效和插值算法为游戏创建一些特殊效果。

第 8 章
特效
Special Effects

本章将介绍如何使用 LibGDX 的粒子系统为 Canyon Bunny 游戏创建粒子特效，除此之外，还将介绍线性插值算法以及其他几种提高游戏可视化外观的方法。首先，介绍如何使用粒子编辑器设计灰尘特效，该特效将在玩家角色移动时显示出来。然后介绍线性插值的基本概念，并使用该方法为本游戏添加两处特殊效果，分别是实现相机的平滑移动效果和 rock 对象在水面上漂浮的效果。

此外，还要为山丘背景实现一种视差卷动效果，让漂浮在天空中的云朵以随机生成的速度持续不断地从关卡右侧向左侧移动，为玩家失去生命事件以及游戏分数递增事件实现一些微妙的动画效果。

综上所述，本章将介绍以下内容。

- 使用 LibGDX 提供的粒子编辑器创建复杂特效。
- 为玩家角色对象添加灰尘特效。
- 利用 Lerp 算法为 clouds（云朵）和 rocks（平台）实现平滑移动的效果。
- 为游戏得分和角色生命图标添加动画以反映状态的变化。

8.1 使用粒子系统创建复杂特效
Creating complex effects with particle systems

粒子系统非常适合模拟复杂的特殊效果，如火焰、烟气、爆炸等。从本质上讲，粒子系统是由图片组成的，可能是一张图片，也可能是多张图片。这些图片既可能以正常模式（alpha 屏蔽）渲染，也可能以混合模式渲染，最终获得有趣的动画效果。

图 8-1 展示了正常模式和混合模式的渲染区别。

LibGDX 通过 `ParticleEffect` 类为用户提供了一个复杂的粒子系统。实际上，我们只需将该类理解为一个允许我们控制粒子特效的行为的容器，如设置显示位置、触发显示、取消显示等。

图 8-1

下面是 `ParticleEffect` 类提供的几个重要的方法和简要介绍。

- `start()`：启动粒子特效。
- `reset()`：重置并启动粒子特效。
- `update()`：必须在每个更新循环调用该方法，否则粒子特效将不能与时间一致。
- `draw()`：在当前位置上渲染粒子特效。
- `allowCompletion()`：即使粒子特效被设置为持续播放，该方法也能平滑地停止发射器。
- `setDuration()`：设置粒子特效的持续时间。
- `setPosition()`：设置粒子特效的显示位置。
- `setFlip()`：设置水平方向和竖直方向上的模式。
- `save()`：将粒子特效和相应的配置保存到文件中。
- `load()`：从文件载入粒子特效和相应配置。
- `dispose()`：释放粒子特效占用的资源。

仅使用 `ParticleEffect` 类还不能在屏幕上显示任何粒子特效。因为粒子特效是由图片组成的，而 `ParticleEffect` 类并没有封装任何图片的引用。因此，LibGDX 还提供一个 `ParticleEmitter`（粒子发射器）类，该类包含一些其他属性，如图片引用。一个粒子发射器管理所有使用同一张图片的粒子。每个粒子发射器发射的所有粒子共用一组行为配置。该配置定义了粒子在每个时刻的行为及随机数的取值范围，定义随机数的取值范围可以让显示效果看起来更加自然。如果需要，可以同时使用多个发射器创建更复杂的粒子效果。

下面的代码展示了如何使用单个发射器创建粒子特效：

```
ParticleEffect effect = new ParticleEffect();
ParticleEmitter emitter = new ParticleEmitter();
effect.getEmitters().add(emitter);
emitter.setAdditive(true);
emitter.getDelay().setActive(true);
```

```
emitter.getDelay().setLow(0.5f);
// ... 更多初始化代码 ...
```

可以确定地说，上述代码没有任何错误，但我们不推荐使用这种方法创建粒子特效。粗略估计，粒子发射器大概包含 20 个可配置的属性，如果按照上述方法进行初始化，那么每个发射器的初始化代码将是一个庞大的代码片段。很明显，这样的代码难以维护和理解。一种更简单的解决方案是使用 LibGDX 提供的可视化粒子编辑器创建粒子特效。该编辑器包含一个预览界面，我们可以通过该界面实时观察当前配置产生的效果，这也大大简化了设计阶段的工作。

可以访问 http://wiki.libgdx.googlecode.com/git/jws/particle-editor.jnlp 链接下载该粒子编辑器。

有关粒子编辑器的更多内容，请访问 https://github.com/libgdx/libgdx/wiki/2D-Particle-Editor 链接。

图 8-2 是 Particle Editor 的操作界面。

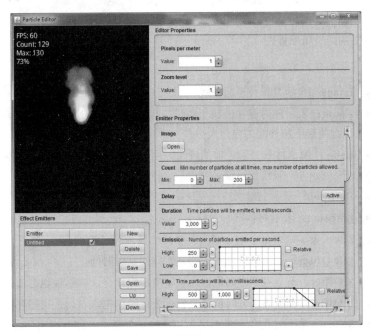

图 8-2

实时预览界面位于窗口的左上角，该界面还包含许多额外信息。

- **FPS**：当前帧率。
- **Count**：当前存在的粒子数量。
- **Max**：同时存在的最大粒子数。
- **Percentage**：完成时间的百分比。

在实时预览界面，可以通过鼠标拖曳移动粒子特效的显示位置。这是一项非常有用的功能，不仅是因为可以改变粒子效果显示的位置，还有一个重要的原因，该功能可以让我们快速检查特效在非静态环境下的效果。

编辑器的左下角包含一个发射器列表。可以为每个发射器分配一个不重复的名称。发射器名称的右侧包含一个复选框，用于决定是否在预览窗口显示该发射器产生的粒子效果。但是，粒子特效的存储文件是不包含该显示状态的。发射器列表可以让我们在一个编辑器中完成由多个发射器组成的复杂效果。发射器的顺序可以通过"Up"按钮和"Down"按钮进行调整。列表中的发射器是从上到下进行渲染的，这意味着最后一个发射器发射的粒子将显示在屏幕的最上层。"New"按钮可以创建新发射器，同样，"Delete"按钮可以从列表中移除一个选中的发射器。

编辑器的右侧被分割成了两部分。其中，上半部分被标记为 **Editor Properties**，该部分用于设置实时预览窗口的属性。**Pixels per meter** 用于定义渲染视口的逻辑单位，表示每单位多少像素。**Zoom level** 表示渲染视口的缩放大小。

编辑器最复杂和最重要的地方是标记为 **Emitter Properties** 的右下角部分。这里包含粒子特效的所有可配置选项。

下面简单介绍了各种配置选项。

- **Image**：表示组成粒子的图片。
- **Count**：表示同时存在的粒子数量，包含最大值和最小值。需要注意的是，最大值直接影响预分配的内存大小。
- **Delay**：表示特效显示之前的延时时间，单位为毫秒。使用该属性之前，必须单击"Active"按钮激活该选项。
- **Duration**：表示发射器持续发射的总时间（周期）。
- **Emission**：表示每秒发射的粒子数。
- **Life**：表示每个粒子的生命周期（持续显示的时间）。
- **Life Offset**：表示粒子生命周期开始前的延时时间。
- **X Offset**：表示水平方向位移，长度为逻辑单位，该属性也需要激活。
- **Y Offset**：表示竖直方向位移，长度为逻辑单位，该属性也需要激活。
- **Spawn**：表示定义粒子的形状。可用形状包括点、线、矩形和椭圆，默认为点。
- **Size**：以逻辑单位表示粒子的大小。
- **Velocity**：表示粒子的移动速度，以逻辑单位/s 表示，该属性也需要激活。
- **Angle**：表示粒子的发射角度，该属性也需要激活。
- **Rotation**：表示粒子的旋转角度，该属性也需要激活。
- **Wind**：表示水平方向施加的力，单位为逻辑单位/s，同样，该属性也需要激活。
- **Gravity**：表示竖直方向施加的力，单位为逻辑单位/s，同样，该属性也需要激活。
- **Tint**：表示粒子的着色，使用单色调图片更易获得理想结果。

- **Transparency**：表示粒子的透明度，该属性允许粒子全透明或半透明显示。更进一步，该属性允许我们在粒子生命周期内实现渐入渐出效果。
- **Options**：这部分包含下面五种额外的配置选项。
  - **Additive**：如果选中，则表示激活混合模式。
  - **Attached**：如果选中，则表示要求存在的粒子跟随发射器移动。
  - **Continuous**：如果选中，则表示特效完成一个周期（duration）后重新开始；如果没有选中，则表示该粒子特效只执行一次。
  - **Aligned**：如果选中，则会在粒子的旋转角度上增加发射角度。这样做的结果是，粒子将面向发射角度运动。
  - **Behind**：如果选中，则发射器的 behind 属性会被设置为 true；否则，会被设置为 false。在代码中可以通过 isBehind() 方法查询该属性的值，以决定该粒子的特效应该在游戏对象的前面还是后面渲染。

上述部分选项还包含一个坐标系。在坐标系中，*x* 轴表示粒子的生命周期或特效的持续时间，*y* 轴表示属性值的百分比。单击坐标系的任意位置可以添加一个新节点，再次双击该节点即可删除，单击并拖曳可以移动节点。

图 8-3 显示了发射器的部分属性。

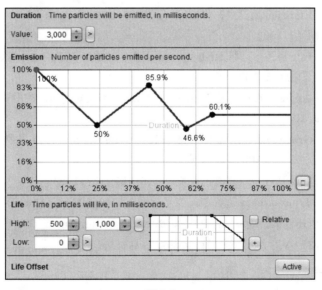

图 8-3

坐标系可以通过图 8-3 右侧的"+"号放大。每个坐标系的左侧都包含 **High** 和 **Low** 两个值，这两个值用于定义坐标系 *y* 轴的最大值（100%）和最小值（0%）。**High** 值右侧还包含一个"<"按钮，单击该按钮将弹出另一个输入框。如果激活该输入框，则 *y* 轴的最大值（**High** 值）将从这两个输入框所确定的取值范围内随机获得。

8.2 创建灰尘粒子特效

Adding a dust particle effect to the player character

接下来开始创建灰尘粒子特效，当玩家角色在 rock 平台上移动时，显示该特效。如果角色对象停止前进或不在 rock 平台上，则暂停显示该特效。

首先，我们需要使用粒子编辑器设计一种看起来像灰尘的效果。图 8-4 显示了该特效的最终目标。

打开粒子编辑器，以默认的火焰特效为基础，然后按照下面步骤进行修改。

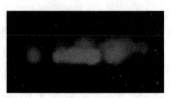

图 8-4

- 将 **Pixels per meter** 属性修改为 200。
- 在 **Size** 属性中，将 **High** 值设置为 0.75、**Low** 值设置为 0，然后为坐标系添加(0,0)、(67,28)、(100,0)三个点。
- 在 **Velocity** 属性中，将 **High** 值区间设置为 1 到 5，将 **Low** 值区间设置为-1 到-5，然后为坐标系添加点(0,50)。
- 将 **Duration** 设置为 100。
- 在 **Emission** 属性中，将 **High** 值设置为 200、**Low** 值设置为 0，然后为坐标系添加点(0,100)。
- 在 **Life** 属性中，将 **High** 值区间设置为 250 到 500、**Low** 值设置为 0，并为坐标系添加点(0,100)。
- 在 **Angle** 属性中，将 **High** 值和 **Low** 值都设置为 0，在坐标系中只添加一个点(0,100)。
- 在 **Gravity** 属性中，将 **High** 值设置为 5、**Low** 值设置为-1，并为坐标系添加(0,0)、(67,28)、(100,0)三个点。
- 在 **Tint** 属性中，将颜色设置为 RGB(107,107,107)。
- 在 **Transparency** 属性中，为坐标系添加(0,100)和(100,0)两个点。
- 在 **Options**"选项中，选中 **Additive** 和 **Continuous**。

接下来，单击"Save"按钮将特效文件保存到 CanyonBunny-android/assets/particles 目录下。

> LibGDX 官方并没有规定和限制存储粒子效果的文件扩展名。但是，使用一个简洁明了的命名总是有好处的。众所周知，sfx 是一个著名的声音特效简称，这样的形式同样适用于特效文件，因此，本书把所有粒子特效的文件后缀名设置为.pfx。

8.2 创建灰尘粒子特效

为 Canyon Bunny 游戏添加粒子特效之前,还需完成一项准备工作。我们知道,粒子特效是由图片组成的,那么这里创建的特效也必须包含图片才能显示。可能你也注意到了前面设计特效时我们跳过了选择图片的部分。这是因为我们并没有从头开始,而是直接使用了编辑器默认的图片,该图片的名称是 particle.png。我们可以在 GDX 工具的 assets 文件夹中找到它,也可以通过下面链接下载该图片:https://raw.githubusercontent.com/libgdx/libgdx/master/tests/gdx-tests-android/assets/data/particle.png。

particle.png 图片仅包含一个从中心到周围渐变的白色小圆圈,如图 8-5 所示。

将 particle.png 拷贝到 CanyonBunny-android/assets/particles/文件夹下。

图 8-5

接下来,为 BunnyHead 类添加下面两行代码:

```
import com.badlogic.gdx.Gdx;
import com.badlogic.gdx.graphics.g2d.ParticleEffect;
```

完成之后,根据下面的代码修改 BunnyHead 类:

```
public ParticleEffect dustParticles = new ParticleEffect();
```

该成员变量内部将引用提前准备好的并且已经载入的灰尘粒子特效。接下来根据下面的代码继续修改 BunnyHead 类:

```
public void init () {
    ...
    // 飞跃特效
    hasFeatherPowerup = false;
    timeLeftFeatherPowerup = 0;

    // 粒子特效
    dustParticles.load(Gdx.files.internal("particles/dust.pfx"),
    Gdx.files.internal("particles"));
}
@Override
public void update (float deltaTime) {
    super.update(deltaTime);
    ...
    dustParticles.update(deltaTime);
}

@Override
public void render(SpriteBatch batch) {
    TextureRegion reg = null;

    // 渲染粒子特效
    dustParticles.draw(batch);

    // 应用皮肤颜色
    ...
}
```

正如我们看到的,为游戏添加粒子特效只需要几行代码。首先在 init()方法中加载特效文件并创建特效对象，接着分别在 update() 方法和 render() 方法中更新并渲染粒子效果。但是，调用 draw() 方法并不意味着一定可以渲染粒子特效。

首次启动游戏时，需要激活粒子特效。更进一步，如果粒子特效属于连续播放特效，那么在不需要显示时必须明确停止。

按照下面的代码修改 BunnyHead 类的 updateMotionY() 方法便能实现上述要求：

```
@Override
protected void updateMotionY(float deltaTime) {
    switch (jumpState) {
    case GROUNDED:
        jumpState = JUMP_STATE.FALLING;
        if(velocity.x != 0) {
            dustParticles.setPosition(position.x
                + dimension.x / 2, position.y);
            dustParticles.start();
        }
        break;
    ...
    }
    if(jumpState != JUMP_STATE.GROUNDED) {
    dustParticles.allowCompletion();
        super.updateMotionY(deltaTime);
    }
}
```

图 8-6 展示了最终完成的灰尘效果。

图 8-6

8.3 移动云朵
Moving the clouds

接下来我们要强化云朵的行为。前面章节实现的云朵是静止的，看起来非常不美观，

8.3 移动云朵

本节我们将为每一朵云附加一个水平向左的随机速度。这也是模拟现实中云朵随风而动的效果，目的是使游戏场景看起来更加自然。实现该效果还有一个难点，可以想象得到，完全超出场景的云朵需要及时释放，同时还必须在场景的末端连续创建新的云朵对象。只有这样，才能保证关卡中任意位置都存在云朵，释放已经超出关卡的云朵是为了防止游戏因内存不足而发生崩溃。

根据下面的代码修改 Clouds 类：

```java
private Cloud spawnCloud () {
    Cloud cloud = new Cloud();
    cloud.dimension.set(dimension);
    // 随机选取一张纹理
    cloud.setRegion(regClouds.random());
    // 位置
    Vector2 pos = new Vector2();
    pos.x = length + 10; // 关卡结束的位置
    pos.y += 1.75f;      // 基础位置
    pos.y += MathUtils.random(0.0f, 0.2f)
        * (MathUtils.randomBoolean() ? 1 : -1); // 随机位置
    cloud.position.set(pos);
    // 设置云朵速度
    Vector2 speed = new Vector2();
    speed.x += 0.5f;    //基本速度
    // 额外的随机速度
    speed.x += MathUtils.random(0.0f, 0.75f);
    cloud.terminalVelocity.set(speed);
    speed.x *= -1;  // 向左移动
    cloud.velocity.set(speed);
    return cloud;
}
```

接下来为 Clouds 类重写 update()方法：

```java
@Override
public void update(float deltaTime) {
    for (int i = clouds.size - 1; i >= 0; i--) {
        Cloud cloud = clouds.get(i);
        cloud.update(deltaTime);
        if(cloud.position.x < -10) {
            // 如果云朵超出了关卡范围，则销毁该对象
            // 并在关卡的末端添加新对象
            clouds.removeIndex(i);
            clouds.add(spawnCloud());
        }
    }
}
```

现在，spawnCloud()方法创建的每个 Cloud 对象都有一个水平向左的移动速度。update()方法迭代所有存在的 Cloud 对象，并调用每个对象的 update()方法进行更新，然后测试每个对象的最新位置，如果超出了关卡范围，则从列表中移除该对象，并在关卡终点创建一个新对象。

> 在 update()方法中，clouds 列表的迭代过程是反向进行的，这样做是为了避免产生变异列表。正常情况下，迭代列表的过程中是不能修改元素的。但是，反向迭代时，从列表中移除的元素只会发生在已经处理过的部分，因而不会出现错误。

8.4 利用线性插值(Lerp)平滑运动
Smoothing with linear interpolation (Lerp)

Lerp 是一种可以在两个已知点之间查找未知值的算法。Lerp 算法使用直线连接两个已知点并获取近似的未知值。

Lerp 算法还可以用于平滑对象的运动。下面将以本项目作为实例介绍该算法的应用场所。本节将使用 Lerp 算法实现相机与目标对象之间的平滑跟踪。还有，为了模拟石块漂浮在水面上的效果，还将实现 rock 对象在竖直方向上的平滑移动。首先为 CameraHelper 类添加下面的代码：

```
private final float FOLLOW_SPEED = 4.0f;
```

接着修改下面的方法：
```
public void update(float deltaTime) {
   if(!hasTarget()) return ;

   position.lerp(target.position, FOLLOW_SPEED * deltaTime);
   // 防止 camera 移动太远
   position.y = Math.max(-1f, position.y);
}
```

幸运的是，LibGDX 的 Vector2 类已经提供了 lerp()方法，这使得实现平滑运动变得非常简单。在上述代码中，我们为相机的位置向量调用了 lerp()方法，该方法需要两个参数：一个 2D 坐标和一个 alpha 值。alpha 值用于描述当前坐标和目标坐标之间的截取比例。实际上，Lerp 就是假想在当前坐标和目标坐标之间连接一条直线，然后通过 alpha 值确定最新坐标在该直线上的位置。例如，alpha 值等于 0.5，意味着新坐标位于当前坐标和目标坐标连线的中点处。

因为 Lerp 操作是在 update()方法中进行的，所以每次的移动量应该稍微小一点。增量时间 deltaTime 大约等于 0.016 秒（16 毫秒，如果从 Lerp 角度考虑，则可表示为 1.6%）。将 deltaTime 变量作为 alpha 值，可以让 Lerp 操作与时间相关。但是，如果只将 deltaTime 变量作为 alpha 值，那意味着整个移动过程将在 1 秒钟之内完成。这样将导致开始时移动的速度非常快，当两点之间的距离越来越小时，移动速度将变得非常缓慢。为了加速这一过程，我们为 deltaTime 变量乘上了一个 FLLOW_SPEED 常量。

模拟石块在水面漂浮

接下来使用几乎相同的方法模拟石块在水面上的飘浮效果。

首先为 Rock 类添加下面两行代码:

```
import com.badlogic.gdx.math.MathUtils;
import com.badlogic.gdx.math.Vector2;
```

接着为 Rock 类添加下面成员变量:

```
private final float FLOAT_CYCLE_TIME = 2.0f;
private final float FLOAT_AMPLITUDE = 0.25f;
private float floatCycleTimeLeft;
private boolean floatingDownwards;
private Vector2 floatTargetPosition;
```

然后修改 init()方法,代码如下:

```
private void init() {
    dimension.set(1, 1.5f);
    
    regEdge = Assets.instance.rock.edge;
    regMiddle = Assets.instance.rock.middle;
    
    // 设定 rock 初始长度
    setLength(1);
    
    floatingDownwards = false;
    floatCycleTimeLeft = MathUtils.random(0, FLOAT_CYCLE_TIME/ 2);
    floatTargetPosition = null;
}
```

上述代码确保了与浮动效果相关的变量都得到了正确的初始化。初始浮动的方向被设置为竖直向上;循环周期被设置为位于 0 到 1 秒之间的一个随机数。使用随机数作为循环周期是为了保证每个石块的模拟过程互不相关,从而获得更加自然的浮动效果。

floatTargetPositon 变量用于存储下一个目标位置,接下来为 Rock 类添加下面的代码:

```
@Override
public void update (float deltaTime) {
    super.update(deltaTime);
    floatCycleTimeLeft -= deltaTime;
    if(floatTargetPosition == null)
        floatTargetPosition = new Vector2(position);
    
    if(floatCycleTimeLeft <= 0) {
        floatCycleTimeLeft = FLOAT_CYCLE_TIME;
        floatingDownwards = !floatingDownwards;
        floatTargetPosition.y += FLOAT_AMPLITUDE *
            (floatingDownwards ? -1 :1);
    }
    position.lerp(floatTargetPosition, deltaTime);
}
```

8.5 山丘滚动效果

Adding parallax scrolling to the mountains in the background

视差滚动技术可以让用户对 2D 场景产生"深度"的错觉。其原理是，当相机移动时，让背景对象跟随相机移动，但背景对象的移动速度要稍微慢一些。接下来为游戏屏幕的背景实现一个视差滚动效果。

首先为 Mountains 类添加下面的代码：

```
import com.badlogic.gdx.math.Vector2;
```

接着为 Mountains 类创建 updateScrollPosition()方法，代码如下：

```
public void updateScrollPosition(Vector2 camPosition) {
    position.set(camPosition.x, position.y);
}
```

然后修改 drawMountain()方法和 render()方法，代码如下：

```
private void drawMountain (SpriteBatch batch, float offsetX,
    float offsetY, float tintColor, float parallaxSpeedX) {
    TextureRegion reg = null;
    batch.setColor(tintColor, tintColor, tintColor, 1);
    float xRel = dimension.x * offsetX;
    float yRel = dimension.y * offsetY;

    // mountains 跨越整个关卡
    int mountainLength = 0;
    mountainLength += MathUtils.ceil(
        length / (2 * dimension.x) * (1 - parallaxSpeedX));
    mountainLength += MathUtils.ceil(0.5f + offsetX);
    for(int i = 0; i < mountainLength; i++) {
        // 渲染左侧 mountain
        reg = regMountainLeft;
        batch.draw(reg.getTexture(),
            origin.x + xRel + position.x * parallaxSpeedX,
            origin.y + yRel + position.y,
            origin.x, origin.y,
            dimension.x, dimension.y,
            scale.x, scale.y,
            rotation,
            reg.getRegionX(), reg.getRegionY(),
            reg.getRegionWidth(), reg.getRegionHeight(),
            false, false);
        xRel += dimension.x;

        // 渲染右侧 mountain
        reg = regMountainRigth;
        batch.draw(reg.getTexture(),
            origin.x + xRel + position.x * parallaxSpeedX,
            origin.y + yRel + position.y,
            origin.x, origin.y,
            dimension.x, dimension.y,
            scale.x, scale.y,
            rotation,
```

```
            reg.getRegionX(), reg.getRegionY(),
            reg.getRegionWidth(), reg.getRegionHeight(),
            false, false);
        xRel += dimension.x;
    }
    // 重置为白色
    batch.setColor(1, 1, 1, 1);
}
@Override
public void render(SpriteBatch batch) {
    // 远处的山丘 (dark gray)
    drawMountain(batch, 0.5f, 0.5f, 0.5f, **0.8f**);
    // 远处的山丘 (gray)
    drawMountain(batch, 0.25f, 0.25f, 0.7f, **0.5f**);
    // 远处的山丘 (light gray)
    drawMountain(batch, 0.0f, 0.0f, 0.9f, **0.3f**);
}
```

上面为 `drawMountain()` 方法添加了第五个参数，该参数用于描述 Mountain 对象的滚动速度（比例因子），取值范围位于 0.0~1.0 之间。滚动的最终位置等于相机的当前位置乘以比例因子。当两个对象的移动速度成比例时，这两个对象在相同时间内产生的位移也具有相同的比例。`updateScrollPosition()` 方法用于获取相机的最新位置，我们应该在每个更新中循环调用该方法。

修改 `WorldController` 的 `update()` 方法，代码如下：

```
public void update(float deltaTime) {
    handleDebugInput(deltaTime);
    if(isGameOver()) {
        timeLeftGameOverDelay -= deltaTime;
        if(timeLeftGameOverDelay < 0) backToMenu();
    } else {
        handleInputGame(deltaTime);
    }
    level.update(deltaTime);
    testCollisions();
    cameraHelper.update(deltaTime);
    if(!isGameOver() && isPlayerInWater()) {
        lives--;
        if(isGameOver())
            timeLeftGameOverDelay = Constants.TIME_DELAY_GAME_OVER;
        else
            initLevel();
    }
    level.mountains.updateScrollPosition(cameraHelper.getPosition());
}
```

现在，着色不同的三层 mountain 纹理分别以 30%、50%、80% 的相机速度向右移动。

8.6 增强游戏 GUI
Enhancing the game screen's GUI

本节将专注于改善游戏屏幕的两个 GUI 元素。首先为 bunny head 添加一种动画效果，当玩家失去生命时，给用户一个醒目的反馈；其次为游戏得分实现一种连续增长的动画效果。

8.6.1 失去生命事件

我们希望当玩家失去生命时播放一段短暂的动画，以提醒用户剩余的生命数量。游戏剩余的生命数在屏幕右上角以 bunny head 图标表示。当失去一条生命时，代表下一条生命的图标将变为灰色。

本节实现的 bunny head 动画可以描述为，在即将变为灰色的 bunny head 图标上显示一个临时的 bunny head 图标。图标将根据属性实现放大、旋转和淡红色渲染等动画效果。

图 8-7 显示了这一效果。

首先为 WorldController 类添加 livesVisual 成员变量，代码如下：

图 8-7

```
public float livesVisual;
```

接下来按照下面的代码修改 WorldController 类：

```
private void init() {
    Gdx.input.setInputProcessor(this);
    cameraHelper = new CameraHelper();
    lives = Constants.LIVES_START;
    livesVisual = lives;
    timeLeftGameOverDelay = 0;
    initLevel();
}

public void update(float deltaTime) {
    handleDebugInput(deltaTime);
    if(isGameOver()) {
        timeLeftGameOverDelay -= deltaTime;
        if(timeLeftGameOverDelay < 0) backToMenu();
    } else {
        handleInputGame(deltaTime);
    }
    level.update(deltaTime);
    testCollisions();
    cameraHelper.update(deltaTime);
    if(!isGameOver() && isPlayerInWater()) {
        lives--;
        if(isGameOver()) {
            timeLeftGameOverDelay = Constants.TIME_DELAY_GAME_OVER;
        else
            initLevel();
        }
    }
    level.mountains.updateScrollPosition(cameraHelper.getPosition());
    if(livesVisual > lives) {
```

```
            livesVisual = Math.max(lives, livesVisual- 1 * deltaTime);
        }
    }
```

上述代码为 `WorldController` 类添加了一个新的成员变量 `livesVisual`，该变量包含了多层信息。一旦玩家失去一条生命，接下来的 1 秒钟内，`livesVisual` 将随时间的增加逐渐减小，我们将在这 1 秒钟内播放相应的动画。

此外，为 `WorldRenderer` 类添加下面的代码：

```
import com.badlogic.gdx.math.MathUtils;
```

修改 `WorldRenderer` 类的 `renderGuiExtraLive()` 方法，代码如下：

```
private void renderGuiExtraLive (SpriteBatch batch) {
    float x = cameraGUI.viewportWidth - 50
        - Constants.LIVES_START * 50;
    float y = -15;
    for(int i = 0; i < Constants.LIVES_START; i++) {
        if(i >= worldController.lives)
            batch.setColor(0.5f, 0.5f, 0.5f, 0.5f);
        batch.draw(Assets.instance.bunny.head,
            x + i * 50, y, 50, 50, 120, 100, 0.35f, -0.35f, 0);
        batch.setColor(1, 1, 1, 1);
    }
    if(worldController.lives >= 0
        && worldController.livesVisual > worldController.lives) {
        int i = worldController.lives;
        float alphaColor = Math.max(0, worldController.livesVisual
            - worldController.lives - 0.5f);
        float alphaScale = 0.35f * (2 + worldController.lives
            - worldController.livesVisual) * 2;
        float alphaRotate = -45 * alphaColor;
        batch.setColor(1.0f, 0.7f, 0.7f, alphaColor);
        batch.draw(Assets.instance.bunny.head, x + i * 50,
            y, 50, 50, 120, 100, alphaScale, -alphaScale, alphaRotate);
        batch.setColor(1, 1, 1, 1);
    }
}
```

上述代码渲染了一只临时的 bunny head 图标，该图标将根据时间执行 alpha 渐变、缩放和旋转动画，播放周期由 `livesVisual` 变量控制在 1 秒钟内。

8.6.2 分数递增事件

每当玩家收集一个道具时，作为奖励，玩家会获得一定分数。游戏屏幕的左上角显示着当前得分和金币图标。接下来为游戏添加两处精妙的动画效果，当玩家收集到一个道具时触发该动画。首先，我们希望游戏得分是连续增长的。其次，在分数增长期间，金币图标可以左右震动，一方面可以提高视觉效果，另一方面也能提醒用户观察得分。

图 8-8 通过五个步骤展示了玩家收集一个道具后执行的动画过程。

图 8-8

接下来添加具体的实现代码。

首先为 WorldController 类添加 scoreVisual 成员变量：

public float scoreVisual;

接着根据下面的代码修改 WorldController 类：

```
private void initLevel() {
    score = 0;
    scoreVisual = score;
    level = new Level(Constants.LEVEL_01);
    cameraHelper.setTarget(level.bunnyHead);
}
public void update(float deltaTime) {
    ...
    level.mountains.updateScrollPosition(cameraHelper.getPosition());
    if(livesVisual > lives) {
        livesVisual = Math.max(lives, livesVisual - 1 *deltaTime);
    }
    if(scoreVisual < score)
        scoreVisual = Math.min(score, scoreVisual +250 * deltaTime);
}
```

上述代码为 WorldController 类添加了一个新的成员变量 scoreVisual，该变量和前面添加的 livesVisual 变量的用法类似，只不过该变量是用来控制分数动画的。

接着根据下面的代码修改 WorldRenderer 类：

```
private void renderGuiScore(SpriteBatch batch) {
    float x = -15;
    float y = -15;
    float offsetX = 50;
    float offsetY = 50;
    if(worldController.scoreVisual < worldController.score) {
        long shakeAlpha = System.currentTimeMillis() % 360;
        float shakeDist = 1.5f;
        offsetX += MathUtils.sinDeg(shakeAlpha * 2.2f) *shakeDist;
        offsetY += MathUtils.sinDeg(shakeAlpha * 2.9f) *shakeDist;
    }
    batch.draw(Assets.instance.goldCoin.goldCoin,
        x, y, offsetX, offsetY, 100, 100, 0.35f, -0.35f, 0);

    Assets.instance.fonts.defaultBig.draw(batch,
        "" + (int) worldController.scoreVisual, x+ 75, y + 37);
}
```

scoreVisual 被强制转换为整型数值是为了省略小数部分。强制转换得到的中间数就是我们希望获得的动画。为了让金币图标发生震动，我们使用了正弦函数计算临时位移。

8.7 总结
Summary

本章为了让游戏变得更加生动有趣，分别介绍了几种特效技术。首先详细讲解了粒子系统及粒子特效的创建过程。接着介绍了如何通过简单原理为云朵实现随风而动的效果。其次简要介绍了线性插值的概念，并使用线性插值为相机和 rock 平台实现了平滑移动效果，还有，为了进一步提高游戏 GUI，我们为山丘添加了一种视差滚动效果。最后创建了两处精妙的动画效果。

第 9 章将深入介绍第 7 章引入的多屏管理。为了实现屏幕切换动画，我们将创建一个灵活的多屏管理系统。

第 9 章
屏幕切换
Screen Transitions

本章继续介绍屏幕切换技术，利用该技术可以为用户创建一种平滑的切换体验。屏幕切换的实现目标是，应用从一个屏幕切换到另一个屏幕需要经过一段确定的时间和动画。本章还会介绍一种称为 Render To Texture（RTT）的技术，该技术可以将两个独立渲染的屏幕组合在一起。屏幕切换技术还可以利用插值算法创建出更加自然的效果，LibGDX 提供了一个能实现各种常见插值算法的类，这些算法不仅可以应用于屏幕切换，对于大部分随时间运动的场景也可以应用这些算法。

另外，在"第 7 章，菜单和选项"中我们了解到怎样使用 LibGDX 提供的 Game 类创建和管理多个屏幕，包括屏幕的显示、隐藏和切换。本章将为游戏扩展一系列新特性，最后为游戏实现三种不同的切换效果，分别是淡入淡出（fade）、滑动（slide）和切片（slice）。

9.1 屏幕切换技术
Adding the screen transition capability

首先，我们要创建一个基础接口，且所有希望获得切换效果的屏幕都应该实现该接口。共享接口可以方便在模块化的基础上添加新功能。

我们将上面描述的接口命名为 ScreenTransition，接下来创建该接口并添加下面的代码：

```
package com.packtpub.libgdx.canyonbunny.screens.transitions;

import com.badlogic.gdx.graphics.Texture;
import com.badlogic.gdx.graphics.g2d.SpriteBatch;

public interface ScreenTransition {
    public float getDuration ();
    public void render (SpriteBatch batch, Texture currScreen,
        Texture nextScreen, float alpha);
}
```

上述接口包含两个方法，其中 getDuration()方法用于查询切换效果的时间周期；

render()方法用于渲染切换效果,该方法需要两个纹理对象,alpha 值表示切换效果的渲染进度。例如,当 alpha 等于 0 时,表示切换效果刚刚开始;当等于 0.25 时,表示当前已经完成了整个进度的 25%。

可能你会惊讶 render() 方法需要两个 Texture 实例参数。这是因为切换效果需要当前屏幕和下一个屏幕的场景信息,而且这两个屏幕需要被转化为两个独立的单元。可以将每个屏幕的帧缓存转换为纹理对象实现上述效果,这就是前面提到的 RTT 技术。

OpenGL 提供一项名为 Framebuffer Objects(FBO)的技术,该技术允许我们将帧缓冲区的内容保存到一个或者多个离屏帧缓冲区。LibGDX 通过 Framebuffer 类为我们提供该技术。

下面的代码展示了 FBO 技术的一般用法:

```
// ...
Framebuffer fbo;
fbo = new Framebuffer(Format.RGB888, width, height, false);
fbo.begin(); // 将渲染目标设置为 FBO 的纹理缓存
Gdx.gl.glClearColor(0.0f, 0.0f, 0.0f, 1.0f); // 黑色
Gdx.gl.glClear(GL20.GL_COLOR_BUFFER_BIT); // 清除 FBO
batch.draw(someTextureRegion, 0, 0); // 渲染到 FBO
fbo.end(); // 恢复到正常的渲染目标
// 获得渲染结果
Texture fboTexture = fbo.getColorBufferTexture();
// ...
```

创建 Framebuffer 类需要四个参数,分别是颜色格式、缓冲区的高度、缓冲区的宽度和是否使用深度测试。颜色格式和尺寸用于初始化 FBO 纹理。深度测试也称为 Z-buffer,用于确定游戏对象的渲染顺序。由于我们创建的是 2D 游戏,而且游戏对象的渲染顺序已经确定,因此不需要使用深度测试,否则只是浪费设备资源。

从上述代码可以看到,实现 FBO 技术只需将渲染过程放在 Framebuffer 的 begin() 和 end() 方法之间即可。完成渲染之后,调用 getColorBufferTexture() 方法便能获得目标纹理。

需要注意一点,只有运行着 GLES 2.0 或以上版本的设备才能使用 FBO 技术。为了简单起见,本书假定所有设备都支持 GLES 2.0。

接下来需要强制激活每个(平台相关)项目对 OpenGL ES 2.0 的支持。

对于 Android 平台,打开 AndroidManifest.xml 文件,按照下面代码修改即可:

```xml
<?xml version="1.0" encoding="utf-8"?>
<manifest xmlns:android="http://schemas.android.com/apk/res/android"
    package="com.packtpub.libgdx.canyonbunny"
    android:versionCode="1"
    android:versionName="1.0" >

<uses-sdk android:minSdkVersion="8" android:targetSdkVersion="19" />
<uses-feature android:glEsVersion="0x00020000"
```

```xml
        android:required="true" />
    ...
</manifest>
```

android:glEsVersion 用于指定应用要求的最低 OpenGL ES 版本。0x00020000 表示 2.0 版 OpenGL ES。

对于 iOS 平台，打开 Info.plist.xml 文件添加下面的代码：

```xml
<?xml version="1.0" encoding="UTF-8"?>
<!DOCTYPE plist PUBLIC "-//Apple//DTD PLIST 1.0//EN"
"http://www.apple.com/DTDs/PropertyList-1.0.dtd">
<plist version="1.0">
<dict>
    ...
    <key>UIRequiredDeviceCapabilities</key>
    <array>
        <string>armv7</string>
        <string>opengles-2</string>
    </array>
    ...
</dict>
</plist>
```

对于桌面平台和 HTML5 平台不需要修改什么，因为这两个平台默认支持 OpenGL ES 2.0。

在第 7 章我们学习了 Game 类的使用方法，包括如何使用 Game 类管理多个屏幕。为了支持屏幕切换效果，接下来将创建一个自定义的 Game 类。

首先创建 DirectedGame 类并添加下面的代码：

```java
package com.packtpub.libgdx.canyonbunny.screens;

import com.badlogic.gdx.ApplicationListener;
import com.badlogic.gdx.Gdx;
import com.badlogic.gdx.graphics.Pixmap.Format;
import com.badlogic.gdx.graphics.g2d.SpriteBatch;
import com.badlogic.gdx.graphics.glutils.FrameBuffer;
import com.packtpub.libgdx.canyonbunny.screens.transitions.
    ScreenTransition;

public abstract class DirectedGame implements ApplicationListener
{
    private boolean init;
    private AbstractGameScreen currScreen;
    private AbstractGameScreen nextScreen;
    private FrameBuffer currFbo;
    private FrameBuffer nextFbo;
    private SpriteBatch batch;
    private float t;
    private ScreenTransition screenTransition;

    public void setScreen (AbstractGameScreen screen) {
        setScreen(screen, null);
    }
```

```java
public void setScreen (AbstractGameScreen screen,
    ScreenTransition screenTransition) {
    int w = Gdx.graphics.getWidth();
    int h = Gdx.graphics.getHeight();
    if (!init) {
        currFbo = new FrameBuffer(Format.RGB888, w, h, false);
        nextFbo = new FrameBuffer(Format.RGB888, w, h, false);
        batch = new SpriteBatch();
        init = true;
    }
    // 启动一个新的切换
    nextScreen = screen;
    nextScreen.show(); // 激活下一个屏幕
    nextScreen.resize(w, h);
    nextScreen.render(0); // 让下一个屏幕更新一次
    if (currScreen != null) currScreen.pause();
    nextScreen.pause();
    Gdx.input.setInputProcessor(null); // 禁止输入
    this.screenTransition = screenTransition;
    t = 0;
}
```

上述代码创建的 `DirectedGame` 类和 `Game` 类的功能基本相同。`DirectedGame` 类实现于 `ApplicationListener` 接口，也包含一个用于切换屏幕的 `setScreen()` 方法。事实上，我们添加了两个重载的 `setScreen()` 方法，一个用于设置有动画效果的切换，另一个保留了原始没有动画效果的切换。

首次调用 `setScreen()` 方法时，应用将创建两个分别对应当前和下一个屏幕的 FBO 对象；接着将切换的屏幕对象保存到 `nextScreen` 成员变量；然后调用 `show()` 方法初始化该屏幕；最后调用 `render()` 方法更新一次屏幕，以方便接下来渲染该屏幕的场景。

接下来重写 `DirectedGame` 类的 `render()` 方法，代码如下：

```java
@Override
public void render() {
    // 获得增量时间并确保在1/60 秒之内
    float deltaTime = Math.min(Gdx.graphics.getDeltaTime(), 1.0f / 60.0f);
    if (nextScreen == null) {
        // 没有正在进行的切换
        if (currScreen != null)
            currScreen.render(deltaTime);
    } else {
        // 正在进行的切换
        float duration = 0;
        if (screenTransition != null)
            duration = screenTransition.getDuration();
        //更新正在进行的屏幕切换
        t = Math.min(t + deltaTime, duration);
        if (screenTransition == null || t >= duration) {
            // 没有切换效果或者切换已经完成
            if (currScreen != null) currScreen.hide();
            nextScreen.resume();
            // 确保对下一个屏幕的输入设置
            Gdx.input.setInputProcessor(
```

```
            nextScreen.getInputProcessor());
        // 转化屏幕对象
        currScreen = nextScreen;
        nextScreen = null;
        screenTransition = null;
    } else {
        // 将屏幕渲染到 FBO
        currFbo.begin();
        if (currScreen != null) currScreen.render(deltaTime);
        currFbo.end();
        nextFbo.begin();
        nextScreen.render(deltaTime);
        nextFbo.end();
        // 在屏幕上渲染切换效果
        float alpha = t / duration;
        screenTransition.render(batch,
            currFbo.getColorBufferTexture(),
            nextFbo.getColorBufferTexture(), alpha);
    }
  }
}
```

注意，在 setScreen() 方法中，我们调用 nextScreen 对象的 render() 方法时，传递的参数为 0。因为我们只希望更新 nextScreen 对象的状态而不是进度。之后两个屏幕都被暂停，直到完成切换过程。输入处理器被设置为 null 是为了避免在屏幕切换期间接收任何潜在的输入事件。每次调用 setScreen() 方法，screenTransition 对象都会被保存到相应的成员变量中，该对象用于后续渲染切换效果。t 变量用于追踪切换效果的执行进度，所以，每次启动切换时，都需要将 t 变量重置为 0。

render() 方法包含两条基本执行路线。第一条路线是，持续不断地调用当前的屏幕对象（currScreen）的 render() 方法。只要不切换屏幕，render() 方法将总是按照这条路线运行。一旦 setScreen() 方法被调用，且假定 screenTransition 参数不等于 null，此时 render() 方法就进入第二条执行路线。为了保证切换效果与时间同步，t 变量首先根据增量时间递增。接着将当前屏幕和下一个屏幕的场景渲染到 FBO 对象。然后获得两个 FBO 对象的目标纹理并传递给 screenTransition 对象的 render() 方法来执行相应的切换效果。在第二条执行路线中，只要 t 变量不大于切换效果的运行周期，render() 方法就不会切换到其他路线。一旦 t 等于或大于切换周期，就表明切换效果已经完成，此时切换两个屏幕并激活输入处理器，然后将 nextScreen 变量重置为 null，迫使 render() 方法重回第一条执行路线。如果调用 setScreen() 方法时，为 ScreenTransition 参数传递了 null 值，那么 render() 方法将不会进入第二条执行路线，而是直接执行屏幕切换并重回第一条路线，这样就不会产生任何动态切换效果。

上述代码中，我们将增量时间限制在 1/60 秒内。从现在开始，我们将使用这种限制手段避免潜在的时间步问题。关于时间步的详细解释请访问 Glen Fiedler 的博客，地址为：http://gafferongames.com/game-physics/fix-your-timestep/。

接下来为 `DirectedGame` 类添加下面的代码，实现 `ApplicationListener` 接口的剩余方法：

```
@Override
public void resize (int width, int height) {
   if (currScreen != null) currScreen.resize(width, height);
   if (nextScreen != null) nextScreen.resize(width, height);
}

@Override
public void pause () {
   if (currScreen != null) currScreen.pause();
}

@Override
public void resume () {
   if (currScreen != null) currScreen.resume();
}

@Override
public void dispose () {
   if (currScreen != null) currScreen.hide();
   if (nextScreen != null) nextScreen.hide();
   if (init) {
      currFbo.dispose();
      currScreen = null;
      nextFbo.dispose();
      nextScreen = null;
      batch.dispose();
      init = false;
   }
}
```

上述代码应确保所有系统事件都可以正确传递给当前或下一个屏幕，最后在 `dispose()` 方法中释放 `batch` 对象和两个 FBO 对象。

接下来将上述创建的屏幕切换功能添加到 Canyon Bunny 游戏中。

首先，为 `AbstractGameScreen` 类添加下面一行代码：

```
import com.badlogic.gdx.InputProcessor;
```

接着为该类添加下面的代码：

```
public abstract InputProcessor getInputProcessor ();
```

根据下面的代码继续修改该类：

```
protected DirectedGame game;

public AbstractGameScreen (DirectedGame game) {
   this.game = game;
}
```

上述代码为 `AbstractGameScreen` 抽象类声明了一个名为 `getInputProcessor()` 的抽象方法，所以接下来必须为 `MenuScreen` 类和 `GameScreen` 类实现该方法。该方法用于 DirectedGame 类对游戏输入事件的路由和控制。前面我们已经提到，DirectedGame 类需要避免屏幕切换期间接收任何输入事件。

接下来为 CanyonBunnyMain 类添加下面一行代码：

```
import com.packtpub.libgdx.canyonbunny.screens.DirectedGame;
```

接着让 CanyonBunnyMain 类继承于 DirectedGame 类，代码如下：

```
public class CanyonBunnyMain extends DirectedGame {
    ...
}
```

打开 MenuScreen 类，按照下面的代码进行修改：

```
public MenuScreen (DirectedGame game) {
    super(game);
}
```

然后为 MenuScreen 类实现 getInputProcessor() 方法，代码如下：

```
import com.badlogic.gdx.InputProcessor;

@Override
public InputProcessor getInputProcessor () {
    return stage;
}
```

最后移除 show() 方法中设置输入处理器的代码，最终代码如下：

```
@Override
public void show () {
    stage = new Stage(new StretchViewport(Constants.VIEWPORT_GUI_WIDTH,
        Constants.VIEWPORT_GUI_HEIGHT));
    rebuildStage();
}
```

接下来打开 GameScreen 类，按照下面的代码进行修改：

```
public GameScreen (DirectedGame game) {
    super(game);
}
```

接着为 GameScreen 类添加下面的方法，代码如下：

```
import com.badlogic.gdx.InputProcessor;

@Override
public InputProcessor getInputProcessor () {
    return worldController;
}
```

最后，打开 WorldController 类，添加下面一行代码：

```
import com.packtpub.libgdx.canyonbunny.screens.DirectedGame;
```

继续根据下面的代码修改该类：

```
private DirectedGame game;

public WorldController (DirectedGame game) {
```

```
    this.game = game;
    init();
}
```

然后移除 init()方法中设置输入处理器的代码，最终代码如下：

```
private void init () {
    cameraHelper = new CameraHelper();
    lives = Constants.LIVES_START;
    livesVisual = lives;
    timeLeftGameOverDelay = 0;
    initLevel();
}
```

上面的代码完成了一些重大修改。做了这么多工作只是为了建立一个通用的切屏处理方法。运行并测试游戏，可以发现，现在的游戏与第 8 章运行的结果并没有什么区别。

9.1.1 实现切换效果

到现在，我们已经建立了一种通用的屏幕切换方法。接下来应该实现前面提到的三种切换效果。不过，我们应该先了解一下插值算法，因为接下来要使用这些算法实现各种切换效果。

9.1.2 关于插值算法的研究

第 8 章已经介绍过一种称为 Lerp 的插值算法，该算法是标准的线性插值算法，其数学原理是均分起始点的距离，然后根据比例计算最终结果。这种算法适合任意持续运动的场景。但如果希望获得更加复杂的效果，如加速、减速或两者结合，上述方法就难以实现，因为这些效果只有使用数学公式才能表达整个运动过程的非线性曲线。

幸运的是，LibGDX 提供的 Interpolation 类实现了许多线性插值算法和非线性插值算法。因此可以跳过复杂的数学理论直接使用这些插值方法为我们服务。

图 9-1 显示了 Interpolation 类实现的各种插值算法的曲线。

我们可以将下面的曲线当作每个插值算法的查询表。在图 9-1 中，alpha（x 轴）表示算法的输入，y 轴表示算法的输出结果。从图 9-1 中可以看出，输出取决于算法曲线和输入值 alpha。每条曲线的标签（如 linear、pow2 等）代表了该算法的名称，我们可以根据这些名称在 Interpolation 类中查找对应的方法。注意每条曲线都是相对于 alpha 等于 0.5 对称的。如果只希望应用某种算法的前半部分（alpha 位于 0.0 到 0.5）或后半部分（alpha 位于 0.5 到 1.0），那就需要使用带 In 或 Out 后缀的重载方法，如 fadeIn、pow4In 或 swingOut 等。

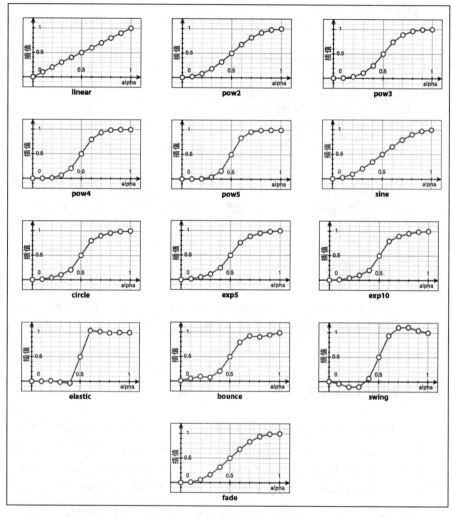

图 9-1

下面的代码展示了 Interpolation 类的基本用法：

```
float alpha = 0.25f;
float interpolatedValue = Interpolation.elastic.apply(alpha);
```

上述代码使用弹性算法（elastic algorithm）计算 alpha 值等于 0.25 时的输出值。还有，alpha 值也可以理解为完成进度的百分比，在上面的示例中，alpha 值等于 25%。

下面我们开始实现这三种不同的切换效果，分别称为 fade、slide 和 slice。

9.1.3 创建 fade 切换效果

首先，我们为菜单屏幕到游戏屏幕的切换过程创建一种淡入淡出的切换效果。该效果可以描述为：一开始将下一个屏幕全透明地显示在当前屏幕的上层，然后将该层屏幕的透明度从 0（全透明）逐渐增至 1（不透明）。

图 9-2 演示了 fade 效果的执行过程。

图 9-2

接下来创建 ScreenTransitionFade 类，然后添加下面的代码：

```java
package com.packtpub.libgdx.canyonbunny.screens.transitions;

import com.badlogic.gdx.Gdx;

import com.badlogic.gdx.graphics.GL20;
import com.badlogic.gdx.graphics.Texture;
import com.badlogic.gdx.graphics.g2d.SpriteBatch;
import com.badlogic.gdx.math.Interpolation;

public class ScreenTransitionFade implements ScreenTransition {

    private static final ScreenTransitionFade instance = new
        ScreenTransitionFade();

    private float duration;

    public static ScreenTransitionFade init (float duration) {
        instance.duration = duration;
        return instance;
    }

    @Override
    public float getDuration () {
        return duration;
    }

    @Override
    public void render (SpriteBatch batch, Texture currScreen,
        Texture nextScreen, float alpha) {
        float w = currScreen.getWidth();
        float h = currScreen.getHeight();
        alpha = Interpolation.fade.apply(alpha);

        Gdx.gl.glClearColor(0.0f, 0.0f, 0.0f, 1.0f);
        Gdx.gl.glClear(GL20.GL_COLOR_BUFFER_BIT);

        batch.begin();
        batch.setColor(1, 1, 1, 1);
        batch.draw(currScreen, 0, 0, 0, 0, w, h, 1, 1, 0, 0, 0,
            currScreen.getWidth(), currScreen.getHeight(), false, true);
```

```
            batch.setColor(1, 1, 1, alpha);
            batch.draw(nextScreen, 0, 0, 0, 0, w, h, 1, 1, 0, 0, 0,
                nextScreen.getWidth(), nextScreen.getHeight(),
                false, true);
            batch.end();
        }
    }
```

注意是如何将切换效果与渲染逻辑紧密地结合在一起的。以单例类的形式实现 `ScreenTransitionFade` 类可以让我们在任何地方非常方便地访问它。使用该类之前，应该先调用 `init()` 方法进行初始化。该方法只包含一个用于定义切换时长（周期）的参数。`render()` 方法利用两个纹理对象（参数）渲染期望的切换效果。在 `render()` 方法中，首先清除整个屏幕，接着渲染当前屏幕的目标纹理，最后在当前屏幕的顶层渲染下一个屏幕的目标纹理。然而，在渲染下一个屏幕的目标纹理之前，我们先修改了渲染着色。渲染着色被设置为全白加 `alpha` 通道，`alpha` 通道控制着之后的每个 `draw` 方法渲染的效果的透明度。为了获得预期效果，我们为 `alpha` 变量应用了选定的渐变算法。

要让菜单屏幕应用上述切换效果，还需进一步修改代码，首先为 `MenuScreen` 类添加下面的代码：

```
import com.packtpub.libgdx.canyonbunny.screens.transitions.ScreenTransition;
import com.packtpub.libgdx.canyonbunny.screens.transitions.
    ScreenTransitionFade;
```

接着修改 `MenuScreen` 类的 `onPlayClicked()` 方法，代码如下：

```
private void onPlayClicked() {
    ScreenTransition transition = ScreenTransitionFade.init(0.75f);
    game.setScreen(new GameScreen(game), transition);
}
```

从菜单屏幕完全切换到游戏屏幕需要经过 0.75 秒（750 毫秒）。接下来运行游戏，测试 fade 切换效果。尝试通过修改时间周期来加速或减速这一切换过程。

9.1.4 创建 slide 切换效果

接下来创建 slide 切换效果。该效果将应用于游戏屏幕返回到菜单屏幕的切换过程。slide 效果的切换过程可以描述为：下一个屏幕从窗口顶部开始显示并按照一定速度向下移动，直到完全可见。

图 9-3 说明了 slide 效果的完整切换过程。

图 9-3

接下来创建 ScreenTransitionSlide 类，并添加下面的代码：

```java
package com.packtpub.libgdx.canyonbunny.screens.transitions;

import com.badlogic.gdx.Gdx;

import com.badlogic.gdx.graphics.GL20;
import com.badlogic.gdx.graphics.Texture;
import com.badlogic.gdx.graphics.g2d.SpriteBatch;
import com.badlogic.gdx.math.Interpolation;

public class ScreenTransitionSlide implements ScreenTransition {

    public static final int LEFT = 1;
    public static final int RIGHT = 2;
    public static final int UP = 3;
    public static final int DOWN = 4;

    private static final ScreenTransitionSlide instance =
        new ScreenTransitionSlide();

    private float duration;
    private int direction;
    private boolean slideOut;
    private Interpolation easing;

    public static ScreenTransitionSlide init (float duration,
        int direction, boolean slideOut, Interpolation easing) {
        instance.duration = duration;
        instance.direction = direction;
        instance.slideOut = slideOut;
        instance.easing = easing;
        return instance;
    }

    @Override
    public float getDuration () {
        return duration;
    }
}
```

slide 效果也是作为单例类实现的。从以上代码可以看到，该类的实现较之 fade 效果要复杂一些。因为这里我们不仅局限于从屏幕顶部到屏幕底部的滑动效果，还允许用户选择其他三个方向的滑动效果。init()方法用于初始化配置参数和算法实例。

接下来为该类的 render()方法添加下面的代码：

```java
@Override
public void render (SpriteBatch batch, Texture currScreen,
    Texture nextScreen, float alpha) {
    float w = currScreen.getWidth();
    float h = currScreen.getHeight();
    float x = 0;
    float y = 0;
    if (easing != null) alpha = easing.apply(alpha);

    // 计算位置偏移量
    switch (direction) {
    case LEFT:
```

```
            x = -w * alpha;
            if (!slideOut) x += w;
            break;
        case RIGHT:
            x = w * alpha;
            if (!slideOut) x -= w;
            break;
        case UP:
            y = h * alpha;
            if (!slideOut) y -= h;
            break;
        case DOWN:
            y = -h * alpha;
            if (!slideOut) y += h;
            break;
    }

    // 渲染顺序取决于slide类型(in或out)
    Texture texBottom = slideOut ? nextScreen : currScreen;
    Texture texTop = slideOut ? currScreen : nextScreen;

    // 最后渲染两个屏幕的目标纹理
    Gdx.gl.glClearColor(0.0f, 0.0f, 0.0f, 1.0f);

    Gdx.gl.glClear(GL20.GL_COLOR_BUFFER_BIT);

    batch.begin();
    batch.draw(texBottom, 0, 0, 0, 0, w, h, 1, 1, 0, 0, 0,
        currScreen.getWidth(), currScreen.getHeight(), false, true);
    batch.draw(texTop, x, y, 0, 0, w, h, 1, 1, 0, 0, 0,
        nextScreen.getWidth(), nextScreen.getHeight(), false, true);
    batch.end();
}
```

render()方法使用direction、slideOut和alpha三个参数计算纹理的渲染顺序和位置偏移量。如果算法实例不为null，则使用alpha值计算插值结果。

最后将上述切换效果添加到游戏中。首先打开WorldController类，然后添加下面的代码：

```
import com.badlogic.gdx.math.Interpolation;
import com.packtpub.libgdx.canyonbunny.screens.transitions.ScreenTransition;
import com.packtpub.libgdx.canyonbunny.screens.transitions.
    ScreenTransitionSlide;
```

接着修改WorldController类的backToMenu()方法：

```
private void backToMenu () {
    // 切换到菜单屏幕
    ScreenTransition transition = ScreenTransitionSlide.init(0.75f,
        ScreenTransitionSlide.DOWN, false, Interpolation.bounceOut);
    game.setScreen(new MenuScreen(game), transition);
}
```

强烈建议花一些时间测试UP、DOWM、LEFT和RIGHT四个方向以及其他算法的切换效果。

9.1.5 创建 slice 切换效果

接下来我们将创建一个 slice 切换效果，并将该效果应用在游戏开始时。正如我们即将看到的，该效果可以应用于没有当前屏幕的切换，这也正是 Canyon Bunny 游戏一开始的情况。slice 效果的切换过程可以描述为：首先将下一个屏幕的场景剪切为多个条状矩形，且每个矩形的起点位置不同；然后这些条状矩形以不同的速度在竖直方向上移动直到完全可见。

图 9-4 展示了该效果的执行过程。

图 9-4

接下来创建 ScreenTransitionSlice 类并添加下面的代码：

```
package com.packtpub.libgdx.canyonbunny.screens.transitions;

import com.badlogic.gdx.Gdx;
import com.badlogic.gdx.graphics.GL20;
import com.badlogic.gdx.graphics.Texture;
import com.badlogic.gdx.graphics.g2d.SpriteBatch;
import com.badlogic.gdx.math.Interpolation;
import com.badlogic.gdx.utils.Array;

public class ScreenTransitionSlice implements ScreenTransition {
    public static final int UP = 1;
    public static final int DOWN = 2;
    public static final int UP_DOWN = 3;

    private static final ScreenTransitionSlice instance =
        new ScreenTransitionSlice();

    private float duration;
    private int direction;
    private Interpolation easing;
    private Array<Integer> sliceIndex = new Array<Integer>();
    public static ScreenTransitionSlice init (float duration, int
        direction, int numSlices, Interpolation easing) {
        instance.duration = duration;
        instance.direction = direction;
        instance.easing = easing;
        // 创建并填充切片索引的随机数列表，该列表决定了 slice 动画的顺序
        instance.sliceIndex.clear();
        for (int i = 0; i < numSlices; i++)
            instance.sliceIndex.add(i);
        instance.sliceIndex.shuffle();
        return instance;
    }
```

```java
@Override
public float getDuration () {
    return duration;
}

@Override
public void render (SpriteBatch batch, Texture currScreen,
    Texture nextScreen, float alpha) {
    float w = currScreen.getWidth();
    float h = currScreen.getHeight();
    float x = 0;
    float y = 0;
    int sliceWidth = (int)(w / sliceIndex.size);

    Gdx.gl.glClearColor(0.0f, 0.0f, 0.0f, 1.0f);
    Gdx.gl.glClear(GL20.GL_COLOR_BUFFER_BIT);
    batch.begin();
    batch.draw(currScreen, 0, 0, 0, 0, w, h, 1, 1, 0, 0, 0,
        currScreen.getWidth(), currScreen.getHeight(), false, true);
    if (easing != null) alpha = easing.apply(alpha);
    for (int i = 0; i < sliceIndex.size; i++) {
        // 当前切片
        x = i * sliceWidth;
        // 使用切片索引的随机数列表计算竖直方向上的位移
        float offsetY = h * (1 + sliceIndex.get(i) / (float)sliceIndex.size);
        switch (direction) {
        case UP:
            y = -offsetY + offsetY * alpha;
            break;
        case DOWN:
            y = offsetY - offsetY * alpha;
            break;
        case UP_DOWN:
            if (i % 2 == 0) {
                y = -offsetY + offsetY * alpha;
            } else {
                y = offsetY - offsetY * alpha;
            }
            break;
        }
        batch.draw(nextScreen, x, y, 0, 0, sliceWidth, h, 1, 1, 0, i
            * sliceWidth, 0, sliceWidth, nextScreen.getHeight(),
            false,true);
    }
    batch.end();
}
```

init()方法首先创建了一个随机数列表。随机数用于定义切片在竖直方向上的位移，这样每列切片将以不同的速度错位移动，直到完全闭合。

最后将上述切换效果添加到游戏中。打开 CanyonBunnyMain 类，首先导入下面的代码：

```java
import com.badlogic.gdx.math.Interpolation;
import com.packtpub.libgdx.canyonbunny.screens.transitions.ScreenTransition;
import com.packtpub.libgdx.canyonbunny.screens.transitions.
    ScreenTransitionSlice;
```

接着修改下面的方法：

```
@Override
public void create () {
    // 设置日志级别
    Gdx.app.setLogLevel(Application.LOG_DEBUG);

    // 加载资源
    Assets.instance.init(new AssetManager());

    // 启动菜单屏幕
    ScreenTransition transition = ScreenTransitionSlice.init(2,
        ScreenTransitionSlice.UP_DOWN, 10, Interpolation.pow5Out);
    setScreen(new MenuScreen(this), transition);
}
```

9.2 总结

Summary

本章首先介绍了如何建立一个将实现细节和切换效果分离的系统来管理屏幕切换及动画效果。然后介绍了 OpenGL 的 FBO 技术，该技术允许我们将游戏场景渲染到纹理对象中（RTT）。最后使用该技术创建了一个屏幕切换系统。在该系统中，可以为每个屏幕应用独立的切换效果。还有，我们利用 Interpolation 类提供的几种插值算法为本项目创建了多种屏幕切换效果。

第 10 章将介绍如何使用声音发生器创建音效。更进一步，还将使用 LibGDX 提供的音频 API 为本项目添加背景音乐和声音效果。为了便于控制游戏的声音，我们还将创建一个音频管理器。

第 10 章
音效管理
Managing the Music and Sound Effects

本章将讲解如何管理游戏音乐和声音特效。LibGDX 提供了四个接口处理不同类型的音频数据。前两个接口用于播放音频文件，后两个接口允许我们对音频设备进行底层访问，包括发送和录制 Pulse Code Modulation（PCM）编码格式的原始音频数据。我们还将介绍几款常用的音频发生器。音频发生器可以高效地创建出理想的声音效果。

最后，我们将为 Canyon Bunny 游戏添加循环播放的背景音乐和事件触发的声音特效。还有，我们需要实现使用选项窗口的两个复选框和两个滑动控件控制背景音乐和声音特效的启停与音量大小。

10.1 播放音乐和音效
Playing back the music and sound effects

LibGDX 支持以下三种音频格式。

- .wav(RIEF WAVE)。
- .mp3(MPEG-2 Audio Layer Ⅲ)。
- .ogg(OGG Vorbis)。

> 但是 iOS 平台不支持 ogg 格式的音频，如果希望同时为 iOS 平台发布应用，则应尽量避免使用 ogg 格式的音频。

LibGDX 提供的 Music 接口和 Sound 接口用于两种情况下的音频播放。一般来说，声音（sound）不会超过一秒钟，如枪声、按键声等。使用 Sound 对象加载和解码的音频，播放时会直接将数据发送给音频设备。很明显，音频数据长时间保存在内存中将加大游戏对设备资源的依赖。相反，使用 Music 对象加载的音频会被当成音频流。这意味着只有将要播放的音频数据才会被解码到内存中，所以 Music 对象更适合播放持续时间较长的音频，如背景音乐。

音频数据必须解码之后才能发送到音频设备,所以 Music 对象可能需要更复杂的计算过程。相反,Sound 对象不存在上述问题,因为 Sound 对象在加载音频时已经解码了所有数据。因此,Sound 和 Music 在内存占用和性能上各有利弊。

接下来详细介绍 LibGDX 的 Sound 接口和 Music 接口。

10.1.1 Sound 接口

Sound 接口非常适合播放短暂的音频。在 LibGDX 中,创建 sound 实例可以使用 Gdx.audio 模块提供的 newSound()方法:

Sound sound = Gdx.audio.newSound(Gdx.files.internal("sound.wav"));

上述代码首先开辟一块内存空间,然后从 sound.wav 文件解码音频数据并保存到该空间中。Sound 接口实现了 Dispose 接口,这意味着当 sound 实例不再使用时必须调用 dispose()方法释放占用的内存资源,代码如下:

sound.dispose(); // 释放内存资源

Sound 接口提供的 play()方法用于启动播放,调用该方法将返回一个与当前音频关联的 ID。使用声音 ID 可以引用正在播放的声音实例。这种引用方法允许我们在后期对声音实例进行控制,如停止播放、调整音量、加减速播放、声道选择等。

对于一个没有播放的声音对象发送控制命令,LibGDX 将会忽略。

Sound 接口提供了多种启动播放的重载方法。这些方法包含许多可选的参数,如 volume、pitch 和 pan 等:

```
long play();
long play(float volume);
long play(float volume, float pitch, float pan);
long loop();
long loop(float volume);
long loop(float volume, float pitch, float pan);
```

volume 参数的取值范围是 0.0～1.0,取值越大,播放音量越大。调整 pitch 参数的大小可以加快或降低播放速度,例如,pitch 等于 1.0 表示以正常速度播放,大于 1.0 表示加速播放,小于 1.0 则表示减速播放。pan 参数用于切换声道,当 pan 等于 0.0 时,左右声道将以相同的音量播放;若等于负值,则只有左声道播放声音;若大于 0.0,则只有右声道播放声音。

想象一下某个场景包含两种声音:猫叫声和狗叫声。两种声音都已经加载到两个独立的 Sound 对象中,现在可以同时播放这两种声音的多个副本。如果要停止播放一种声音（cat 或 dog）的所有副本，则可以调用 stop() 方法。我们还可以为 stop() 方法传入声音 ID 来停止播放指定的声音副本，代码如下：

```
void stop();
void stop(long soundId);
```

下面这些方法用于控制正在播放的声音副本：

```
void setVolume(long soundId, float volume);
void setPan(long soundId, float pan, float volume);
void setPitch(long soundId, float pitch);
void setLooping(long soundId, boolean looping);
```

10.1.2 Music 接口

Music 接口非常适合播放持续时间较长的音频。Music 接口与 Sound 接口的设计非常相似。所以，创建 music 实例也需要使用 Gdx.audio 模块。不同的是，这里需要使用 newMusic() 方法，代码如下：

```
Music music = Gdx.audio.newMusic(Gdx.files.internal("music.mp3"));
```

Music 接口也实现了 Dispose 接口，所以，当 music 实例不再使用时，也必须调用以下方法释放资源：

```
music.dispose();  //释放内存资源
```

与 Sound 接口相似，Music 接口也提供了几种控制流音频的方法：

```
void play();
void pause();
void stop();
```

Music 接口提供了下面几种设置播放参数的方法：

```
void setPan(float pan, float volume);
void setVolume(float volume);
void setLooping(boolean isLooping);
```

Music 接口还提供了几种查询播放状态的方法，如当前播放的位置、是否仍在播放等：

```
boolean isPlaying();
float getPosition();
```

10.2 直接访问音频设备

Accessing the audio device directly

除了 Music 接口和 Sound 接口，LibGDX 还提供了两个底层的音频接口，分别是 AudioDevice 和 AudioRecorder。这两个接口允许我们直接访问音频设备，记录或发送 PCM 编码格式的原生音频数据。

10.2 直接访问音频设备

 目前 HTML5/GWT 项目还不支持直接访问音频设备。

10.2.1 AudioDevice 接口

AudioDevice 接口允许我们直接将原始的 PCM 编码数据发送到音频设备。发送数据前，首先要使用 Gdx.audio 模块的 newAudioDevice() 方法创建 AudioDevice 实例，代码如下：

AudioDevice audioDevice = Gdx.audio.newAudioDevice(44100, false);

上述代码创建了一个采样率为 44.1 kHz、立体声模式的 AudioDevice 实例。为了避免内存泄漏，当 AudioDevice 实例不再使用时，需要调用 dispose() 方法释放内存资源：
audioDevice.dispose(); //释放内存资源

为音频设备发送数据时，既可以使用 float 类型数组，也可以使用 16 bit 的整型（short）数组，代码如下：
void writeSamples(float[] samples, int offset, int numSamples);
void writeSamples(short[] samples, int offset, int numSamples);

offset 表示起始偏移量，numSamples 表示发送的数据长度。

 激活立体声模式意味着需要为两个独立的声道准备两份采样数据。立体声的采样过程是交错的，顺序是先左后右，即左声道完成一次采样后右声道采样一次，周而复始。假设我们希望使用 44.1 kHz 的采样率录取时长为 1 秒的声音，对于单声道模式需要 44100 次采样，而立体声模式则需要 88200 次采样。

10.2.2 AudioRecorder 接口

AudioRecorder 接口允许我们使用麦克风录制 16 位 PCM 格式编码的声音样本。创建 AudioRecorder 实例可以使用下面的代码：
AudioRecorder audioRecordedr = Gdx.audio.newAudioRecorder(44100, false);

AudioRecorder 接口的结构与 AudioDevice 接口的几乎一样。不再使用的 AudioRecorder 实例也必须调用下面的方法释放内存资源：
audioRecorder.dispose(); // 释放内存资源

记录采样数据可以使用下面的方法：
void read(short[] samples, int offset, int numSamples);

offset 和 length 参数决定了目标数组（samples）的重写范围。

10.3 使用声音发生器
Using sound generators

现在，我们已经知道如何在 LibGDX 中直接为音频设备发送原始数据。虽然可以利用上面介绍的 API 尝试创建自己的声音发生器，但是，开发声音发生器应用已经超出了本书的范围，而且，即便是经验丰富的程序员，这也是一项非常艰巨的任务。

其实，我们也完全没有必要创建自定义的声音发生器，因为可以很方便地获得一些强大的开源免费应用。使用这些免费的声音发生器可以在很短的时间里创建出理想的声音效果。sfxr 是一款非常不错的声音发生器，该软件于 2007 年发布，由 DrPetter 开发，广受独立开发者的青睐。一段时间后，出现了许多种 sfxr 的衍生版，如 bfxr、cfxr、as3sfxr 等。

10.3.1 sfxr 声音发生器

由于 sfxr 声音发生器操作简单、功能强大，受到广大独立游戏开发者的好评。在该工具中，只需简单地单击"RANDOMIZE"按钮便能获得一段美妙的声音。当然，所有的音频参数都是可调的。sfxr 最大的特点是提供了七种预设音效，分别是 **PICK/COIN**、**LASER/SHOOT**、**EXPLOSION**、**POWERUP**、**HIT/HURT**、**JUMP** 和 **BLIP/SELECT**，我们只需单击相应的按钮便能获得该音效。当我们获得了理想的声音效果时，便可以导出 .wav 格式的文件，然后在游戏中使用，如图 10-1 所示。

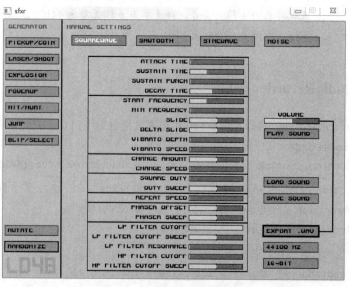

图 10-1

访问 https://code.google.com/p/sfxr/ 链接可以获得 sfxr 项目的源代码。

访问 http://www.superflashbros.net/as3sfxr/ 链接可以使用在线的 sfxr 声音发生器创建游戏声效。

10.3.2 cfxr 声音发生器

cfxr 声音发生器是 Joachim Bengtsson 于 2008 年基于 sfxr 开发的一款原生 Cocoa 应用（Mac OS），因此命名为 cfxr（Cocoa sfxr）。cfxr 增加了一个历史列表，用于保存用户已经创建的声音效果，该列表允许我们在多个声音效果之间进行切换。图 10-2 显示了 cfxr 声音发生器的用户界面。

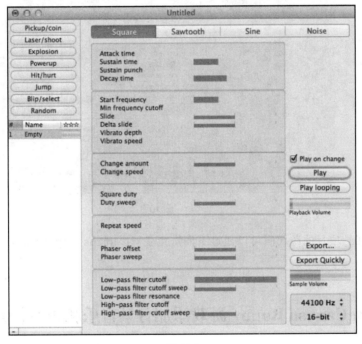

图 10-2

访问 https://github.com/nevyn/cfxr/ 链接可以下载到 cfxr 项目的源代码。

10.3.3 bfxr 声音发生器

bfxr 声音发生器最初由 Increpare 开发，该工具是当时最先进的一个版本。bfxr 声音发生器增加了一些额外的波形格式和混合器，以便创建更加复杂的声音效果。bfxr 声音发生器支持工程文件，可以将当前创建的进程保存到文件中，以便后续再次修改。这是一项非常有用的功能，而且 sfxr 声音发生器和 cfxr 声音发生器都不支持。另外，还可以（通过左侧锁定图标）锁定每个可修改的音频参数，禁止使用 Randomize 和 Mutation 时发生变化。bfxr 的用户界面如图 10-3 所示。

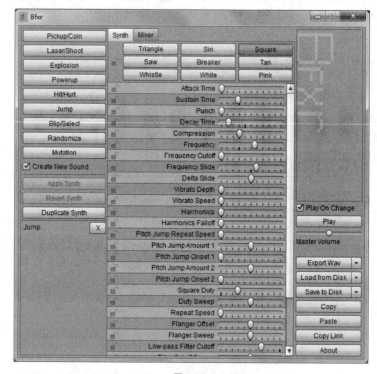

图 10-3

bfxr 项目的源代码可以通过下面链接获得：https://github.com/increpare/bfxr/。

10.4 为 Canyon Bunny 游戏添加背景音乐和声音特效

Adding music and sounds to Canyon Bunny

接下来为 Canyon Bunny 游戏添加背景音乐和声音特效。首先，我们要知道游戏需要哪些音频文件。接着要将这些文件拷贝到 assets 目录中。

> 本书使用的所有资源，包括项目文件，都可以在 Packt 出版社的官方网站进行下载。

表 10-1 列举了 Canyon Bunny 游戏所需的音频文件和简要介绍。

声音特效（由 bfxr 创建）包含以下几种，如表 10-1 所示。

表 10-1

文件名	事件
jump.wav	玩家跳跃时播放
Jump_with_feather.wav	玩家在空中飞行时播放（必须激活 feather 道具）
pickup_coin.wav	玩家收集到一枚金币道具时播放
pickup_feather.wav	玩家收集到一枚羽毛道具时播放
live_lost.wav	玩家失去一条生命时播放

背景音乐（由 Keith303 提供）只有一种，如表 10-2 所示。

表 10-2

文件名	事件
keith303_-_brand_new_highscore.mp3	当应用启动时开始循环播放

将上述音频资源分类拷贝到 CanyonBunny-android/assets/ 目录下的 music 和 sound 文件夹。图 10-4 显示了 assets 文件夹最终的目录结构。

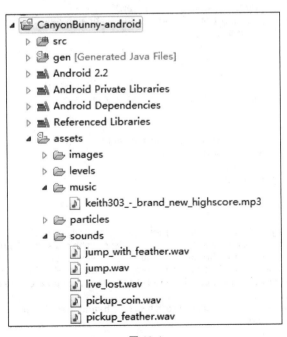

图 10-4

为了让访问音频资源像访问纹理资源那样简单，接下来要更新 Assets 类，加载并组织音频资源。还有，音频资源也需要使用 AssetManager 对象进行加载和清除。

首先为 Assets 类导入下面的代码：

```
import com.badlogic.gdx.audio.Music;
import com.badlogic.gdx.audio.Sound;
```

接着添加下面的代码：

```
public AssetSounds sounds;
public AssetMusic music;

public class AssetSounds {
    public final Sound jump;
    public final Sound jumpWithFeather;
    public final Sound pickupCoin;
    public final Sound pickupFeather;
    public final Sound liveLost;
    public AssetSounds (AssetManager am) {
        jump = am.get("sounds/jump.wav", Sound.class);
        jumpWithFeather = am.get("sounds/jump_with_feather.wav",Sound.class);
        pickupCoin = am.get("sounds/pickup_coin.wav", Sound.class);
        pickupFeather = am.get("sounds/pickup_feather.wav", Sound.class);
        liveLost = am.get("sounds/live_lost.wav", Sound.class);
    }
}

public class AssetMusic {
    public final Music song01;

    public AssetMusic (AssetManager am) {
        song01 = am.get("music/keith303_-_brand_new_highscore.mp3",
            Music.class);
    }
}
```

上述代码为 Assets 类创建了两个内部类，分别是 AssetSounds 和 AssetMusic。我们使用这两个内部类封装了所有声音特效和背景音乐。接下来根据下面的代码修改 init()方法：

```
public void init (AssetManager assetManager) {
    this.assetManager = assetManager;
    // 设置资源管理器的错误处理对象
    assetManager.setErrorListener(this);
    // 预加载纹理集资源
    assetManager.load(Constants.TEXTURE_ATLAS_OBJECTS,TextureAtlas.class);
    // 预加载声音
    assetManager.load("sounds/jump.wav", Sound.class);
    assetManager.load("sounds/jump_with_feather.wav", Sound.class);
    assetManager.load("sounds/pickup_coin.wav", Sound.class);
    assetManager.load("sounds/pickup_feather.wav", Sound.class);
    assetManager.load("sounds/live_lost.wav", Sound.class);
    // 预加载音乐
    assetManager.load("music/keith303_-_brand_new_highscore.mp3",
        Music.class);
    // 开始加载资源
    assetManager.finishLoading();
    Gdx.app.debug(TAG, "# of assets loaded: " +
        assetManager.getAssetNames().size);
    for(String a : assetManager.getAssetNames()) {
        Gdx.app.debug(TAG, "asset: " + a);
```

```
    }
    TextureAtlas atlas = assetManager.get(Constants.TEXTURE_ATLAS_OBJECTS);

    // 激活平滑纹理过滤
    for (Texture t : atlas.getTextures()) {
        t.setFilter(TextureFilter.Linear, TextureFilter.Linear);
    }

    // 创建游戏资源对象
    fonts = new AssetFonts();
    bunny = new AssetBunny(atlas);
    rock = new AssetRock(atlas);
    goldCoin = new AssetGoldCoin(atlas);
    feather = new AssetFeather(atlas);
    levelDecoration = new AssetLevelDecoration(atlas);
    sounds = new AssetSounds(assetManager);
    music = new AssetMusic(assetManager);
}
```

上述代码首先为资源管理器预加载了所有音频文件,接着又创建了 `AssetSounds` 实例和 `AssetMusic` 实例。接下来我们必须将声音设置与选项窗口的设置进行关联,如图 10-5 所示。

可能你会认为,我们只要在每一处需要播放声音的地方调用 `Sound` 对象或 `Music` 对象的 `play()` 方法即可。但这样做存在一个问题:必须在每处播放检查声音的设置,这样会导致代码混乱,难以阅读,降低代码的重用性。因此,我们要创建一个音频管理器作为游戏声音的控制中心,接下来根据下面的步骤创建音频管理器。

图 10-5

首先创建 `AudioMangager` 类,然后添加下面的代码:

```
package com.packtpub.libgdx.canyonbunny.util;

import com.badlogic.gdx.audio.Music;
import com.badlogic.gdx.audio.Sound;

public class AudioManager {
    public static final AudioManager instance = new AudioManager();

    private Music playingMusic;

    // 单例类: 阻止用户在其他类中创建实例
    private AudioManager () {
    }

    public void play (Sound sound) {
        play(sound, 1);
    }

    public void play (Sound sound, float volume) {
```

```java
        play(sound, volume, 1);
    }
    public void play (Sound sound, float volume, float pitch) {
        play(sound, volume, pitch, 0);
    }
    public void play (Sound sound, float volume, float pitch, float pan) {
        if (!GamePerferences.instance.sound) return;
        sound.play(GamePerferences.instance.volSound * volume, pitch, pan);
    }
}
```

上述代码实现了一个单态的 AudioManager 类，因此可以在任何地方直接访问该类。AudioManager 类重载了多个与 Sound 接口和 Music 接口相似的 play() 方法。重载方法的一大好处是可以任意选择输入参数。play() 方法内部首先会检查 GamePreferences 实例的 sound 成员变量。假设 Options 窗口的 sounds 复选框没有选中，那么 GamePreferences.instance.sound 变量将等于 false，最终，play() 方法是不会播放任何音频的。

接下来为 AudioManager 类添加下面的代码：

```java
public void play (Music music) {
    stopMusic();
    playingMusic = music;
    if (GamePreferences.instance.music) {
        music.setLooping(true);
        music.setVolume(GamePreferences.instance.volMusic);
        music.play();
    }
}

public void stopMusic () {
    if (playingMusic != null) playingMusic.stop();
}

public Music getPlayingMusic () {
    return playingMusic;
}

public void onSettingsUpdated () {
    if (playingMusic == null) return;
    playingMusic.setVolume(GamePreferences.instance.volMusic);
    if (GamePreferences.instance.music) {
        if (!playingMusic.isPlaying()) playingMusic.play();
    } else {
        playingMusic.pause();
    }
}
```

上述代码添加了另一个重载的 play() 方法，该方法用于执行 Music 实例的播放。如果背景音乐正在播放，则首先停止播放，然后初始化 playingMusic 成员变量，以便后续引用。当 Options 窗口的 Music 设置发生变化时，需要及时更新 Music 的播放状态，此时可调用 onSettingsUpdated() 方法。

接下来将选项窗口的 Music 设置与音频管理器关联。首先为 MenuScreen 类添加下

面的代码:

```
import com.packtpub.libgdx.canyonbunny.util.AudioManager;
```

接着修改 onCancelClicked()方法,代码如下:

```
private void onCancelClicked() {
    btnMenuPlay.setVisible(true);
    btnMenuOptions.setVisible(true);
    winOptions.setVisible(false);
    AudioManager.instance.onSettingsUpdated();
}
```

上述代码在 **Options** 窗口关闭(单击"Save"按钮或"Cancel"按钮)后,及时更新了背景音乐的播放状态。

接下来为 CanyonBunnyMain 类添加下面的代码:

```
import com.packtpub.libgdx.canyonbunny.util.AudioManager;
import com.packtpub.libgdx.canyonbunny.util.GamePreferences;
```

接着根据下面的代码修改 CanyonBunnyMain 类:

```
@Override
public void create () {
    // 设置日志级别
    Gdx.app.setLogLevel(Application.LOG_DEBUG);

    // 加载资源
    Assets.instance.init(new AssetManager());

    // 加载声音设置并开始播放背景音乐
    GamePreferences.instance.load();
    AudioManager.instance.play(Assets.instance.music.song01);

    // 启动菜单屏幕
    ScreenTransition transition = ScreenTransitionSlice.init(2,
        ScreenTransitionSlice.UP_DOWN, 10, Interpolation.pow5Out);
    setScreen(new MenuScreen(this), transition);
}
```

上面添加的代码首先更新声音设置,接着启动播放背景音乐。播放背景音乐使用的是 AudioManager 类的 play()方法,该方法内部首先检查 Music 设置,然后开始播放 Music 实例。

> LibGDX 会自动处理 Music 的暂停和重启事件,因此,我们无需为背景音乐再添加任何控制代码。

接下来在 WorldController 类中添加下面的代码:

```
import com.packtpub.libgdx.canyonbunny.util.AudioManager;
```

接着根据下面的代码修改 WorldController 类:

```
public void update (float deltaTime) {
    handleDebugInput(deltaTime);
    if (isGameOver()) {
```

```
            timeLeftGameOverDelay -= deltaTime;
            if (timeLeftGameOverDelay < 0) backToMenu();
        } else {
            handleInputGame(deltaTime);
        }
        level.update(deltaTime);
        testCollisions();
        cameraHelper.update(deltaTime);
        if (!isGameOver() && isPlayerInWater()) {
            AudioManager.instance.play(Assets.instance.sounds.liveLost);
            lives--;
            if (isGameOver())
                timeLeftGameOverDelay = Constants.TIME_DELAY_GAME_OVER;
            else
                initLevel();
        }
        level.mountains.updateScrollPosition(cameraHelper.getPosition());
        if (livesVisual > lives)
            livesVisual = Math.max(lives, livesVisual - 1 * deltaTime);
        if (scoreVisual < score)
            scoreVisual = Math.min(score, scoreVisual + 250 * deltaTime);
    }

    private void onCollisionBunnyWithGoldCoin (GoldCoin goldcoin) {
        goldcoin.collected = true;
        AudioManager.instance.play(Assets.instance.sounds.pickupCoin);
        score += goldcoin.getScore();
        Gdx.app.log(TAG, "Gold coin collected");
    }

    private void onCollisionBunnyWithFeather (Feather feather) {
        feather.collected = true;
        AudioManager.instance.play(Assets.instance.sounds.pickupFeather);
        score += feather.getScore();
        level.bunnyHead.setFeatherPowerup(true);
        Gdx.app.log(TAG, "Feather collected");
    }
```

上面的代码分别为 Life Lost、Picked up Gold Coin 以及 Picked up Feather 游戏事件添加了相应的声音效果。

下一步为 BunnyHead 类添加下面两行代码:

```
import com.badlogic.gdx.math.MathUtils;
import com.packtpub.libgdx.canyonbunny.util.AudioManager;
```

接着根据下面的代码修改 BunnyHead 类:

```
public void setJumping (boolean jumpKeyPressed) {
    switch (jumpState) {
        case GROUNDED: // 玩家角色站在 rock 平台上
            if (jumpKeyPressed) {
                AudioManager.instance.play(Assets.instance.sounds.jump);
                // 开始计时跳跃经过的时间
                timeJumping = 0;
                jumpState = JUMP_STATE.JUMP_RISING;
            }
            break;
        case JUMP_RISING: // 上升状态
            if (!jumpKeyPressed) {
```

```
            jumpState = JUMP_STATE.JUMP_FALLING;
        }
        break;
    case FALLING://掉落状态
    case JUMP_FALLING: // 完成一个跳跃后的下降状态
        if (jumpKeyPressed && hasFeatherPowerup) {
            AudioManager.instance.play(
                Assets.instance.sounds.jumpWithFeather, 1,
                MathUtils.random(1.0f, 1.1f));
            timeJumping = JUMP_TIME_OFFSET_FLYING;
            jumpState = JUMP_STATE.JUMP_RISING;
        }
        break;
    }
}
```

在上述代码中，当 `BunnyHead` 对象发生 `jumped` 或 `jumpWithFeather` 事件时将触发相应声音的播放。播放 `jumpWithFeather` 事件的声音效果时，我们使用了带参数的 `play()` 方法。值得注意的是，我们为 `pitch` 参数传递了一个取值范围在 1.0~1.1 的随机数，这是为了创建一个非常有趣的重复音效。

 目前 GWT 后端还不支持加减速播放，如果在代码中使用了该功能，WebGL 平台将忽略相应方法的调用，继续以正常速度播放声音。

10.5 总结
Summary

本章首先介绍了如何使用 LibGDX 提供的四种音频接口，包括 `Sound`、`Music`、`AudioDevice` 和 `AudioRecorder`。其次介绍了几款开源免费的声音发生器，然后使用 bfxr 工具为 Canyon Bunny 游戏创建了多种声音效果。接着创建了一个音频管理器作为游戏的声音控制中心。最后为应用添加了背景音乐及事件触发的声音效果。

第 11 章将介绍一些高级技术，包括 2D 物理引擎 Box2D、着色器以及加速传感器的使用方法。

第 11 章 高级技术
Advanced Programming Techniques

本章将介绍一款非常优秀的物理引擎——Box2D。Box2D 是一款专注于模拟 2D 空间刚体的 C++引擎。在学习完本章有关 Box2D 的基础内容之后，我们将为 Canyon Bunny 游戏创建一个由玩家在关卡终点触发的小型物理模拟系统。既然要定位关卡终点，那么就要创建一个新的游戏对象。

接着我们讨论着色器（shader）的创建方法。简单来说，shader 就是一段可以被 Graphics Processing Unit（GPU）直接执行的程序。为了创建一种简单的单色过滤效果，我们将实现一个包含顶点着色器（vertex shader）和片段着色器（fragment shader）的着色程序。

着色器和物理引擎都是非常复杂的话题。每位出色的程序员都应该（至少）拥有一本有关这方面内容的书籍。尽管如此，也可将本章作为启发教程，以便将来更深入地学习这些高级技术。

如今，大部分移动设备都已经集成加速传感器。该传感器允许我们通过获取三个轴向的加速度值来判断设备在空间的状态。在本章的最后一部分，我们将为 Canyon Bunny 游戏实现使用加速传感器控制玩家角色移动的功能。

综上所述，本章将介绍以下内容。

- 2D 物理引擎 Box2D。
- 着色器。
- 使用加速传感器控制 bunny head 对象的移动。

11.1 使用 Box2D 模拟物理
Simulating physics with Box2D

Box2D 是由 Erin Catto 开发的一款模拟 2D 空间刚体的开源物理引擎。该引擎使用独立于平台的 C++代码开发，广泛应用于各大服务框架、游戏引擎及其他编程语言。

如果你从来没有感受过 Box2D 所带来的游戏体验，应该先了解几款出色的游戏，如愤怒的小鸟（Angry Birds）、地狱边境（Limbo）、Tiny Wings 和蜡笔物理学（Crayon Physics Deluxe）。

LibGDX 使用 Java JNI 编程直接集成了 C++版的 Box2D 引擎，保持了原有的 API 名称（见图 11-1）。所以，学习 Box2D 可以直接使用 C++版的参考文档、示例、官方手册，而不需要寻找 LibGDX 版的 Box2D 教程。

图 11-1

有关 Box2D 的更多内容，请访问官方网站：`http://www.box2d.org/`。

有关 LibGDX 集成的 Box2D 等内容请访问官方 wiki：`https://github.com/ libgdx/libgdx/wiki/ox2d/`。

如果希望获取更多有关 Box2D 的教程，可以访问下面链接：

- C++：`http://www.iforce2d.net/b2dtut/`。
- Objective-C：`http://www.raywenderlich.com/28602/intro-to-box2d-with-cocos2d-2-tutorial-bouncling-balls`。
- Flash：`http://www.emanueleferonato.com/category/box2d/`。
- JavaScrit：`http://blog.sethladd.com/2011/09/box2d-collision-damage-for-javascript.html`。

11.1.1 Box2D 的基础概念

接下来介绍 Box2D 背后的一些实现思想，以及如何定义并创建模拟现实刚性物体的虚拟世界。

理解刚性物体

首先让我们弄清楚这个看似神秘的概念——刚性物体。从物理意义上讲，刚性物体是一种由物质组成并具有许多物理属性的物体，属性包含位置、方向等。现实中，我们也把这些物体称为对象。在 Box2D 中，刚性物体用于描述一种由固态物质组成并且不会因为受力而发生形变的理想化物体。从现在开始，我们将刚性物体统称为刚体。还有，需要记住 Box2D 只支持刚体的物理模拟。

> LibGDX 还集成了开源物理引擎 Bullet。与 Box2D 不同的是，Bullet 并不局限于 2D 空间和刚体对象，它还支持 3D 空间以及柔体的物理模拟。然而，本章只专注于 Box2D 的学习，因为 3D 物理模拟又是一个非常高级的话题。

刚体除了包含 2D 位置、方向，还具有以下属性。

- 质量（kg）。
- 速度（m/s）。
- 角速度（rad/s）。

刚体类型

Box2D 支持以下三种类型的刚体。

- **Static**：静态刚体。静态刚体不能与静态刚体、可移动刚体发生碰撞。通常这类刚体用于模拟地板、墙面、固定平台等。
- **Kinematic**：可移动刚体。该类刚体的位置可以手动更新，也可以根据速度自动更新。使用速度更新位置是最常用的和最可靠的方式。可移动刚体不能与静态刚体、可移动刚体发生碰撞。通常这类刚体用于模拟匀速运动的对象（如电梯）或用于反弹动态刚体。
- **Dynamic**：动态刚体。这类刚体可以通过手动或受力更新位置。动态刚体可以和 Box2D 支持的所有类型刚体发生碰撞。常用于模拟角色、敌人、道具等。

> 在现实中，人类和任何可移动的物体都是动态的，它们之间可能随时会发生碰撞。然而，对于那些不移动的物体，如树、房子等，可以将其理解为静态类型。静态类型的物体不会主动与动态类型的物体发生碰撞，相反，动态类型的物体会主动与其他任何类型的物体发生碰撞。可移动类型的刚体可以理解为不受外力影响的对象，电梯就是一个典型的例子。

形状

Box2D 使用形状（shapes）以几何的方式来描述对象在 2D 空间中的边界。例如，使用半径描述圆形、使用宽度和高度描述矩形、使用一组顶点描述多边形。形状定义的区域用于碰撞检测。关于多边形的创建方法，请参考 Box2D 官方手册 4.4 Polyon Shapes。

夹具

夹具（fixtures）是刚体的属性对象，该对象关联着刚体的形状属性和其他物理属性，如密度、摩擦力、恢复力等。由于形状参数封装在夹具中，因此刚体对象必须通过关联夹具对象才能应用形状参数。所以，夹具在 Box2D 中扮演着重要角色。更多内容请参考 Box2D 官方手册 6.2 Fixture Creation。

模拟世界

模拟世界是一个虚拟的沙盒，其内部就是执行物理模拟的地方。每个刚体对象以及对应的夹具和形状都需要被添加到模拟世界，参与物理模拟。

Box2D 是一款功能非常健全的引擎，它还包含许多内容，如 **Constraints**、**Joints**、**Sensors** 和 **Contact Listener** 等。但这些内容已经超出了本书的范围，所以不再介绍。

如果希望深入了解 Box2D，可以使用下面的链接下载官方手册进行学习：http://www.box2d.org/manual.pdf。

11.1.2 Physics Body Editor

使用代码直接创建复杂的刚体是一项非常耗时的任务。幸运的是，Aurélien Ribon 开发了一款用于简化刚体对象创建的工具——Physics Body Editor。该工具允许我们通过图形化编辑界面创建复杂的刚体对象，而且该工具还提供了许多强大的功能，如凹多边形到凸多边形的分解、追踪图像轮廓以及碰撞测试。

可以访问官方项目网站了解更多的内容：https://code.google.com/p/box2d-editor/。图 11-2 显示了 Physics Body Editor 工具创建刚体时的工作界面。

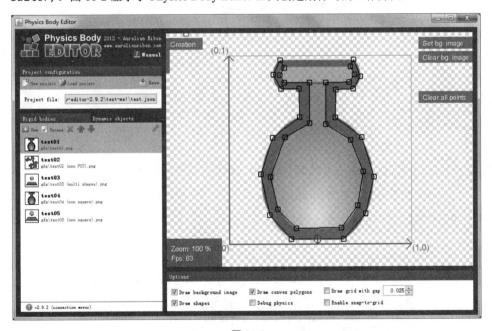

图 11-2

11.1.3 为项目添加 Box2D

从 1.0.0 版以后，LibGDX 将 Box2D 从 `gdx.jar` 库分离了出来，并作为一个独立的扩展库实现。如果你是 Gradle 用户，那么可以在创建项目时勾选 **Box2D** 复选框来添加库依赖。

基于 Gradle 项目添加 Box2d 依赖

如果使用 Gradle 工具创建项目时没有勾选 **Box2D** 复选框，那么需要手动添加相关依赖。Gradle 项目的配置内容全部集成在根目录的 `build.gradle` 文件中。进入 `C:/libgdx/` 目录，然后使用文本编辑器（Notepad 或 WordPad）打开 `build.gradle` 文件，如图 11-3 所示。

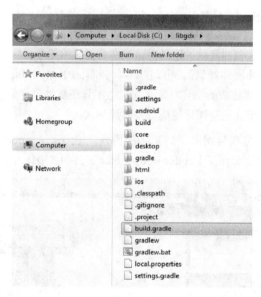

图 11-3

接下来根据下面的步骤修改 `build.gradle` 文件的代码：

- 为桌面平台添加 Box2D 依赖：

```
project(":desktop") {
    apply plugin: "java"

    dependencies {
        compile project(":core")
        compile "com.badlogicgames.gdx:gdx-backend-lwjgl:$gdxVersion"
        compile "com.badlogicgames.gdx:gdx-platform:$gdxVersion:natives-desktop"
        compile "com.badlogicgames.gdx:gdx-box2d-platform:$gdxVersion:natives-desktop"
        compile "com.badlogicgames.gdx:gdx-tools:$gdxVersion"
    }
}
```

- 为 Android 平台添加 Box2D 依赖：

```
project(":android") {
    apply plugin: "android"
    configurations { natives }
    dependencies {
        compile project(":core")
        compile "com.badlogicgames.gdx:gdx-backend-android:$gdxVersion"
```

```
        natives "com.badlogicgames.gdx:gdx-
        platform:$gdxVersion:natives-armeabi"
        natives "com.badlogicgames.gdx:gdx-
        platform:$gdxVersion:natives-armeabi-v7a"
        natives "com.badlogicgames.gdx:gdx-
        platform:$gdxVersion:natives-x86"
        compile "com.badlogicgames.gdx:gdx-box2d:$gdxVersion"
        natives "com.badlogicgames.gdx:gdx-box2d-
        platform:$gdxVersion:natives-armeabi"
        natives "com.badlogicgames.gdx:gdx-box2d-
        platform:$gdxVersion:natives-armeabi-v7a"
        natives "com.badlogicgames.gdx:gdx-box2d-
        platform:$gdxVersion:natives-x86"
    }
}
```

- 为 iOS 平台添加 Box2D 依赖：

```
project(":ios") {
    apply plugin: "java"
    apply plugin: "robovm"、

    configurations { natives }

    dependencies {
        compile project(":core")
        compile "org.robovm:robovm-rt:${roboVMVersion}"
        compile "org.robovm:robovm-cocoatouch:${roboVMVersion}"
        compile "com.badlogicgames.gdx:gdx-backend-robovm:$gdxVersion"
        natives "com.badlogicgames.gdx:gdx-
        platform:$gdxVersion:natives-ios"
        natives "com.badlogicgames.gdx:gdx-box2d-
        platform:$gdxVersion:natives-ios"
    }
}
```

- 为 HTML 平台添加 Box2D 依赖：

```
project(":html") {
    apply plugin: "gwt"
    apply plugin: "war"
    dependencies {
        compile project(":core")
        compile "com.badlogicgames.gdx:gdx-backend-gwt:$gdxVersion"
        compile "com.badlogicgames.gdx:gdx:$gdxVersion:sources"
        compile "com.badlogicgames.gdx:gdx-backend-
        gwt:$gdxVersion:sources"
        compile "com.badlogicgames.gdx:gdx-box2d:$gdxVersion:sources"
        compile "com.badlogicgames.gdx:gdx-box2d-gwt:$gdxVersion:sources"
    }
}
```

- 为共享项目添加 Box2D 依赖：

```
project(":core") {
    apply plugin: "java"
    dependencies {
        compile "com.badlogicgames.gdx:gdx:$gdxVersion"
        compile "com.badlogicgames.gdx:gdx-box2d:$gdxVersion"
    }
}
```

接下来需要更新项目依赖。首先选中五个项目；然后单击 **Gradle** 菜单，再选择 **Refresh Dependencies** 选项。

非 Gradle 项目添加 Box2D 依赖

接下来讲解如何为旧版工具创建的项目添加 Box2D 依赖。首先要为每个项目添加必要库文件（JAR），然后将库文件添加到项目的构建路径中。Box2D 的库文件可以从第 1 章下载的 `libgdx-1.2.0` 压缩包中找到。接下来按照下面的步骤为项目添加 Box2D 依赖。

(1) 将 `gdx-box2d.jar` 拷贝到 `CanyonBunny` 项目的 `libs` 文件夹中。

(2) 将 `gdx-box2d-native.jar` 拷贝到 `CanyonBunny-desktop` 项目的 `libs` 文件夹中。

(3) 将 `armeabi`、`armeabi-v7a` 和 `x86` 三个文件夹下的 `libgdx-box2d.so` 文件拷贝到 `CanyonBunny-android` 项目的相应文件夹中。

(4) 将`gdx-box2d-gwt.jar` 和 `gdx-box2d-gwt-sources.jar`拷贝到`CanyonBunny-html` 项目的 `war\WEB-INF\lib` 目录下。

(5) 在 `CanyonBunny-html` 项目的 `GwtDefinition.gwt.xml` 文件中添加下面一行代码：

```
<inherits name='com.badlogic.gdx.physics.box2d.box2d-gwt'/>
```

(6) 将 `libgdx-box2d.a` 文件拷贝到 `CanyonBunny-robovm` 项目的 `libs/ios` 文件夹内，然后根据下面的代码修改 `robovm.xml` 文件：

```
<libs>
<lib>libs/ios/libgdx.a</lib>
<lib>libs/ios/libObjectAL.a</lib>
<lib>libs/ios/libgdx-box2d.a</lib>
</libs>
```

(7) 将扩展库添加到项目的构建路径中，右击刚刚添加的每一个库文件并选择 **Build Path** 菜单的 **Add to build path** 选项。

现在已经完成了所有配置任务，接下来为游戏实现"rain carrots"物理模拟。

11.1.4 为 Canyon Bunny 创建 "rain carrots"

rain carrots？可能你一时无法理解，等学习了本节内容，就会清楚 rain carrots 到底是什么。首先要为游戏添加两个新对象：一个是用于定位关卡终点的 goal 对象；另一个是用于物理模拟的 carrot 对象。其次要稍微修改关卡图片和关卡加载器，以便游戏可以自动加载并创建 goal 对象。

首先让我们观察一下整个物理模拟的最终效果，接下来将按照图 11-4 逐步实现该物理模拟效果。

图 11-4

从图 11-4 中可以看到，即将实现的物理模拟可以形容为，从天上抛洒许多胡萝卜，抛出的胡萝卜在空间做自由落体运动，直到与地面发生碰撞，然后弹起，最终停止运动。此次模拟由玩家角色与 goal 对象碰撞时触发。

添加资源

首先将 carrot.png 和 goal.png 两张图片资源拷贝到 CanyonBunny-desktop 项目的 /assets-raw/images/ 目录下。记住，不要忘记更新纹理集资源。完成之后，为即将创建的游戏对象添加全局资源。

打开 Assets 类所在源文件，在 AssetLevelDecoration 内部类中添加下面的成员变量：

```
public final AtlasRegion carrot;
public final AtlasRegion goal;
```

接下来按照下面的代码修改 AssetLevelDecoration 类：

```
public AssetLevelDecoration (TextureAtlas atlas) {
    waterOverlay = atlas.findRegion("water_overlay");
    carrot = atlas.findRegion("carrot");
    goal = atlas.findRegion("goal");
}
```

创建胡萝卜对象

carrot 是一个非常普通的游戏对象，图 11-5 显示了即将创建的 carrot 对象。

接下来创建 Canrrot 类并添加下面的代码：

图 11-5

```
package com.packtpub.libgdx.canyonbunny.game.objects;

import com.badlogic.gdx.graphics.g2d.SpriteBatch;
import com.badlogic.gdx.graphics.g2d.TextureRegion;
import com.packtpub.libgdx.canyonbunny.game.Assets;

public class Carrot extends AbstractGameObject {
    private TextureRegion regCarrot;

    public Carrot () {
        init();
    }

    private void init () {
        dimension.set(0.25f, 0.5f);

        regCarrot = Assets.instance.levelDecoration.carrot;

        // 设置边界矩形
        bounds.set(0, 0, dimension.x, dimension.y);
        origin.set(dimension.x / 2, dimension.y / 2);
    }

    public void render (SpriteBatch batch) {
        TextureRegion reg = null;

        reg = regCarrot;
        batch.draw(reg.getTexture(), position.x - origin.x, position.y -
            origin.y, origin.x, origin.y, dimension.x, dimension.y,
            scale.x, scale.y, rotation, reg.getRegionX(),
            reg.getRegionY(), reg.getRegionWidth(),
            reg.getRegionHeight(), false,false);
    }
}
```

创建 goal 对象

图 11-6 显示了用于标记关卡终点的 goal 对象。

图 11-6

接下来创建 Goal 类并添加下面的代码：

```
package com.packtpub.libgdx.canyonbunny.game.objects;

import com.badlogic.gdx.graphics.g2d.SpriteBatch;
import com.badlogic.gdx.graphics.g2d.TextureRegion;
import com.packtpub.libgdx.canyonbunny.game.Assets;

public class Goal extends AbstractGameObject {
    private TextureRegion regGoal;

    public Goal () {
        init();
    }

    private void init () {
        dimension.set(3.0f, 3.0f);
        regGoal = Assets.instance.levelDecoration.goal;

        // 设置边界矩形
        bounds.set(1, Float.MIN_VALUE, 10, Float.MAX_VALUE);
        origin.set(dimension.x / 2.0f, 0.0f);
    }

    public void render (SpriteBatch batch) {
        TextureRegion reg = null;

        reg = regGoal;
        batch.draw(reg.getTexture(), position.x - origin.x, position.y -
            origin.y, origin.x, origin.y, dimension.x, dimension.y,
            scale.x, scale.y, rotation, reg.getRegionX(),
            reg.getRegionY(), reg.getRegionWidth(),
            reg.getRegionHeight(), false,false);
    }
}
```

关于上述代码创建的 goal 对象，需要说明一点，该对象边界矩形的高度相比其他对象要大得多。这样设置是为了确保角色对象总能与 goal 对象发生碰撞，进而触发物理模拟的执行。

升级关卡

接下来需要在关卡图片中添加 goal 对象。我们知道，在关卡图片中，每种颜色的像素代表一个特定的游戏对象。因此，需要为 goal 对象选择一种代表色，这里选择红色，如图 11-7 所示。当然你也可以选择其他颜色，只要不与前面创建的对象发生冲突即可。

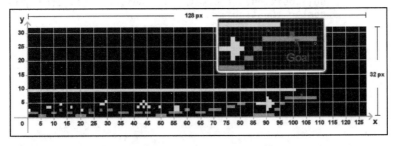

图 11-7

很明显，goal 对象应该放置在关卡的最右端，表示只有玩家通过努力才能抵达的终点。此次，我们将 goal 对象放置在由金币组成的箭头所指向的那个长平台的中间位置。

接下来修改关卡加载器，以便游戏可以正确识别红色像素并加载 goal 对象。

首先为 Level 类添加下面的代码：

```
import com.packtpub.libgdx.canyonbunny.game.objects.Carrot;
import com.packtpub.libgdx.canyonbunny.game.objects.Goal;
```

接着为 Level 类添加下面两个成员变量：

```
public Array<Carrot> carrots;
public Goal goal;
```

进一步为 BLOCK_TYPE 类型添加下面的常量，以确保定义了 goal 对象的代表色：

```
GOAL(255, 0, 0), // 红色
```

接下来按照下面的代码修改 init() 方法。首先为 carrot 对象创建一个列表，接着添加逻辑代码，当从关卡图片中发现相应颜色的像素时创建 goal 对象：

```
private void init (String filename) {
    ...
    // 游戏对象
    rocks = new Array<Rock>();
    goldcoins = new Array<GoldCoin>();
    feathers = new Array<Feather>();
    carrots = new Array<Carrot>();

    // 加载关卡图片
    Pixmap pixmap = new Pixmap(Gdx.files.internal(filename));
    // 从图片左上角逐行扫描直至右下角
    int lastPixel = -1;
    for (int pixelY = 0; pixelY < pixmap.getHeight(); pixelY++) {
        for (int pixelX = 0; pixelX < pixmap.getWidth(); pixelX++) {
            ...
            // gold coin 对象
            else if
            (BLOCK_TYPE.ITEM_GOLD_COIN.sameColor(currentPixel)) {
                ...
            }
            // goal 对象
            else if (BLOCK_TYPE.GOAL.sameColor(currentPixel)) {
                obj = new Goal();
                offsetHeight = -7.0f;
                obj.position.set(pixelX, baseHeight + offsetHeight);
                goal = (Goal)obj;
            }
            // 未定义对象或颜色
            else {
                ...
            }
            lastPixel = currentPixel;
        }
    }
}
```

为了正确更新和渲染每个 carrot 对象及 goal 对象，最后按照下面的代码修改 Level

类的 update()方法和 render()方法:

```
public void update (float deltaTime) {
    // 羽毛道具
    for (Feather feather : feathers)
        feather.update(deltaTime);
    for (Carrot carrot : carrots)
        carrot.update(deltaTime);
    // 云朵
    clouds.update(deltaTime);
}
public void render (SpriteBatch batch) {
    // 渲染 Mountains
    mountains.render(batch);
    // 渲染 Goal
    goal.render(batch);
    // 渲染 Rocks
    for (Rock rock : rocks)
        rock.render(batch);
    ...
    // 渲染 Feathers
    for (Feather feather : feathers)
        feather.render(batch);
    // 渲染 Carrots
    for (Carrot carrot : carrots)
        carrot.render(batch);
    // 渲染玩家角色
    bunnyHead.render(batch);
    ...
}
```

运行游戏并验证是否可以正确加载 goal 对象。可以预料的是，当角色对象经过 goal 对象时并不会发生任何事情。因为我们还没有为这一事件添加任何处理代码，接下来将完成这项任务。

11.1.5 实现 rain carrots

下面开始实现 Box2D 物理模拟的细节。还记得之前为 Canyon Bunny 游戏添加的物理模拟系统吗？虽然我们并不打算使用 Box2D 替换这一模拟系统，但实际上两者之中的任何一个都能很好地满足本项目的要求。换句话说，接下来希望为 Canyon Bunny 游戏添加一个 Box2D 版的可选物理模拟系统。但是，之前创建的物理模拟系统任务不变，继续处理碰撞检测和运动模拟，新添加的 Box2D 模拟系统仅用于演示 rain carrots 效果。

首先为 AbstractGameObject 类添加下面的代码:

```
import com.badlogic.gdx.physics.box2d.Body;
```

接着添加下面的成员变量:

```
public Body body;
```

Body 类表示本章一开始引入的刚性物体的概念，即刚体。接下来按照下面的代码修改 update() 方法：

```java
public void update (float deltaTime) {
    if (body == null) {
        updateMotionX(deltaTime);
        updateMotionY(deltaTime);

        // 更新位置
        position.x += velocity.x * deltaTime;
        position.y += velocity.y * deltaTime;
    } else {
        position.set(body.getPosition());
        rotation = body.getAngle() * MathUtils.radiansToDegrees;
    }
}
```

添加上面的代码之后，当游戏对象的 body 变量等于 null 时，碰撞检测和运动模拟将使用之前创建的简单模拟系统，而非 Box2D 系统。如果 body 变量不等于 null，则游戏对象的位置和旋转角度将从 body 对象获得，以反映 Box2D 的模拟结果，这也意味着我们默认将游戏对象的物理参数交由 Box2D 处理。

为 WorldController 类添加下面的代码：

```java
import com.badlogic.gdx.math.MathUtils;
import com.badlogic.gdx.math.Vector2;
import com.badlogic.gdx.physics.box2d.Body;
import com.badlogic.gdx.physics.box2d.BodyDef;
import com.badlogic.gdx.physics.box2d.BodyDef.BodyType;
import com.badlogic.gdx.physics.box2d.FixtureDef;
import com.badlogic.gdx.physics.box2d.PolygonShape;
import com.badlogic.gdx.physics.box2d.World;
import com.packtpub.libgdx.canyonbunny.game.objects.Carrot;
```

接着为 WorldController 类添加下面的代码：

```java
privateboolean goalReached;
publicWorldb2world;

private void initPhysics () {
    if (b2world != null) b2world.dispose();
    b2world = new World(new Vector2(0, -9.81f), true);
    // Rocks
    Vector2 origin = new Vector2();
    for (Rock rock : level.rocks) {
        BodyDef bodyDef = new BodyDef();
        bodyDef.type = BodyType.KinematicBody;
        bodyDef.position.set(rock.position);
        Body body = b2world.createBody(bodyDef);
        rock.body = body;
        PolygonShape polygonShape = new PolygonShape();
        origin.x = rock.bounds.width / 2.0f;
        origin.y = rock.bounds.height / 2.0f;
        polygonShape.setAsBox(rock.bounds.width / 2.0f,
            rock.bounds.height / 2.0f, origin, 0);
        FixtureDef fixtureDef = new FixtureDef();
        fixtureDef.shape = polygonShape;
        body.createFixture(fixtureDef);
        polygonShape.dispose();
```

            }
    }

goalReached 变量用于表示玩家角色是否已经到达关卡终点，World 类用于表示 Box2D 的模拟世界。关于模拟世界，我们已经在本章前面简要介绍过。在 initPhysics() 方法中，首先创建了一个 World 实例并将其保存在 b2world 成员变量中，以方便后续引用。World 类的构造方法需要一个定义了重力属性的 Vector2 实例参数和一个用于表示是否允许休眠功能的 Boolean 类型参数。通常应该激活 Box2D 的休眠功能以降低 CPU 的负担，特别是对移动设备，该功能可以大大降低设备的耗电量。本例为模拟世界创建了一个方向竖直向下、加速度等于 9.8 m/s^2 的重力属性，这与现实世界基本相同。

> 需要注意的是，一旦 World 实例不再使用，应该及时调用 dispose() 方法释放占用的内存资源。这一点也同样适用于 Box2D 的形状类，如 PolygonShape、CircleShape 等。

完成 World 实例的创建后，接下来要为每个 rock 对象创建尺寸和位置都相同的 body 对象。此后，关卡中每个 rock 对象的属性参数都将与 Box2D 的 body 对象同步更新。为 rock 对象创建 Body 实例是必需的，因为 Box2D 模拟 rain carrots 效果时需要知道 rock 对象的位置和边界；否则 carrot 对象将永远不能落在地面上。

Box2D 要求使用独立的参数对象创建 Body 实例和 Fixture 实例，这两个参数的对象分别是 BodyDef 和 FixtureDef。上述代码将 bodyDef 实例定义为可移动刚体对象，然后为 body 对象同步更新 rock 对象的位置。接着调用 b2world 实例的 createBody() 方法创建并添加代表该 rock 对象的 Body 实例，最后将 Body 实例的引用保存到 body 成员变量中。由前面对 AbstractGameObject.update() 方法的修改可知，接下来所有 rock 对象的模拟过程将交由 Box2D 处理。

body 对象需要一个形状参数才能与其他 body 对象相互作用。这里使用 PolygonShapes 类为 rock 对象的 Body 创建形状，setAsBox() 方法用于创建矩形形状。形状无法直接与刚体关联。所以，我们还须创建一个 Fixture 实例，然后将形状参数绑定到该实例中，最后通过调用 body 对象的 createFixture() 方法将 Fixture 实例与刚体关联。这也解释了为什么我们可以直接调用 polygonShape 对象的 dispose() 方法释放内存资源。

图 11-8 显示了 rock 刚体的形状（浅蓝色矩形框）。

在图 11-8 中，浅蓝色的矩形框就是 body 对象的形状，该形状也表示刚体在 Box2D 中的碰撞边界。上面的蓝色线框是由 Box2D 的 Box2DDebugRenderer 类绘制的。接下来介绍如何为游戏绘制上述调试线框。

首先，为 WorldRenderer 类添加下面一行代码：
import com.badlogic.gdx.physics.box2d.Box2DDebugRenderer;

图 11-8

接着为 WorldRenderer 类添加下面两个成员变量：

```
private static final boolean DEBUG_DRAW_BOX2D_WORLD = false;
private Box2DDebugRenderer b2debugRenderer;
```

最后根据下面的代码修改 init()方法和 renderWorld()方法：

```
private void init () {
    batch = new SpriteBatch();
    camera = new OrthographicCamera(Constants.VIEWPORT_WIDTH,
        Constants.VIEWPORT_HEIGHT);
    camera.position.set(0, 0, 0);
    camera.update();
    cameraGUI = new OrthographicCamera(Constants.VIEWPORT_GUI_WIDTH,
        Constants.VIEWPORT_GUI_HEIGHT);
    cameraGUI.position.set(0, 0, 0);
    cameraGUI.setToOrtho(true);
    // 反转 y 轴
    cameraGUI.update();
    b2debugRenderer = new Box2DDebugRenderer();
}

private void renderWorld (SpriteBatch batch) {
    worldController.cameraHelper.applyTo(camera);
    batch.setProjectionMatrix(camera.combined);
    batch.begin();
    worldController.level.render(batch);
    batch.setShader(null);
    batch.end();
    if (DEBUG_DRAW_BOX2D_WORLD) {
        b2debugRenderer.render(worldController.b2world,
            camera.combined);
    }
}
```

现在，可以通过切换 DEBUG_DRAW_BOX2D_WORLD 常量的取值来激活上述调试功能。

接下来为 Constants 类添加下面三个常量：

```
// 创建 carrot 对象的数量
public static final int CARROTS_SPAWN_MAX = 100;

// carrot 的散布半径
public static final float CARROTS_SPAWN_RADIUS = 3.5f;
```

```
// 游戏结束后的延时
public static final float TIME_DELAY_GAME_FINISHED = 6;
```

前两个常量用于控制 carrot 对象的数量及范围，最后一个常量表示游戏结束后返回至菜单界面前的延时。在本项目中，我们选择创建 100 个 carrot 对象，并且将游戏结束后的延时设置为 6 秒。

```
private void spawnCarrots (Vector2 pos, int numCarrots, float radius) {
    float carrotShapeScale = 0.5f;
    // 创建 carrot 对象和相应的 body 对象及 fixture 对象
    for (int i = 0; i < numCarrots; i++) {
        Carrot carrot = new Carrot();
        // 计算随机生成位置、旋转角度及缩放因子
        float x = MathUtils.random(-radius, radius);
        float y = MathUtils.random(5.0f, 15.0f);
        float rotation = MathUtils.random(0.0f, 360.0f) *
            MathUtils.degreesToRadians;
        float carrotScale = MathUtils.random(0.5f, 1.5f);
        carrot.scale.set(carrotScale, carrotScale);
        // 为 carrot 对象创建 Box2D body 并初始化至起始位置和起始旋转角度
        bodyDef bodyDef = new BodyDef();
        bodyDef.position.set(pos);
        bodyDef.position.add(x, y);
        bodyDef.angle = rotation;
        Body body = b2world.createBody(bodyDef);
        body.setType(BodyType.DynamicBody);
        carrot.body = body;
        // 为 carrot 对象创建矩形形状，以便与其他对象参与碰撞
        PolygonShape polygonShape = new PolygonShape();
        float halfWidth = carrot.bounds.width / 2.0f * carrotScale;
        float halfHeight = carrot.bounds.height / 2.0f * carrotScale;
        polygonShape.setAsBox(halfWidth * carrotShapeScale,
            halfHeight * carrotShapeScale);
        // 设置物理属性
        fixtureDef fixtureDef = new FixtureDef();
        fixtureDef.shape = polygonShape;
        fixtureDef.density = 50;
        fixtureDef.restitution = 0.5f;
        fixtureDef.friction = 0.5f;
        body.createFixture(fixtureDef);
        polygonShape.dispose();
        // 将 carrot 对象添加到列表，以便更新和渲染
        level.carrots.add(carrot);
    }
}
```

spawnCarrots()方法的功能是，在指定的位置（pos）创建 numCarrots 个 carrot 对象。上述代码在循环内部为每个 carrot 对象计算了随机位置(x,y)、随机旋转角度(rotation)和随机缩放因子（carrotScale）。传入的 pos 参数定义了所有对象的中心位置。第三个参数 radius 确定了 carrot 对象在水平方向上的分布范围。为了保证每个 carrot 对象的初始位置位于相机视口以外，我们将竖直方向上的分布范围定义在 5 到 15 之间。

固定范围的随机数可以让 carrot 对象均匀分布在有限区域，从而模拟更加真实的"下雨"效果，而且还能保证所有 carrot 对象能在确定的时间内掉落到地面上。随机旋转角度

的取值范围为一整圈（0,360），这意味着场景中可能存在任意角度的 carrot 对象。随机缩放因子的取值范围位于 0.5 到 1.5 之间，表示最终创建的 carrot 对象的尺寸可能是原始尺寸的 0.5 倍到 1.5 倍，这也符合现实世界，因为每个胡萝卜的尺寸不可能都一样。

类似于初始化 rock 对象的 Body 实例，我们也为每个 carrot 对象创建了 body、fixture 和 shape 实例。再次强调，我们必须将 body 实例的引用保存到 carrot 对象的 body 成员变量中，以激活游戏对象对 Box2D 的更新机制。还有，fixture 实例的密度被设置为 50，该数据用于判断与其他对象的轻重关系，直接影响对象的质量计算。更进一步，restitution 变量被设置为 0.5，表示 carrot 对象的反弹能力等于 50%。friction 变量被设置为 0.5，表明 carrot 对象在互相碰撞的过程中会慢慢减速。假如 friction 变量的值等于 1，当两个对象发生碰撞时，瞬间就会粘连在一起。

将 carrotShapeScale 变量设置为 0.5 是为了进一步缩放 body 对象的尺寸，以消除 carrot 对象之间的间隙。最后将所有 carrot 实例添加到关卡的 carrots 列表中，其他方法会更新和渲染列表中的所有对象。

接下来为 WorldController 类添加下面的代码：

```
private void onCollisionBunnyWithGoal () {
    goalReached = true;
    timeLeftGameOverDelay = Constants.TIME_DELAY_GAME_FINISHED;
    Vector2 centerPosBunnyHead = new Vector2(level.bunnyHead.position);
    centerPosBunnyHead.x += level.bunnyHead.bounds.width;
    spawnCarrots(centerPosBunnyHead, Constants.CARROTS_SPAWN_MAX,
        Constants.CARROTS_SPAWN_RADIUS);
}
```

上面新建的方法用于处理玩家在终点与 goal 对象发生碰撞的事件。首先将 goalReached 标识设置为 true，该标志既可以避免没有必要的碰撞检测，还可以触发返回菜单屏幕的倒计时。倒计时的起始时间由 TIME_DELAY_GAME_FINISHED 常量定义。最后调用 spawnCarrots() 方法以玩家角色的当前位置为中心点创建 carrot 对象。

本项目的碰撞检测系统使用的是最简单的矩形重叠算法。然而，LibGDX 还提供一个用于碰撞检测的回调接口。该接口对于那些包含较多刚体的游戏非常实用。

下面链接是一篇非常优秀的文章，详细讲解了碰撞检测接口的使用方法：http://sysmagazine.com/posts/162079/。

接下来根据下面的代码修改 WorldController 类：

```
private void initLevel () {
    score = 0;
    scoreVisual = score;
    goalReached = false;
    level = new Level(Constants.LEVEL_01);
    cameraHelper.setTarget(level.bunnyHead);
    initPhysics();
}
```

```
private void testCollisions () {
    r1.set(level.bunnyHead.position.x, level.bunnyHead.position.y,
        level.bunnyHead.bounds.width, level.bunnyHead.bounds.height);

    // 碰撞检测: Bunny Head <-> Rocks
    ...
    // 碰撞检测: Bunny Head <-> Gold Coins
    ...
    // 碰撞检测: Bunny Head <-> Feathers
    ...
    // 碰撞检测: Bunny Head <-> Goal
    if (!goalReached) {
        r2.set(level.goal.bounds);
        r2.x += level.goal.position.x;
        r2.y += level.goal.position.y;
        if (r1.overlaps(r2)) onCollisionBunnyWithGoal();
    }
}

public void update (float deltaTime) {
    handleDebugInput(deltaTime);
    if (isGameOver() || goalReached) {
        timeLeftGameOverDelay -= deltaTime;
        if (timeLeftGameOverDelay < 0) backToMenu();
    } else {
        handleInputGame(deltaTime);
    }
    level.update(deltaTime);
    testCollisions();
    b2world.step(deltaTime, 8, 3);
    cameraHelper.update(deltaTime);
    ...
}
```

上述代码在 initLevel() 方法的最后一行调用了 initPhysics() 方法。这里的调用顺序非常重要，因为 initPhysics() 方法需要访问关卡加载器创建的 rock 对象列表。接下来为 testCollisions() 方法添加 Bunny Head 对象与 goal 对象的碰撞检测逻辑，一旦这两者发生碰撞，则立即调用 onCollisionBunnyWithGoal() 方法处理相应事件。

在 update() 方法中，我们将 goalReached 标识作为 isGameOver() 方法的可选条件。此后，这两个条件中的任何一个成立，都将执行一个延时并返回菜单屏幕。

存储在 b2world 成员变量中的 world 实例需要像其他对象一样进行步进更新。更新物理模拟只需要调用 world 实例的 step() 方法并传递相应的参数即可，第一个参数表示增量时间，后两个参数分别定义了 Box2D 对速度和位置的迭代次数。取值越高，模拟精度越高，但同时也会增加设备的运行负担。Box2D 进行模拟时，并不是每次都迭代指定的次数，只要它认为误差已经足够小，就不会再进行迭代计算。

Box2D 官方建议将速度和位置的迭代次数分别设定为 8 和 3。
详情请查阅官方手册 2.4 Simulating the World(of Box2D)。

接下来还需要修改两项重要内容。

首先，根据下面的代码修改 Rock 类：

```
@Override
public void update (float deltaTime) {
    super.update(deltaTime);

    floatCycleTimeLeft -= deltaTime;
    if (floatCycleTimeLeft <= 0) {
        floatCycleTimeLeft = FLOAT_CYCLE_TIME;
        floatingDownwards = !floatingDownwards;
        body.setLinearVelocity(0, FLOAT_AMPLITUDE *
            (floatingDownwards ? -1 : 1));
    } else
        body.setLinearVelocity(body.getLinearVelocity().scl(0.98f));
    }
}
```

上述代码将 rock 对象的飘浮效果从之前的简单模拟转换为现在的 Box2D 模拟。此时你一定要清楚我们为什么要修改这一部分的内容；否则，你可能需要花上大把的时间来查找使用 Box2D 时出现的代码错误。

在之前的代码中，rock 对象的移动是通过直接修改位置实现的。因为 rock 对象现在是由 Box2D 控制的，因此，必须使用 setTransform() 方法修改 rock 对象的位置。但不幸的是，如果手动修改 body 对象的位置，则可能导致 Box2D 混淆产生多个互相重叠的形状，进而引起不可预测的问题，如极度加速、中断等。所以 setTransform() 方法并不适合实现 rock 对象的运动过程。一般来说，手动设置或修改 body 对象的位置或旋转角度都需要非常谨慎。

正如我们看到的，上述修改的代码并没有使用 setTransform() 方法，相反，这里是利用 setLinearVelocity() 方法实现的。所以，避免上述问题的一般规则是，通过对刚体物理属性的修改告知 Box2D 我们期望达到的效果。这意味着我们必须以力的方式表达期望的效果，受力进而转化成速度的改变。

接下来完成最后一步——释放内存资源。首先，为 WorldController 类添加下面的代码：

```
import com.badlogic.gdx.utils.Disposable;
```

接着为该类实现 Disposable 接口：

```
public class WorldController extends InputAdapter
    implements Disposable {
    ...
}
```

再添加下面的代码：

```
@Override
public void dispose () {
    if (b2world != null) b2world.dispose();
}
```

最后修改 GameScreen 类的 hide() 方法：

```
@Override
public void hide () {
    worldController.dispose();
    worldRenderer.dispose();
    Gdx.input.setCatchBackKey(false);
}
```

现在，当一个 world 实例不再使用时，上述代码便能及时释放该实例所占用的内存资源。

接下来，运行游戏，尝试抵达游戏终点，观察上面添加的 "rain carrots" 效果。图 11-9 展示了这一效果的场景。

图 11-9

从图 11-9 可以看到已经停止运动的 carrot 对象和由 Box2D 提供的调试渲染器绘制的调试线框。虽然效果看起来还不错，但是，如果近距离观察每个 carrot 刚体的形状，便会觉得对象与形状之间的位置很不协调。

幸运的是，这并不是一个真正的问题。实际上，这是由于 carrot 图片的透明区域和游戏的蓝色背景造成的错觉。可以同时开启两种调试线框并放大到局部区域观察 carrot 刚体的形状，如图 11-10 所示。

观察图 11-10，carrot 对象内部的矩形线框仍旧是调试渲染器绘制的，而外部的紫色线框才是 carrot 图片的真实尺寸（边界）。要实现上述调试效果，只需激活 TexturePacker 的调试功能并重建游戏资源即可。

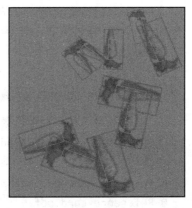

图 11-10

11.2 在 LibGDX 中使用着色器

Working with shaders in LibGDX

接下来将注意力转向着色器。因为着色器需要使用 Programmable Pipeline 技术，所以，只有 OpenGL (ES) 2.0 及以上版本才支持该功能。着色器可以被看成一段在渲染阶段控制显卡如何渲染场景的小程序。着色器是计算机图形学的重要基石，同时也是一款非常强大的工具，该技术可以实现其他方法难以实现的效果。为了简单起见，在这里只讨论顶点着色器（vertex shaders）和片段着色器（fragment shaders）。

 fragment shaders 也称为 pixel shaders（像素着色器）。不幸的是，这种命名会产生误导，因为该着色器操作的是 fragments(片段) 而不是 pixel(像素)。

下面从几个方面讨论着色器的强大之处，以及为什么强烈推荐在图形程序中尽量使用它。

- 可编程 GPU 渲染管线可以通过着色器创建出任意复杂的效果。这意味着我们非常容易实现由灵活的数学表达式表示的复杂效果。
- 着色器运行于 GPU。该特点可以为 CPU 节省大量的运行时间，我们可以利用节省下来的时间执行其他任务，如执行物理模拟或游戏逻辑。
- GPU 更注重数学运算，所以 GPU 比 CUP 的运算速度更快。
- GPU 可以同步处理 vertices（顶点）和 fragments（片段）。

顶点着色器用于指定 GPU 操作的每个顶点。顶点是指 3D 空间中的包含各种属性的点，属性包括位置、颜色和纹理坐标。着色器通过操作这些属性值来达到预期的效果，如一个对象的形变过程。顶点着色器将每个顶点计算的输出值传入渲染管线作为下一个渲染阶段的输入。

片段着色器用于计算每个片段的像素颜色。在这里，为了获得不同类型的纹理效果，可能需要考虑很多因素，如光线、透明度、阴影等。

顶点着色器与片段着色器统称为着色程序。着色器通常采用高级语言编写，如 OpenGL 使用的是 OpenGL Shading Language(GLSL)语言。该语言的语法类似于 C 语言的语法。有关 GLSL 的更多内容请查阅 OpenGL ES 2.0 Reference Card 的最后两页：http://www.khronos.org/opengles/sdk/docs/reference_cards/OpenGL-ES-2_0-Reference-card.pdf。

上述手册大致列举了 GLSL 可用的功能集。有关 OpenGL (ES) 2.0、GLSL 以及 Programmable Pipeline 的更多内容请访问 Khronos Group 官方网站：http://www.khronos.

org/opengles/2_X/。

还有，下面链接提供了许多 GLSL 教程以及从初级到高级的着色器实例集合：

- https://github.com/mattdesl/lwjgl-basics/wiki/Shaders。
- http://www.lighthouse3d.com/tutorials/glsl-tutorial/。
- http://glslsandbox.com/。
- https://www.shadertoy.com/。

11.2.1 创建单色过滤着色程序

下面将创建一个由顶点着色器和片段着色器组成的着色程序。该着色程序用于创建灰度场景。

首先创建顶点着色器。在 `CanyonBunny-android/assets` 目录下新建一个子文件夹 `shaders`。然后，在该文件夹内创建一个 `monochrome.vs` 文件并添加下面的代码：

```
attribute vec4 a_position;
attribute vec4 a_color;
attribute vec2 a_texCoord0;
varying vec4 v_color;
varying vec2 v_texCoords;
uniform mat4 u_projTrans;

void main() {
   v_color = a_color;
   v_texCoords = a_texCoord0;
   gl_Position = u_projTrans * a_position;
}
```

上述代码的前六行使用 GLSL 语言的数据修饰符声明了几种不同类型的变量。数据类型 `vec2` 和 `vec4` 分别表示由 2 个或 4 个浮点数组成的向量。`mat4` 代表 4×4 浮点数方阵。`attribute` 修饰符只能在顶点着色器中使用，一般用于定义由应用程序发送的顶点数据。前面我们提到过，这些输入的顶点数据包含位置、颜色和纹理坐标。在顶点着色器中使用 `varying` 修饰符修饰的变量是可读/写的，但是在片段着色器中使用该修饰符修饰的变量只能读取，不能写入。所以，在着色器中一般使用 `varying` 修饰符修饰的变量从顶点着色器给片段着色器传递信息。还有，由 `uniform` 修饰的变量在一个图元的绘制过程中是不可改变的。`u_projTrans` 变量由 LibGDX 的 `SpriteBatch` 类自动设置为投影矩阵。

接下来声明 `main()`方法，该方法是着色器开始执行的入口点。方法内部首先使用 `varying` 类型变量将输入的颜色和纹理坐标传递给片段着色器以便后续引用。变量 `gl_Position` 是 GLSL 预定义的输出变量（参见 GLES2 Reference Card），该变量用于保存投影变换后的位置向量，结果等于当前顶点（`a_position`）与投影矩阵（`u_projTrans`）的叉积。

下面创建片段着色器。打开 shaders 文件夹，在该目录下创建 monochrome.fs 文件并添加下面的代码：

```
#ifdef GL_ES
precision mediump float;
#endif
varying vec4 v_color;
varying vec2 v_texCoords;
uniform sampler2D u_texture;
uniform float u_amount;

void main() {
    vec4 color = v_color * texture2D(u_texture, v_texCoords);
    float grayscale = dot(color.rgb, vec3(0.222, 0.707, 0.071));
    color.rgb = mix(color.rgb, vec3(grayscale), u_amount);
    gl_FragColor = color;
}
```

上述代码的前三行使用 GLSL 宏定义将浮点数的精度设置为中等。接下来的两行用于声明 varying 类型变量是由顶点着色器传递的值。

> 这里必须确保用于从顶点着色器到片段着色器传递信息的 varying 类型变量的命名是一致的。

sample2D 表示一个二维纹理类型。u_amount 变量由应用程序设置，用于控制应用场景的灰度。main()方法的第一行代码用于计算原始顶点的颜色与纹理颜色的混合色，纹理颜色等于 u_texture 变量指定的纹理在 u_texCoords 位置的像素颜色。为了获得恰当的灰度值，接下来使用混合色和常数向量的点乘计算该值，该常数向量包含了不同颜色的权重比例，关于常数向量如何取值请查阅《GPU Gems, Randima (Randy) Fernando》（Addison Wesley）一书的第 22.3.1 节。本书在 NVDIA 的开发社区已经公开：http://http.developer.nvidia.com/GPUGems/gpugems-ch22.html。

接下来使用 mix()方法计算最终的颜色。mix()方法使用 u_amount 作为截取比例计算并返回混合色与灰度向量之间的线性混合值。

11.2.2 为 Canyon Bunny 游戏添加着色程序

现在我们已经成功创建了一个具有单色过滤效果的着色程序，接下来需要将该着色程序应用于 Canyon Bunny 游戏中。我们希望为游戏屏幕应用该着色器的效果，这意味着 GUI 仍然是彩色的。还有，我们要为 **Options** 选项窗口的 debug 部分再添加一个复选框，用于控制着色器的开关。

首先，为 Constants 类添加两个常量，分别表示两种着色器的文件路径：

```
// 着色器
public static final String shaderMonochromeVertex =
"shaders/monochrome.vs";
public static final String shaderMonochromeFragment =
```

11.2 在 LibGDX 中使用着色器

```
"shaders/monochrome.fs";
```

接着为 GamePreferences 类添加下面的成员变量：

```java
public boolean useMonochromeShader;
```

按照下面代码继续修改该类：

```java
public void load () {
    showFpsCounter = prefs.getBoolean("showFpsCounter", false);
    useMonochromeShader = prefs.getBoolean("useMonochromeShader", false);
}

public void save () {
    prefs.putBoolean("showFpsCounter", showFpsCounter);
    prefs.putBoolean("useMonochromeShader", useMonochromeShader);
    prefs.flush();
}
```

然后为 MenuScreen 类添加下面一行代码：

```java
private CheckBox chkUseMonoChromeShader;
```

完成之后按照下面的代码修改 buildOptWinDebug() 方法：

```java
private Table buildOptWinDebug() {
    Table tbl = new Table();
    // 添加标题: "Debug"

    // 添加复选框, "Use Monochrome Shader" label
    // 添加复选框: "Use Monochrome Shader" label
    chkUseMonoChromeShader = new CheckBox("", skinLibgdx);
    tbl.add(new Label("Use Monochrome Shader", skinLibgdx));
    tbl.add(chkUseMonoChromeShader);
    tbl.row();
    return tbl;
}

private void loadSettings() {
    chkShowFpsCounter.setChecked(prefs.showFpsCounter);
    chkUseMonoChromeShader.setChecked(prefs.useMonochromeShader);
}

private void saveSettings() {
    prefs.showFpsCounter = chkShowFpsCounter.isChecked();
    prefs.useMonochromeShader = chkUseMonoChromeShader.isChecked();
    prefs.save();
}
```

上述代码为 Options 窗口的 debug 部分添加了一个复选框，该复选框是否选中直接与 GamePreferences 类的 useMonochromeShaderd 变量关联。

接下来为 WorldRenderer 类添加下面的代码：

```java
import com.badlogic.gdx.graphics.glutils.ShaderProgram;
import com.badlogic.gdx.utils.GdxRuntimeException;
```

完成之后添加下面一行代码：

```java
private ShaderProgram shaderMonochrome;
```

最后根据下面的代码修改 WorldRenderer 类：

```java
private void init () {
    batch = new SpriteBatch();
    camera = new OrthographicCamera(Constants.VIEWPORT_WIDTH,
        Constants.VIEWPORT_HEIGHT);
    camera.position.set(0, 0, 0);
    camera.update();
    cameraGUI = new OrthographicCamera(Constants.VIEWPORT_GUI_WIDTH,
        Constants.VIEWPORT_GUI_HEIGHT);
    cameraGUI.position.set(0, 0, 0);
    cameraGUI.setToOrtho(true); // 反转 y 轴
    cameraGUI.update();
    b2debugRenderer = new Box2DDebugRenderer();
    shaderMonochrome = new ShaderProgram(
        Gdx.files.internal(Constants.shaderMonochromeVertex),
        Gdx.files.internal(Constants.shaderMonochromeFragment));
    if (!shaderMonochrome.isCompiled()) {
        String msg = "Could not compile shader program: "
            + shaderMonochrome.getLog();
        throw new GdxRuntimeException(msg);
    }
}

private void renderWorld (SpriteBatch batch) {
    worldController.cameraHelper.applyTo(camera);
    batch.setProjectionMatrix(camera.combined);
    batch.begin();
    if (GamePreferences.instance.useMonochromeShader) {
        batch.setShader(shaderMonochrome);
        shaderMonochrome.setUniformf("u_amount", 1.0f);
    }
    worldController.level.render(batch);
    batch.setShader(null);
    batch.end();
    if (DEBUG_DRAW_BOX2D_WORLD) {
        b2debugRenderer.render(worldController.b2world, camera.combined);
    }
}

@Override
public void dispose () {
    batch.dispose();
    shaderMonochrome.dispose();
}
```

上述代码首先在 init () 方法中初始化着色程序。ShaderProgram 类的构造方法需要两个分别表示顶点着色器和片段着色器的文件句柄作为参数。这里使用刚刚实现的两个着色器创建一个 ShaderProgram 实例，然后保存到 shaderMonochrome 变量中。isCompiled() 方法用于判断 ShaderProgram 实例是否编译成功。当编译失败时，可以通过 getLog() 方法获得错误信息。

在 renderWorld() 方法中，我们使用一对 setShader() 方法将实际渲染的代码包裹起来。第一次调用该方法是为了设置着色程序。第二次调用时传递了 null 值，这是为了让 SpriteBatch 对象的着色器还原为 LibGDX 的默认值。setUniformf() 方法用于设置着色程序包含的 uniform 变量。ShaderProgram 类还包含许多设置方法，分别对应使用不同修饰符和数据类型组合定义的变量。这里将 u_amount 设置为 1.0f。由前面创建的片段着色器可知，最终获得的单色过滤效果将是纯灰度场景。

最后，当 ShaderProgram 实例不再使用时，应该调用 dispose() 方法释放相应的内存资源。

运行游戏，打开 **Options** 窗口，勾选 **Use Monochrome Shader** 复选框激活灰度效果，然后启动一个新游戏。现在游戏场景应该是纯灰度的，图 11-11 验证了这一点。

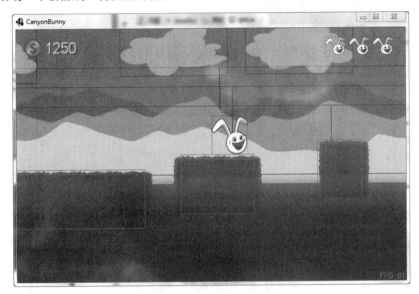

图 11-11

 从图 11-11 可以发现游戏背景还是蓝色。事实上，我们是使用 OpenGL 的清除颜色创建的背景，因此背景颜色是不受着色程序控制的。具体原因是，着色程序只在渲染游戏世界期间临时应用。还有，使用清除颜色创建游戏背景是一个好方法，因为这样做既简单又省事，而且一举两得，不但设置了清除颜色，还创建了游戏背景。

11.3 添加可选输入
Adding alternative input controls

作为本章的最后一部分，我们将讨论移动设备集成的加速传感器的使用方法。该传感器是智能手机和平板电脑上最常见的传感器之一。加速传感器是一个可以精确测量设备的加速度、倾斜、冲击和震动的子系统。我们只需要读取加速传感器的数据，然后将该数据转换为适合控制游戏的数值或范围即可。

在 Android 和 iOS 设备上，可以通过 LibGDX 的 `Gdx.input` 模块获得 x、y 和 z 三个轴向的加速度值。例如，要获得设备在 x 轴的加速值，可以使用下面的代码：

```
float ax = Gdx.input.getAccelerometerX();
```

可以发现，读取传感器数据的方法非常简单。但是，存储在 `ax` 变量中的数据到底有何意义？还有，什么情况会影响该值？所以，为了更好地理解传感器的工作原理，需要准确地知道传感器的测量过程。

首先让我们讨论一下该数据的取值范围。Android 和 LibGDX 的官方文档解释，该数据的取值被限定在 `-10.0f` 和 `10.0f` 之间。该值与地球重力加速度（9.8 m/s^2）基本一致。但是我们不知道传感器在设备内的方向，这就造成我们无法确定 x 轴的方向。幸运的是，LibGDX 对此已经做出了规定。下面的链接有一篇 Mario Zechner 撰写的博客，详细解释了各种原始方向：http://www.badlogicgames.com/wordpress/?p=2041。

我们只需要记住，在 LibGDX 中，y 轴总是与设备较长的一边重合，x 轴与较短的一边重合，z 轴垂直于屏幕并指向外侧。

图 11-12 是一张来自于 Android SDK 开发网站的截图，该图很好地说明了传感器的坐标系统。

接下来使用加速传感器为 Canyon Bunny 游戏实现一个可选的输入控制。在智能手机上运行 Canyon Bunny 游戏，需要将手机屏幕向左旋转 90°。因为创建游戏时我们为 Android 和 iOS 平台选择了水平显示模式。理解这一点是非常重要的，因为无论设备处于何种模式，传感器的坐标系统是不会改变的。

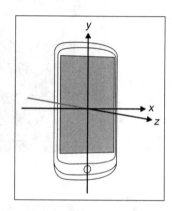

图 11-12

新添加的输入控制允许我们通过（左右）倾斜屏幕来控制角色的移动。y 轴的倾斜角度决定了角色的最大移动速度。

接下来添加实现代码，首先为 `Constants` 类添加下面的常量：

```
// 不移动的角度范围
public static final float ACCEL_ANGLE_DEAD_ZONE = 5.0f;
// 最大旋转角度(也表示最大移动速度)
public static final float ACCEL_MAX_ANGLE_MAX_MOVEMENT = 20.0f;
```

然后为 `WorldController` 类添加下面的代码：

```
import com.badlogic.gdx.Input.Peripheral;
```

接着为 `WorldController` 类添加下面一行代码：

```
private boolean accelerometerAvailable;
```

完成之后，根据下面的代码修改 `WorldController` 类：

```
private void init () {
```

```
    accelerometerAvailable = Gdx.input.isPeripheralAvailable(
        Peripheral.Accelerometer);
    cameraHelper = new CameraHelper();
    lives = Constants.LIVES_START;
    livesVisual = lives;
    timeLeftGameOverDelay = 0;
    initLevel();
}
private void handleInputGame (float deltaTime) {
    if (cameraHelper.hasTarget(level.bunnyHead)) {
        // 移动角色对象
        if (Gdx.input.isKeyPressed(Keys.LEFT)) {
            ...
        } else {
            // 使用加速传感器移动角色
            if (accelerometerAvailable) {
                // 将正常的取值范围[-10, 10]转换为旋转角度的取值范围[-90, 90]
                float amount = Gdx.input.getAccelerometerY() / 10.0f;
                amount *= 90.0f;
                // 判断是否位于非移动范围
                if (Math.abs(amount) <Constants.ACCEL_ANGLE_DEAD_ZONE) {
                    amount = 0;
                } else {
                    // 最大倾斜角度表示最大移动速度
                    amount /= Constants.ACCEL_MAX_ANGLE_MAX_MOVEMENT;
                }
                level.bunnyHead.velocity.x =
                    level.bunnyHead.terminalVelocity.x * amount;
            }
            // 如果传感器不能使用且在非桌面平台，则自动向前移动
            else if (Gdx.app.getType() != ApplicationType.Desktop) {
                level.bunnyHead.velocity.x =
                    level.bunnyHead.terminalVelocity.x;
            }
        }
    }
}
```

  上述代码为 WorldController 类添加了一个 accelerometerAvailable 成员变量，该变量用于判断加速传感器是否可用，接着在 init() 方法中初始化了该变量。handleInputGame() 方法根据 accelerometerAvailable 变量的取值选择输入模式。如果设备的加速传感器可用，则使用加速传感器控件控制玩家角色移动。该情况下，首先读取加速度值，然后将该值转换在 (-1.0f，1.0f) 的范围之内。该范围可以理解为当前移动速度与最大移动速度的百分比，数值的正负号很好地描述了角色的移动方向。如果为负号，则表示向左移动；否则向右移动。在同一个方向上，屏幕倾斜 90°对应着最大移动速度。但有一个问题，这样的设计将导致玩家必须在 180°范围内旋转设备，大大限制了玩家的反应能力。

  因此，我们又引入了 ACCEL_MAX_ANGLE_MAX_MOVEMENT 常量，该常量定义了最大倾斜角度。我们还引入了一个定义"死区"（角色不移动的角度范围）的常量 ACCEL_ANGLE_DEAD_ZONE。如果倾斜角度在死区范围内，则角色对象不会发生移动。最

后使用倾斜角度的百分比乘以最大移动速度获得当前移动速度。

11.4 总结
Summary

在本章，首先通过实现一个"rain carrots"模拟效果详细解释了 Box2D 的各部分内容，包括刚体、刚体类型、形状、夹具和模拟世界等。其次，为 Canyon Bunny 游戏创建了两个新的游戏对象：一个是用于 Box2D 物理模拟的 carrot 对象，另一个是用于标记关卡终点的 goal 对象。

然后，分析了 Programmable Pipeline of OpenGL (ES) 2.0 技术以及如何创建着色程序等内容。在这一部分，我们创建了一个具有单色过滤效果的着色程序，该效果的单色强度可以通过代码直接设置。还有，我们详细分析了顶点着色器和片段着色器的创建过程。

最后，通过使用加速传感器控制角色移动的实例介绍了如何利用外围设备为应用服务。这部分我们介绍了如何将加速传感器的原始数据转换为合适的控制数据，以方便用于控制玩家角色的移动。

第 12 章将学习如何为游戏添加动画效果。

第 12 章
动画
Animations

本章将介绍如何使用 LibGDX 提供的 `Actions` 类与 `Animation` 类创建和管理不同类型的动画。还将为 Canyon Bunny 游戏的菜单屏幕和游戏屏幕添加几处动画效果，讲解动画的具体创建过程。

对于菜单屏幕，我们要使用 `Actions` 类创建基于时间和事件的动画，包括移动、旋转、缩放和渐入渐出。另外，我们还会使用 `Interpolation` 类提供的插值算法让动画效果变得平滑一些。

对于游戏屏幕，场景中的每个对象实际上已经是一种动画，只不过它们是由游戏逻辑控制的，而且这些动画只关心坐标的变化。但是，每个游戏对象在渲染时仍旧使用的是一张固定的图片。从动画的角度思考，一张图片相当于只有一帧的动画。利用 `Animation` 类，可以使用多张独立的图片为游戏对象创建帧动画。

12.1 通过动作操作演员
Manipulating actors through actions

`Actions` 类是一个由许多普通动作类组成的集合。每一种普通的动作类都可以为 `Actor` 对象创建一种简单的动画效果。除了动作指定的参数，如移动动作的位置参数，大部分动作类还需要指定一个周期参数。为了获得更加平滑的动画效果，可以为周期参数应用插值算法。如果某种动作的周期参数被省略或设置为 `0`，则该动作将在一瞬间完成。

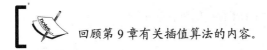
回顾第 9 章有关插值算法的内容。

下面是创建移动动作和旋转动作的典型代码：

```
moveTo (x, y);
moveTo (x, y, duration);
moveTo (x, y, duration, interpolation);
```

```
rotateTo (rotation);
rotateTo (rotation, duration);
rotateTo (rotation, duration, interpolation);
```

moveTo()方法和rotateTo()方法需要的动作指定参数包括x、y和rotation，这也是创建这两种动作的基本参数。还有，两种动作都包含duration和interpolation两个可选参数。

> Actions 类实现的所有方法都可以静态导入。这样的设计主要有两个原因：第一，减少代码输入量，方便维护；第二，当嵌套创建多个动作类时可以增加代码的可读性。上述代码以及后续有关Actions类的代码都将使用静态导入。
>
> 在Java中，静态导入可以让一个类的静态方法在另一个类的命名空间中直接使用，这样避免了调用静态方法时使用类名限定。
>
> 关于静态导入更加详细的介绍，请访问 http://docs.oracle.com/javase/1.5.0/docs/guide/language/staticimport.html 链接。

为演员对象添加动作只需要调用addAction()方法即可，如下代码所示：

```
Actor actor = new Actor();
float x = 100.0f, y = 100.0f, rotation = 0.0f, duration = 1.0f;
actor.addAction(sequence(
    moveTo(x, y),
    rotateTo(rotation),
    delay(duration),
    parallel(
        moveBy(50.0f, 0.0f, 5.0f),
        rotateBy(90.0f, 5.0f, Interpolation.swingOut))));
```

上述代码首先初始化一个虚构的Actor对象，然后为该对象添加一个嵌套的动作链。该动作链以序列动作开始。序列动作将按照添加顺序执行由moveTo()方法创建的绝对移动动作（目标位置为(100,100)）和rotateTo()方法创建的绝对旋转动作（0°）以及1秒钟的延时动作。最后，该序列动作以一个并行动作结束，该动作包含一个由moveBy()(50,0)方法创建的相对移动动作和一个由rotateBy()(90°)方法创建的相对旋转动作。这两种动作的周期都是5秒，而且相对旋转动作应用了swingOut插值算法。

从上述解释可以感受到，利用Actions类为Actor对象创建复杂的动画效果是非常简单的。

接下来的两节将简要介绍LibGDX提供的所有动作类。

12.1.1 操作演员对象的动作类

下面列举了用于操作演员对象的所有动作动作。

- add()：用于为演员对象添加一个动作。

- `alpha()`：用于设置演员对象的 `alpha` 值。
- `color()`：用于设置演员对象的颜色。
- `fadeIn()` 和 `fadeOut()`：渐入渐出动作，`alpha` 动作的特例，相当于目标值为 `1` 或 `0` 的 `alpha` 动作。
- `hide()`：用于将演员对象设置为不可见。
- `layout()`：用于激活或关闭演员对象的 `layout` 属性。
- `moveBy()` 和 `moveTo()`：相对移动动作和绝对移动动作。
- `removeActor()`：可以移除应用当前动作的演员对象，也可移除指定的演员对象。
- `rotateBy()` 和 `rotateTo()`：相对旋转动作和绝对旋转动作。
- `run()`：用于（在指定的线程中）执行 `Runnable` 对象。
- `scaleBy()` 和 `scaleTo()`：相对缩放动作和绝对缩放动作。
- `show()`：用于将演员对象设置为可见。
- `sizeBy()` 和 `sizeTo()`：使用相对量或绝对量重设演员对象的尺寸。
- `touchable()`：用于设置演员对象的可触摸性（参见 `Tochable` 枚举类型）。
- `visible()`：用于设置演员对象的可见性。

12.1.2 控制时间和顺序的动作

下面列表描述了所有可用的控制动作，控制动作用于控制动作动作的执行时间和顺序。

- `after()`：该动作必须等待其他动作执行完成之后才开始执行（注意，`after()` 动作只会等待那些在它之前被添加到演员对象中的动作）。
- `delay()`：为延时执行动作。
- `forever()`：为永久重复动作。
- `parallel()`：用于同时执行多个动作。
- `repeat()`：将某个动作重复执行指定次数。
- `sequence()`：按照添加顺序执行多个动作。

12.2 菜单屏幕动画
Animating the menu screen

接下来让我们为菜单屏幕添加几处动画效果。前两处动画涉及金币（gold coin）图标和超大的兔子头（bunny head）图标，观察下面四幅截图可理解整个动画效果的执行过程，如图 12-1 所示。

图 12-1

从图 12-1 可以看出，将要实现的动画效果可以分解为四个独立的步骤。下面解释这四个步骤的执行过程。

(1) 一开始 gold coin 图标和 bunny head 图标是不可见的。

(2) gold coin 图标在屏幕中心逐渐显示出来并由零放大到原始尺寸（由 0%到 100%），显示和放大是同步执行的，该过程类似于模拟金币从水中跳出的效果。

(3) 经过短暂的延时，bunny head 图标出现在屏幕右上角，然后缓慢移动到背景中的河边。

(4) bunny head 图标按照图 12-1 的曲线移动到河对面。该过程模拟了兔子跳跃河流的过程。

12.2.1　gold coins 动画和 bunny head 动画

首先为 MenuScreen 类添加下面的代码：

```
import static com.badlogic.gdx.scenes.scene2d.actions.Actions.*;

import com.badlogic.gdx.math.Interpolation;
```

完成之后，根据下面的代码修改 MenuScreen 类：

```
private Table buildObjectsLayer() {
    Table layer = new Table();
    // 添加金币
    imgCoins = new Image(skinCanyonBunny, "coins");
    layer.addActor(imgCoins);
    imgCoins.setOrigin(imgCoins.getWidth() / 2,
        imgCoins.getHeight() / 2);
```

```
    imgCoins.addAction(sequence(
        moveTo(135, -20),
        scaleTo(0, 0),
        fadeOut(0),
        delay(2.5f),
        parallel(moveBy(0, 100, 0.5f, Interpolation.swingOut),
            scaleTo(1.0f, 1.0f, 0.25f, Interpolation.linear),
            alpha(1.0f, 0.5f))));
    //添加兔子
    imgBunny = new Image(skinCanyonBunny, "bunny");
    layer.addActor(imgBunny);
    imgBunny.addAction(sequence(moveTo(655, 510), delay(4.0f),
        moveBy(-70, -100, 0.5f, Interpolation.fade),
        moveBy(-100, -50, 0.5f, Interpolation.fade),
        moveBy(-150, -300, 1.0f, Interpolation.elasticIn)));
    return layer;
}
```

在 buildObjectsLayer() 方法中，我们只添加了几行代码就实现了上述四个步骤的动画。上述代码代替了 setPosition() 方法。存储在 imgCoins 对象中的 gold coins 图标的原点被设置为图标的中心位置。通过这种方式，当图标进行缩放或旋转时，将以图标中心为原点。为 imgCoins 对象添加的第一个序列动作 sequence() 包含了一组普通的动作，分别是 moveTo()、scaleTo() 和 fadeOut()。接下来是一个 2.5 秒的延时动作。

最后是一个由 moveBy()、scaleTo() 和 alpha() 三种普通动作组成的并行动作。这三种动作的执行过程是同步的，效果是稍微向下移动一点、渐近显示、尺寸从 0% 放大到 100%。整个动画模拟了从水中跃出的效果。这里还应用了插值算法。一开始，插值算法的选择是一个试验的过程，经过一段时间后便能体会到每种算法的预期效果。

bunny head 动画相对于 gold coins 动画有很大区别。该动画只使用一个 sequence() 序列动作描述整个动画的效果，该序列动作包含一个 moveTo() 动作、一个 4 秒的延时动作和三个 moveBy() 动作。

12.2.2　为菜单按钮和选项窗口添加动画

接下来为菜单屏幕的按钮和选项窗口添加动画效果。我们希望单击 **Options** 按钮时，**Play** 按钮和 **Options** 按钮逐渐移出屏幕。在选项窗口关闭后，再次显示这两个按钮。

首先为 MenuScreen 类添加下面两行代码：

```
import com.badlogic.gdx.scenes.scene2d.actions.SequenceAction;
import com.badlogic.gdx.scenes.scene2d.Touchable;
```

接着为该 MenuScreen 添加下面的代码：

```
    private void showMenuButtons(boolean visible) {
        float moveDuration = 1.0f;
        Interpolation moveEasing = Interpolation.swing;
        float delayOptionsButton = 0.25f;

        float moveX = 300 * (visible ? -1 : 1);
        float moveY = 0 * (visible ? -1 : 1);
```

```
        final Touchable touchEnabled = visible ? Touchable.enabled
            : Touchable.disabled;
        btnMenuPlay.addAction(
            moveBy(moveX, moveY, moveDuration, moveEasing));

        btnMenuOptions.addAction(sequence(delay(delayOptionsButton),
            moveBy(moveX, moveY, moveDuration, moveEasing)));

        SequenceAction seq = sequence();
        if (visible)
            seq.addAction(delay(delayOptionsButton + moveDuration));
        seq.addAction(run(new Runnable() {
            public void run() {
                btnMenuPlay.setTouchable(touchEnabled);
                btnMenuOptions.setTouchable(touchEnabled);
            }
        }));
        stage.addAction(seq);
    }

    private void showOptionsWindow(boolean visible, boolean animated) {
        float alphaTo = visible ? 0.8f : 0.0f;
        float duration = animated ? 1.0f : 0.0f;
        Touchable touchEnabled = visible ? Touchable.enabled
            : Touchable.disabled;
        winOptions.addAction(sequence(touchable(touchEnabled),
            alpha(alphaTo, duration)));
    }
```

上述代码创建的两个方法 showMenuButtons() 和 showOptionsWindow() 分别用于隐藏和显示菜单按钮和 **Options** 窗口。所有逻辑代码都已经封装在这两个方法中，因此，使用起来非常方便。

showMenuButtons() 方法使用一个 Boolean 类型的参数 visible 控制菜单按钮的显示与隐藏功能。在方法内部，首先声明了多个用于控制动画的变量，如周期、延时等。接着定义了几个由 visible 标志决定取值的变量。然后为两个菜单按钮添加了一系列动作对象。**Play** 按钮直接开始执行相对移动动作，然而，**Options** 按钮移动之前还需要经历一段延时动作。下面将讨论一个灵活运用动作类的实例。首先创建一个空的序列动作对象并保存到 seq 变量中。如果 visible 参数等于 true，则添加一个延时动作，表示只有再次显示菜单按钮时才启动延时动作。

无论 visible 的取值是什么，上述代码总要为 seq 对象添加一个 run() 动作。run() 动作内部封装了一个 Runnable 对象。在 Java 中，Runnable 对象经常用于为其他线程发送执行代码。我们使用 Runnable 对象和 delay() 方法延时调用 **Play** 按钮和 **Options** 按钮的 setTouchable() 方法，控制按钮是否可以接收输入事件。最后，sequence() 动作被添加到 stage 对象中。

[在上述代码中，可以放心为 stage 对象添加 sequence() 动作，因为 delay() 和 run() 动作不会修改 stage 对象的任何属性。]

在 showOptionsWindow()方法中，选项窗口的动画效果与菜单按钮的动画效果的创建过程基本相同。唯一区别是，该方法还包含一个额外的 Boolean 类型参数 animated。该参数用于决定是否执行动画效果。

接下来根据下面的代码修改 MenuScreen 类：

```
private Table buildOptionsWindowLayer() {
    ...
    // 设置选项窗口半透明
    winOptions.setColor(1, 1, 1, 0.8f);
    // 默认隐藏选项窗口
    showOptionsWindow(false, false);
    if (debugEnabled) winOptions.debug();
    // 让 TableLayout 重新计算控件尺寸和位置
    winOptions.pack();
    // 移动选项窗口至右下角
    winOptions.setPosition(
        Constants.VIEWPORT_GUI_WIDTH - winOptions.getWidth() - 50, 50);
    return winOptions;
}

private void onOptionsClicked() {
    loadSettings();
    showMenuButtons(false);
    showOptionsWindow(true, true);
}

private void onCancelClicked() {
    showMenuButtons(true);
    showOptionsWindow(false, true);
    AudioManager.instance.onSettingsUpdated();
}
```

上面添加的代码只是简单地调用显示方法。在 buildOptionsWindowLayer()方法中，我们使用 showOptionsWindow()方法替换了 winOptions.setVisible(false)方法。调用时传递了两个 false 参数，这是因为我们希望在 Options 窗口默认是隐藏的，而且希望隐藏过程瞬时完成。接下来，onOptionsClicked()方法和 onCancelClicked()方法调用 showMenuButtons()方法和 showOptionsWindow()方法显示和隐藏菜单按钮及 Options 窗口。

12.3 利用序列图片创建动画

Using sequences of images for animations

直到现在，我们创建的所有动画都是基于属性变化来实现的，如位置、颜色和尺寸等属性。但它们在渲染的过程中仍旧只使用了一张静态图片。接下来将介绍一种非静态的动画效果——帧动画。我们希望使用多张独立的图片为 gold coin 和 bunny head 游戏对象创建出具有生命气息的动画，最终效果类似于手翻书动画。

LibGDX 提供一个 Animation 类，该类可以帮助我们定义图片序列，然后根据时间选取指定帧的纹理，选取的纹理取决于设置的播放速度（帧率）。如果要按照时间检索纹理，则需要一种可以保存时间状态的有效方式。幸运的是，Animation 类解决了大部分问题，我们并不需要涉及过多的数学问题，直接使用该类提供的方法和参数便能创建出有效的帧动画。

12.3.1 打包动画资源

介绍 Animation 类之前，首先让我们了解一下如何使用前面介绍的 TexturePacker 打包工具为帧动画服务。TexturePacker 在打包资源生成纹理集时，它会扫描每个文件名的末尾是否包含下划线和数字，如 waterfall_03.png。如果发现这样命名的文件，则后面的数字（03）将会被当成动画的帧索引。此时纹理集中所有属于该动画的纹理将以下划线前的名称作为动画资源的引用名，如 waterfall。

想象一下，假设我们需要一个包含五帧的动画 waterfall。根据上面描述的解析规则，这五张纹理资源的命名应该如下。

- waterfall_01.png。
- waterfall_02.png。
- waterfall_03.png。
- waterfall_04.png。
- waterfall_05.png。

以下几行代码演示了在纹理集中查找动画资源的方法：

```
TextureAtlas atlas = assetManager.get("atlas.pack");
AtlasRegion firstFrame = atlas.findRegion("waterfall");
AtlasRegion thirdFrame = atlas.findRegion("waterfall", 3);
Array<AtlasRegion> allFrames = atlas.findRegions("waterfall");
```

首先我们假定 atlas.pack 纹理集已经成功打包了上述五张纹理资源。我们知道，从纹理集中检索相应的纹理只需要调用 findRegion()方法并传递原始文件名（不带扩展名）即可。然而，上述代码使用的是 findRegions()方法。该方法可以获取所有与传入参数关联的纹理，然后返回一个纹理域的列表。上述代码使用该方法获取所有与 waterfall 关联的纹理域，然后将它们保存到 allFrames 列表中。

下面的代码解释了如何使用 Animation 类创建动画：

```
float fps = 1.0f / 15.0f; // 帧周期
Animation aniFirst, aniFirstThird, aniAll, aniAllPingpong;
aniFirst = new Animation(fps, firstFrame);
aniFirstThird = new Animation(fps, firstFrame, thirdFrame);
aniAll = new Animation(fps, allFrames);
aniAllPingPong = new Animation(fps, allFrames,
Animation.PlayMode.LOOP_PINGPONG);
```

Animation 类的构造方法可以传递多个参数，第一个参数表示相邻帧的时间间隔。

在本例中，我们将动画的播放速度设置为 15 帧/秒。如上述代码所示，Animation 类的构造方法既可以接受任意数量的 AtlasRegion 对象，也可以传递一个 AtlasRegion 对象的列表或数组。创建 Animation 对象时还可以指定动画的播放模式。

12.3.2 选择动画的播放模式

Animation 类提供如下六种播放模式供我们选择。

- NORMAL：正向播放一次（第一帧到最后一帧）。
- REVERSED：反向播放一次（最后一帧到第一帧）。
- LOOP：正向循环播放（第一帧到最后一帧）。
- LOOP_REVERSED：反向循环播放（最后一帧到第一帧）。
- LOOP_PINGPONG：正反向循环播放（第一帧到最后一帧，接着到第一帧，反复循环）。
- LOOP_RANDOM：随机播放。

如果没有明确设置播放模式，则默认为 NORMAL 模式。

完成准备工作之后，接下来根据时间获取相应帧的纹理并渲染到屏幕上。获取指定帧需要一个称为状态时间的参数，具体应用参考下面的代码。状态时间表示动画从开始播放到当前经过的总时间（以秒计）。通常，游戏对象需要保存动画的状态时间，稍后将会看到这一点：

TextureRegion region = aniAll.getKeyFrame(stateTime);

如果上述代码的 stateTime 变量非常接近 0 或者等于 0，那么 getKeyFrame()方法将返回第一帧动画的纹理。

12.4 为游戏屏幕添加帧动画

Animating the game screen

接下来为 gold coin 和 bunny head 游戏对象添加动画效果。开始创建动画之前，还需完成一些准备工作，包括准备动画资源、重新打包纹理集等。

首先，将下面文件拷贝到 CanyonBunny-desktop/assets-raw/images/ 目录下。

- anim_bunny_normal_XX.png（XX 等于 01、02、03）。
- anim_bunny_copter_XX.png（XX 等于 01、02、03、04、05）。
- anim_gold_coin_XX.png（XX 等于 01、02、03、04、05、06）。

然后将 rebuildAtlas 变量设置为 ture，运行一次 CanyonBunny-desktop 项目，重新打包纹理集。

12.4.1 定义和准备新的动画

图 12-2 展示了 gold coin 动画的所有帧。

图 12-2

图 12-2 展示的动画将以正反向循环模式（`LOOP_PINGPONG`）播放，播放顺序是：`01`、`02`、`03`、`04`、`05`、`06`、`05`、`04`、`03`、`02`、`01`（按照此顺序继续重复播放）。稍后将为该动画创建一个名为 animGoldCoin 的 Animation 实例。

图 12-3 展示了正常状态下的 bunny head 动画。

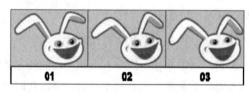

图 12-3

该动画也将以正反向循环模式（`LOOP_PINGPONG`）播放，在代码中将以 animNormal 实例表示。该动画的播放顺序是：`01`、`02`、`03`、`02`、`01`（按照此顺序继续重复播放）。

图 12-4 展示了 bunny head 对象的上升动画。

图 12-4

这些动画帧将被组合成三种动画。

- 第一种动画称为 animCopterTransform，由所有帧组成，但只以 `NORMAL` 模式播放一次，播放顺序是 `01`、`02`、`03`、`04`、`05`。
- 第二种动画称为 animCopterRotate，由第 `04` 帧和第 `05` 帧组成，以 `LOOP_PINGPONG` 模式播放，播放顺序是 `04`、`05`、`04`[继续重复第一帧]
- 最后一种动画称为 animCopterTransformBack，由所有帧组成，以 `REVERSED` 模式播放一次，播放顺序是 `05`、`04`、`03`、`02`、`01`。

接下来为 Assets 类创建动画资源，用于后续引用。首先添加下面两行代码：

```java
import com.badlogic.gdx.graphics.g2d.Animation;
import com.badlogic.gdx.utils.Array;
```

然后根据下面的代码修改 Assets 类：

```java
public class AssetGoldCoin {
    public final AtlasRegion goldCoin;
    public final Animation animGoldCoin;

    public AssetGoldCoin(TextureAtlas atlas) {
        goldCoin = atlas.findRegion("item_gold_coin");

        // 动画: gold coin
        Array<AtlasRegion> regions =
            atlas.findRegions("anim_gold_coin");
        AtlasRegion region = regions.first();
        for (int i = 0; i < 10; i++)
            regions.insert(0, region);
        animGoldCoin = new Animation(1.0f / 20.0f, regions,
            Animation.PlayMode.LOOP_PINGPONG);
    }
}

public class AssetBunny {
    public final AtlasRegion head;
    public final Animation animNormal;
    public final Animation animCopterTransform;
    public final Animation animCopterTransformBack;
    public final Animation animCopterRotate;

    public AssetBunny(TextureAtlas atlas) {
        head = atlas.findRegion("bunny_head");

        Array<AtlasRegion> regions = null;
        AtlasRegion region = null;

        // 动画: Bunny Normal
        regions = atlas.findRegions("anim_bunny_normal");
        animNormal = new Animation(1.0f / 10.0f, regions,
            Animation.PlayMode.LOOP_PINGPONG);

        // 动画: Bunny Copter - knot ears
        regions = atlas.findRegions("anim_bunny_copter");
        animCopterTransform = new Animation(1.0f / 10.0f, regions);

        // 动画: BUNNY COPTER - unknot ears
        regions = atlas.findRegions("anim_bunny_copter");
        animCopterTransformBack = new Animation(1.0f / 10.0f, regions,
            Animation.PlayMode.REVERSED);

        // 动画: Bunny Copter - rotate ears
        regions = new Array<AtlasRegion>();
        regions.add(atlas.findRegion("anim_bunny_copter", 4));
        regions.add(atlas.findRegion("anim_bunny_copter", 5));
        animCopterRotate = new Animation(1.0f / 15.0f, regions);
    }
}
```

先不管上述创建 gold coin 动画的代码如何，你可能会好奇为什么我们在一开始为该动画添加了十张额外的第一帧图片的拷贝。实际上，这是为了让持续播放的动画在播放第一帧时产生一个短暂的暂停效果所使用的欺骗伎俩。不幸的是，目前无法为动画的每一帧定义不同的时间周期，因此，只能采用这种变通的方法实现每个完整的动画循环后的暂停效果，从而避免整个 gold coin 动画播放速度太快的问题。

12.4.2　为 gold coin 对象添加动画

首先为 AbstractGameObject 类添加下面一行代码：

```
import com.badlogic.gdx.graphics.g2d.Animation;
```

接着为 AbstractGameObject 类添加下面的代码：

```
public float stateTime;
public Animation animation;

public void setAnimation (Animation animation) {
    this.animation = animation;
    stateTime = 0;
}
```

完成之后，继续根据下面的代码修改该类：

```
public void update (float deltaTime) {
    stateTime += deltaTime;
    if (body == null) {
        updateMotionX(deltaTime);
        updateMotionY(deltaTime);
        // 更新位置
        position.x += velocity.x * deltaTime;
        position.y += velocity.y * deltaTime;
    } else {
        position.set(body.getPosition());
        rotation = body.getAngle() * MathUtils.radiansToDegrees;
    }
}
```

上述代码为 AbstractGameObject 类添加了两个新的成员变量，分别是状态时间 stateTime 和动画实例 animation。这两个变量是创建帧动画必不可少的参数。上述代码还添加了一个 setAnimation() 方法，该方法用于设置动画实例并重置状态时间。将状态时间重置为 0，可以保证动画效果总是从第一帧开始播放。在 update() 方法中添加的代码用于更新状态时间，状态时间最终用于查询当前帧的纹理对象。

接下来为 GoldCoin 类添加下面一行代码：

```
import com.badlogic.gdx.math.MathUtils;
```

完成之后，根据下面的代码修改 GoldCoin 类：

```
private void init () {
    dimension.set(0.5f, 0.5f);

    setAnimation(Assets.instance.goldCoin.animGoldCoin);
```

```
    stateTime = MathUtils.random(0.0f, 1.0f);

    // 设置边界矩形
    bounds.set(0, 0, dimension.x, dimension.y);

    collected = false;
}
public void render (SpriteBatch batch) {
    if (collected) return;

    TextureRegion reg = null;

    reg = animation.getKeyFrame(stateTime, true);
    batch.draw(reg.getTexture(), position.x, position.y, origin.x,
        origin.y, dimension.x, dimension.y, scale.x, scale.y,rotation,
        reg.getRegionX(), reg.getRegionY(), reg.getRegionWidth(),
        reg.getRegionHeight(), false, false);
}
```

在 init() 方法中，我们调用了继承于 AbstractGameObject 类的 setAnimation() 方法设置 animGoldCoin 动画。还有，我们将状态时间初始化为一个位于 0.0f~1.0f 范围内的随机数。这是一个非常巧妙的方法，将每个 gold coin 动画的状态时间初始为随机数，可以获得更加自然的动画效果；否则所有 gold coin 动画都将同步执行。

图 12-5 展示了 gold coin 游戏对象的最终效果。

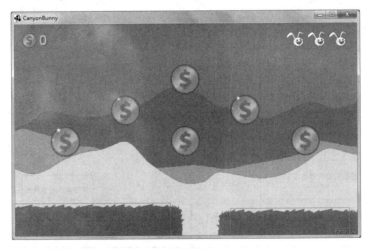

图 12-5

从图 12-5 可以发现每个 gold coin 的状态并不完全相同，该效果就是通过设置随机的初始状态时间实现的。

12.4.3 为 bunny head 对象添加动画

bunny head 对象的动画相对复杂一些，因为我们需要在不同状态下触发三种不同类型的动画效果。bunny head 对象的动画的基本思路是：当没有任何特殊事件发生时，播放标准动画（`animNormal`）。在第 11 章，当玩家收集到 feather 道具时，bunny head 对象被渲染为橘色，提示玩家 bunny head 已经具备飞行能力。现在希望使用其他三种动画效果代替该提示功能。第一种动画（`animCopterTransform`）用于展示 bunny head 对象从正常状态切换到上升状态（打结旋转的耳朵）的过程。第二种动画（`animCopterRotate`）用于代替原来的橘色提示效果（不断旋转的耳朵）。第三种动画（`animCopterTransformBack`）用于从飞行状态切换到正常状态（解开打结的耳朵）。

观察如图 12-6 所示的流程图。

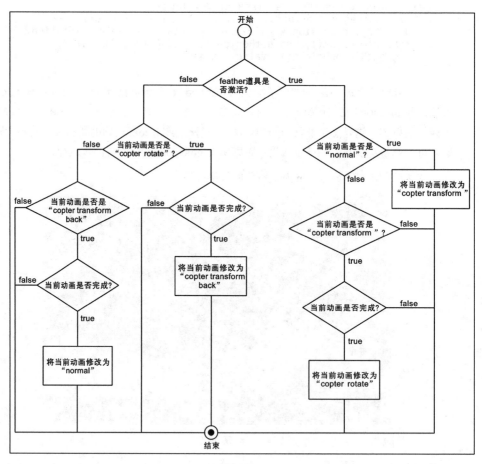

图 12-6

图 12-6 所示的流程图显示了整个动画过程的状态机。接下来根据上面的流程为 bunny head 对象实现整个动画效果。首先检查 feather 道具是否处于激活状态，接着根据动画的状态执行相应的动作。

> 如果希望了解更多有关状态机的内容，比如上面我们使用的流程图，请访问官方 wiki：http://en.wikipedia.org/wiki/Finite_state_machine。

下面添加实现代码，首先为 BunnyHead 类添加下面一行代码：

```
import com.badlogic.gdx.graphics.g2d.Animation;
```

然后为 BunnyHead 类添加下面的成员变量：

```
private Animation animNormal;
private Animation animCopterTransform;
private Animation animCopterTransformBack;
private Animation animCopterRotate;
```

完成之后根据下面的代码修改 BunnyHead 类：

```
public void init () {
    dimension.set(1, 1);

    animNormal = Assets.instance.bunny.animNormal;
    animCopterTransform = Assets.instance.bunny.animCopterTransform;
    animCopterTransformBack =
        Assets.instance.bunny.animCopterTransformBack;
    animCopterRotate = Assets.instance.bunny.animCopterRotate;
        setAnimation(animNormal);

    // 将原点设置为对象中心
    origin.set(dimension.x / 2, dimension.y / 2);

    ...
}
```

在 init() 方法中，首先将四个动画资源另存到具有更短命名的成员变量中，以方便后续引用；然后将 animNormal 动画设置为初始动画。

接下来根据下面的代码修改 BunnyHead 类：

```
@Override
public void update (float deltaTime) {
    super.update(deltaTime);
    if (velocity.x != 0) {
        viewDirection = velocity.x < 0 ?
            VIEW_DIRECTION.LEFT : VIEW_DIRECTION.RIGHT;
    }
    if (timeLeftFeatherPowerup > 0) {
        if (animation == animCopterTransformBack) {
            // 如果在 "TransformBack" 动画期间又收集一个 feather 道具,
            // 则重置为 "Transform" 动画; 否则动画可能出现卡的现象
            setAnimation(animCopterTransform);
        }
        timeLeftFeatherPowerup -= deltaTime;
        if (timeLeftFeatherPowerup < 0) {
            // 禁用飞行能力
            timeLeftFeatherPowerup = 0;
            setFeatherPowerup(false);
            setAnimation(animCopterTransformBack);
```

```java
        }
        dustParticles.update(deltaTime);

        // 根据 feather 道具状态修改动画
        if (hasFeatherPowerup) {
            if (animation == animNormal) {
                setAnimation(animCopterTransform);
            } else if (animation == animCopterTransform) {
                if (animation.isAnimationFinished(stateTime))
                    setAnimation(animCopterRotate);
            }
        } else {
            if (animation == animCopterRotate) {
                if (animation.isAnimationFinished(stateTime))
                    setAnimation(animCopterTransformBack);
            } else if (animation == animCopterTransformBack) {
                if (animation.isAnimationFinished(stateTime))
                    setAnimation(animNormal);
            }
        }
    }
```

上述代码在 update() 方法中实现了图 12-6 所示流程图中包含的所有状态的转换逻辑。首先，需要知道 Animation 类提供的 isAnimationFinished() 方法用于判断动画是否已经完成播放。切记，只有非循环播放模式的动画才能使用该方法进行判断。

接下来完成最后一处修改，代码如下：

```java
@Override
public void render (SpriteBatch batch) {
    TextureRegion reg = null;

    // 渲染粒子特效
    dustParticles.draw(batch);

    // 应用皮肤颜色
    if (hasFeatherPowerup && timeLeftFeatherPowerup > 0) {
        batch.setColor(CharacterSkin.values()[
            GamePreferences.instance.charSkin].getColor());
    }

    float dimCorrectionX = 0;
    float dimCorrectionY = 0;
    if (animation != animNormal) {
        dimCorrectionX = 0.05f;
        dimCorrectionY = 0.2f;
    }

    // 检索帧纹理
    reg = animation.getKeyFrame(stateTime, true);

    batch.draw(reg.getTexture(), position.x, position.y, origin.x,
        origin.y,
        dimension.x + dimCorrectionX,
        dimension.y + dimCorrectionY,
        scale.x, scale.y, rotation,reg.getRegionX(),reg.getRegionY(),
        reg.getRegionWidth(),reg.getRegionHeight(),
        viewDirection == VIEW_DIRECTION.LEFT, false);
```

```
    // 重置着色
    batch.setColor(1, 1, 1, 1);
}
```

在 render() 方法中，我们使用动画效果代替了着色提示。当 render() 方法检测到当前动画不是 animNormal 时，将会为渲染尺寸添加一个校正值。这是因为标准动画（animNormal）的尺寸较大，如果不加以校正，那么最终效果看起来会有所偏差。

现在可以运行游戏来检查本章创建的所有动画是否工作正常。

12.5 总结
Summary

本章首先介绍了如何利用 Actions 类操作 Actor 对象。我们使用 Actions 类为 Canyon Bunny 游戏的菜单屏幕添加了几处动画效果，通过实践，可以证明 LibGDX 的动作类是非常强大和灵活的。

除此之外，还详细介绍了 Animation 类的使用方法。这部分包括如何使用 TexturePackter 打包动画资源、Animation 类提供的各种播放模式及其区别。最后，利用 Animation 类为 Canyon Bunny 游戏添加了几处帧动画。

从第 13 章开始，我们将介绍 LibGDX 最新引入的 3D API，包括如何使用 API 直接创建基本 3D 模型以及如何导入由 3D 建模软件创建的模型。

第 13 章
3D 基础
Basic 3D Programming

3D 应用程序的设计是一个非常复杂的话题，仅使用一章的篇幅是不可能全部介绍完的。所以，我们只打算对 LibGDX 提供的 3D API 做一个简要的介绍。在本章，我们将学习怎样创建基本模型（如球体、盒体、圆柱体），了解如何导入由 3D 建模软件（如 Blender）设计的模型。最后，还会介绍如何利用 frustum culling 技术提升应用的渲染性能。

在 3D 世界选择一个对象相对 2D 游戏要复杂得多。本章将看到如何利用 ray picking 技术与 3D 世界进行交互。

综上所述，本章将介绍以下内容。

- 使用 LibGDX 3D API 创建基本模型。
- 加载由 Blender 建模软件创建的模型。
- 3D frustum culling 技术。
- ray picking 技术。

13.1 光源
Light sources

当太阳光束照射到物体上时，经过反射进入人的眼睛，这就是人类观察物体的基本原理。OpenGL ES 允许我们创建以下几种类型的光源。

- ambient light：这不是一个确切的光源，而是一种由其他对象反射形成的光束，相比直射光，强度要低很多。
- directional light：无穷远处的平行光源，该光源将影响场景内的所有对象，类似于太阳光。
- point light：表示场景附近某一点的散射光源，如同电灯泡发出的光线。

- spot light：类似于点光源（point light），但它有照射方向和照射范围，类似于手电筒、聚光灯等。

13.2 环境和材质
Environment and materials

OpenGL 使用材质信息来反映对象的表面属性，材质决定了光线与对象之间的交互过程。在实践中，我们需要为对象确定渲染什么（形状）以及如何渲染。形状可以通过 Mesh（或者更常见的 MeshPart）创建，Mesh 定义了着色器需要的顶点和相关属性信息。材质信息一般用于为着色器确定 uniform 变量的值。

uniforms 可以分为模型指定的（例如，应用纹理时是否使用混合模式）和环境 uniforms（例如，应用灯光或环境 cubemap）。同样，3D API 允许我们指定材质和环境。

> 更多有关材质、环境及相应属性的内容，请访问 https://github.com/libgdx/libgdx/wiki/Material-and-environment 链接。

13.3 LibGDX 3D 基础
Basic 3D using LibGDX

本节将介绍 LibGDX 3D API 的基础内容，然后创建一个简单的场景和位于场景中心位置的球体模型。

更多内容请访问 LibGDX 3D API 的官方 wiki：https://github.com/libgdx/libgdx/wiki/Quick-start。

13.3.1 创建项目

首先使用 gdx-setup-ui.jar 工具创建一个新项目（创建过程参见第 1 章）。打开工具并按照下面的信息创建项目。

- Name：ModelTest。
- Package：com.packtpub.libgdx.modeltest。
- Game class：MyModelTest。
- Destination：C:\libgdx。

图 13-1 所示的是创建过程的截图。

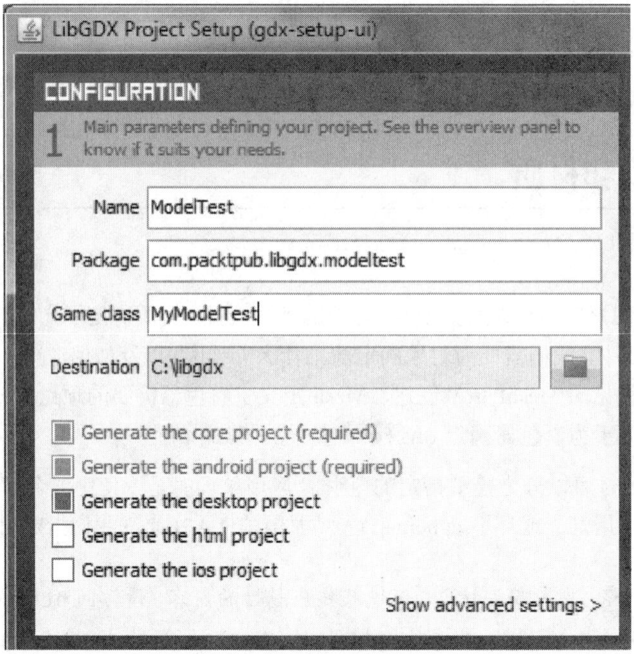

第 13 章　3D 基础

图 13-1

为了简单起见，上述项目没有选中 HTML 和 iOS 平台。如果你希望测试这些目标平台，只需勾选相应平台的复选框即可。记得将桌面平台的窗口尺寸修改为 800 像素×480 像素。

打开 MyModelTest.java 源文件移除所有自动生成的代码，然后添加下面的代码：

```
package com.packtpub.libgdx.modeltest;

import com.badlogic.gdx.ApplicationAdapter;
import com.badlogic.gdx.Gdx;
import com.badlogic.gdx.graphics.Color;
import com.badlogic.gdx.graphics.GL20;
import com.badlogic.gdx.graphics.PerspectiveCamera;
import com.badlogic.gdx.graphics.VertexAttributes.Usage;
import com.badlogic.gdx.graphics.g3d.Environment;
import com.badlogic.gdx.graphics.g3d.Material;
import com.badlogic.gdx.graphics.g3d.Model;
import com.badlogic.gdx.graphics.g3d.ModelBatch;
import com.badlogic.gdx.graphics.g3d.ModelInstance;
import com.badlogic.gdx.graphics.g3d.attributes.ColorAttribute;
import com.badlogic.gdx.graphics.g3d.environment.DirectionalLight;
import com.badlogic.gdx.graphics.g3d.utils.CameraInputController;
import com.badlogic.gdx.graphics.g3d.utils.ModelBuilder;

public class MyModelTest extends ApplicationAdapter {
    public Environment environment;
    public PerspectiveCamera cam;
    public CameraInputController camController;
```

```java
    public ModelBatch modelBatch;
    public Model model;
    public ModelInstance instance;
    public AssetManager assets;

    @Override
    public void create() {
        environment = new Environment();
        environment.set(new ColorAttribute(
            ColorAttribute.AmbientLight, 0.4f, 0.4f, 0.4f, 1f));
        environment.add(new DirectionalLight().set(0.8f, 0.8f,
            0.8f, -1f, -0.8f, -0.2f));

        modelBatch = new ModelBatch();

        cam = new PerspectiveCamera(67,Gdx.graphics.getWidth(),
            Gdx.graphics.getHeight());
        cam.position.set(2, 2, 2);
        cam.lookAt(0, 0, 0);
        cam.near = 1f;
        cam.far = 300f;
        cam.update();

        ModelBuilder modelBuilder = new ModelBuilder();
        model = modelBuilder.createSphere(2, 2, 2, 20, 20, new
            Material(ColorAttribute.createDiffuse(Color.YELLOW)),
            Usage.Position | Usage.Normal);
        instance = new ModelInstance(model);

        camController = new CameraInputController(cam);
        Gdx.input.setInputProcessor(camController);

    }

    @Override
    public void render() {
        camController.update();
        Gdx.gl.glViewport(0, 0, Gdx.graphics.getWidth(),
            Gdx.graphics.getHeight());
        Gdx.gl.glClear(GL20.GL_COLOR_BUFFER_BIT |
            GL20.GL_DEPTH_BUFFER_BIT);

        modelBatch.begin(cam);
        modelBatch.render(instance, environment);
        modelBatch.end();
    }

    @Override
    public void dispose() {
        modelBatch.dispose();
        model.dispose();
    }
}
```

上述代码创建了一个最基本的场景，如图 13-2 所示。

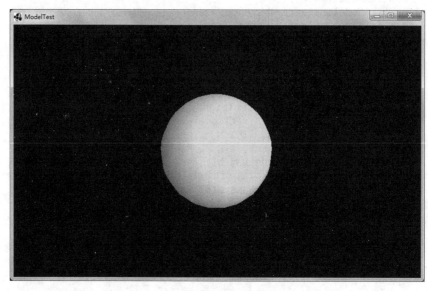

图 13-2

13.3.2 相机

LibGDX 提供两种投影相机供我们选择，分别是正交投影相机和透视投影相机。上面的示例使用透视投影相机从空间的某个位置观察整个场景，如下代码所示：

```
public PerspectiveCamera cam;

cam = new PerspectiveCamera(67, Gdx.graphics.getWidth(),
Gdx.graphics.getHeight());
cam.position.set(2, 2, 2);
cam.lookAt(0, 0, 0);
cam.near = 1f;
cam.far = 300f;
cam.update();
```

上述代码创建了一个 67°视角、与当前窗口纵横比相同的透视投影相机。通过调用 cam.position.set(2, 2, 2)方法将该相机的位置设置为三位坐标系(x,y,z)的(2,2,2)点。

在 LibGDX 的三维坐标系中，z 轴总是指向观察者，如图 13-3 所示。

我们将相机的观察点设置为原点（0,0,0）。near 和 far 分别用于设置相机所能观察到的最近距离和最远距离。最后调用 update()方法更新所有设置。

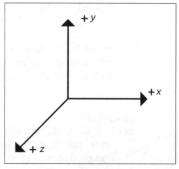

图 13-3

13.3.3 Model 和 ModelInstance 类

一个模型表示一种 3D 资源。资源内部存储着以层级结构排列的节点（node）。每个节点由 `MeshPart`（用于变换的必需部分）和 `Material`（可选的图形部分）组成。LibGDX 使用 `Model` 类构建 3D 模型，即原始模型。渲染模型时需要创建原始模型的 `ModelInstance`（模型实例）。该实例可以看成原始模型的一份拷贝，具有独立的变换矩阵和模型组成信息，允许用户自由修改材质和节点而不影响原始模型。原始模型是所有网格和纹理的拥有者，而创建于原始模型的每一个模型实例只是资源的分享者。一旦原始模型被释放，所有模型实例都将变得不可用。

接下来使用 LibGDX 提供的 `ModelBuilder` 类创建球体模型。`ModelBuilder` 类用于创建基本模型，如长方体、锥体、球体、胶囊、圆柱体等，具体过程如下：

```
public Model model;
public ModelInstance instance;

ModelBuilder modelBuilder = new ModelBuilder();
model = modelBuilder.createSphere(2, 2, 2, 20, 20,
    new Material(ColorAttribute.createDiffuse(Color.YELLOW)),
    Usage.Position | Usage.Normal);

instance = new ModelInstance(model);
```

创建球体需要输入宽度、高度、深度以及水平和竖直方向上的节点数，上述代码创建的球体的长、宽、高都等于 2 个单位，节点数等于 20。使用 `ModelBuilder` 类创建基本模型时需要指定材质信息和顶点属性。最后，使用该模型的模型实例（`ModelInstance`）对象。当模型不再使用时，需要调用 `mode.dispose()` 方法释放资源。

13.3.4 ModelBatch 类

`ModelBatch` 类用于渲染模型实例，具体代码如下：

```
modelBatch.begin(cam);
modelBatch.render(instance, environment);
modelBatch.end();
```

`render()` 方法渲染 3D 模型实例的过程可以分解为以下几步：清除屏幕，调用 `modelBatch.begin()` 方法启动渲染，开始渲染 `ModelInstance` 实例，最后调用 `modelBatch.end()` 提交渲染命令，完成渲染。渲染模型实例需要调用 `modelBatch.render()` 方法，该方法需要两个参数，分别是模型实例对象（`instance`）和环境对象（`environment`）。`ModelBatch` 对象不再使用时，也必须调用 `dispose()` 方法释放资源。

13.3.5 Environment 类

环境包含指定场景的共享属性。例如，光属于环境的一部分。简单的应用只需一处环境，复杂的应用可能需要多处环境，这取决于 `ModelInstance` 实例所处的位置。一个 `ModelInstance` 实例只能关联一处环境，如下代码所示：

```
public Environment environment;
...
environment = new Environment();
environment.set(new ColorAttribute(ColorAttribute.AmbientLight,
    0.4f, 0.4f, 0.4f, 1f));
environment.add(new DirectionalLight().set(0.8f, 0.8f, 0.8f, -1f,
    -0.8f, -0.2f));
...
modelBatch.render(instance, environment);
```

上述代码首先创建一个环境实例，接着为该环境添加一个直射光源，最后调用 `modelBatch.render()` 方法渲染环境和模型实例。

13.4 加载模型
Loading a model

通常，游戏所需的模型是由类似于 Blender 的动画软件设计创建的，我们只需要将导出的模型文件作为游戏资源在运行时进行加载即可。

 本章的模型资源将随本书的源码包一起提供给读者。

接下来将下面的资源拷贝到 android 项目的 assets 文件夹：

- `car.g3dj`：本例的模型文件。
- `tiretext.jpg` 和 `yellowtaxi.jeg`：模型材质。

从 `ModelTest.java` 文件中移除与 `ModelBuilder` 类相关的代码，然后添加下面的代码：

```
assets = new AssetManager();
assets.load("car.g3dj", Model.class);
assets.finishLoading();
model = assets.get("car.g3dj", Model.class);
instance = new ModelInstance(model);
```

另外，我们还为应用添加一个用于控制相机的输入处理器：

```
camController = new CameraInputController(cam);
Gdx.input.setInputProcessor(camController);
```

控制相机的输入处理器需要在渲染前进行更新，因此在 `render()` 方法的第一行添加下面的代码：

```
camController.update();
```

最终，MyModelTest.java 文件的完整代码如下：

```java
public class MyModelTest extends ApplicationAdapter {
    public Environment environment;
    public PerspectiveCamera cam;
    public CameraInputController camController;
    public ModelBatch modelBatch;
    public Model model;
    public ModelInstance instance;
    public AssetManager assets;

    @Override
    public void create() {
        environment = new Environment();
        environment.set(new ColorAttribute(
            ColorAttribute.AmbientLight, 0.4f, 0.4f, 0.4f, 1f));
        environment.add(new DirectionalLight().set(0.8f, 0.8f,
            0.8f, -1f, -0.8f, -0.2f));

        modelBatch = new ModelBatch();

        cam = new PerspectiveCamera(67,
            Gdx.graphics.getWidth(), Gdx.graphics.getHeight());
        cam.position.set(10, 10, 10);
        cam.lookAt(0, 0, 0);
        cam.near = 1f;
        cam.far = 300f;
        cam.update();

        assets = new AssetManager();
        assets.load("car.g3dj", Model.class);
        assets.finishLoading();
        model = assets.get("car.g3dj", Model.class);
        instance = new ModelInstance(model);

        camController = new CameraInputController(cam);
        Gdx.input.setInputProcessor(camController);
    }

    @Override
    public void render() {
        camController.update();
        Gdx.gl.glViewport(0, 0, Gdx.graphics.getWidth(),
            Gdx.graphics.getHeight());
        Gdx.gl.glClear(GL20.GL_COLOR_BUFFER_BIT |
            GL20.GL_DEPTH_BUFFER_BIT);

        modelBatch.begin(cam);
        modelBatch.render(instance, environment);
        modelBatch.end();
    }

    @Override
    public void dispose() {
        modelBatch.dispose();
        assets.dispose();
    }
}
```

粗体字为新添加的代码。图 13-4 显示了上述代码渲染的场景。尝试使用 W、S、A、D 及鼠标导航浏览。

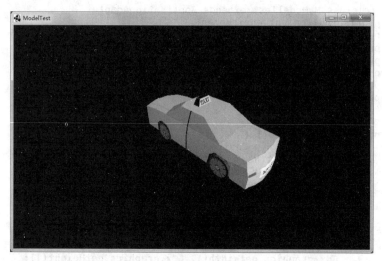

图 13-4

模型格式和 FBX 转换器

LibGDX 支持三种模型格式，分别是 .obj、.g3dj 和 .g3db。LibGDX 支持 Wavefront 公司创建的 .obj 格式，出于测试的目的，因为该格式包含的模型信息太少，并不适合游戏开发。当前大部分三维软件都支持导出 .obj 格式模型。但 LibGDX 并不完全支持 .obj 格式，因此在 LibGDX 中渲染 .obj 格式模型时有可能会出现错误。.g3dj 格式是以 JSON 文本进行描述的，一般用于调试。.g3db 格式的模型是以二进制文件保存的，优点是加载速度快。

当前最受欢迎的模型格式应该是 FBX，基本上所有的建模软件都支持该格式。虽然 LibGDX 并不直接支持 FBX 格式，但它提供了 FBX 格式的转换器。该转换器可以将 .obj 格式和 .fbx 格式转换为 .g3dj 格式或 .g3db 格式。

下面介绍如何将 car.fbx 模型转换为 .g3db 格式，打开控制台并输入图 13-5 所示的命令。

图 13-5

必须确保 fbx-conv-win32.exe 转换程序和 car.fbx 文件在同一个文件夹内；否则，

必须使用全路径名才能正确执行上述命令。

> 有关 FBX 格式的更多内容，请访问 https://github.com/libgdx/fbx-conv 和 https://github.com/libgdx/libgdx/wiki/3D-animations-and-skinning 链接。FBX 格式转换工具可以通过下面链接下载：http://libgdx.badlogicgames.com/fbx-conv。

13.5　3D frustum culling 技术

一般情况下，3D 场景会包含很多对象，但我们只能看到很少的一部分。应用渲染场景时，如果连同那些不能被观察到的对象一起渲染，那就是对设备资源的浪费，而且会严重影响应用的运行速度。因此，无论是 3D 游戏还是 2D 游戏，理想情况是只渲染那些可以被相机观察到的对象，而忽略处于视野范围以外的所有对象。我们将这种选择性渲染技术称为 frustum culling，实现该技术的方法有很多种。

首先让我们为场景多添加一些 cars 模型。更新后的场景如图 13-6 所示。

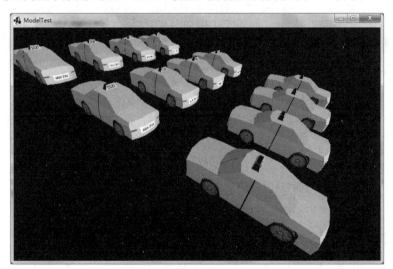

图 13-6

修改之后，`MyModelTest.java` 文件的代码如下：

```
public class MyModelTest extends ApplicationAdapter {
    ...
    public Array<ModelInstance> instances = new Array<ModelInstance>();

    @Override
    public void create() {
```

```
        environment = new Environment();
        environment.set(new ColorAttribute(
            ColorAttribute.AmbientLight, 0.4f, 0.4f, 0.4f, 1f));
        environment.add(new
            DirectionalLight().set(0.8f, 0.8f, 0.8f, -1f, -0.8f, -0.2f));

        modelBatch = new ModelBatch();

        cam = new PerspectiveCamera(67,
            Gdx.graphics.getWidth(), Gdx.graphics.getHeight());
        cam.position.set(5, 20, 20);
        cam.lookAt(0, 0, 0);
        cam.near = 1f;
        cam.far = 100f;
        cam.update();

        assets = new AssetManager();
        assets.load("car.g3dj", Model.class);
        assets.finishLoading();
        model = assets.get("car.g3dj", Model.class);

        for (float x = -30; x <= 10f; x += 20) {
            for (float z = -30f; z <= 0f; z += 10f) {
                ModelInstance instance = new ModelInstance(model);
                instance.transform.setToTranslation(x, 0, z);
                instances.add(instance);
            }
        }

        camController = new CameraInputController(cam);
        Gdx.input.setInputProcessor(camController);
    }

    @Override
    public void render() {
        camController.update();

        Gdx.gl.glViewport(0, 0, Gdx.graphics.getWidth(),
            Gdx.graphics.getHeight());
        Gdx.gl.glClear(GL20.GL_COLOR_BUFFER_BIT |
            GL20.GL_DEPTH_BUFFER_BIT);

        modelBatch.begin(cam);
        for (ModelInstance instance : instances) {
            modelBatch.render(instance, environment);
        }
        modelBatch.end();
    }

    @Override
    public void dispose() {
        modelBatch.dispose();
        assets.dispose();
    }
    ...
}
```

上述代码新添加了 12 个 car 模型实例。切记这里只有 1 个模型，但有 12 个模型实例。相机的位置被修改为（5，20，20）。现在仍旧可以使用 W、S、A、D 以及鼠标进行导航。

可以发现，上述代码渲染了所有 car 模型实例，且包含那些看不见的实例。

为了测试这一点，接下来为场景添加一些调试信息：

```
...
public OrthographicCamera orthoCam;
public SpriteBatch spriteBatch;
public BitmapFont font;
public StringBuilder stringBuilder = new StringBuilder();

@Override
public void create() {
    ...
    orthoCam = new OrthographicCamera(
        Gdx.graphics.getWidth(), Gdx.graphics.getHeight());
    orthoCam.position.set(Gdx.graphics.getWidth() / 2f,
        Gdx.graphics.getHeight() / 2f, 0);
    spriteBatch = new SpriteBatch();
    font = new BitmapFont();
}

@Override
public void render() {
    ...
    modelBatch.begin(cam);
    int count = 0;
    for (ModelInstance instance : instances) {
        modelBatch.render(instance, environment);
        count++;
    }
    modelBatch.end();

    orthoCam.update();
    spriteBatch.setProjectionMatrix(orthoCam.combined);
    spriteBatch.begin();
    stringBuilder.setLength(0);
    stringBuilder.append("FPS: " +
        Gdx.graphics.getFramesPerSecond()).append("\n");
    stringBuilder.append("Cars: " + count).append("\n");
    stringBuilder.append("Total: " + instances.size).append("\n");
    font.drawMultiLine(spriteBatch, stringBuilder, 0,
        Gdx.graphics.getHeight());
    spriteBatch.end();
}

@Override
public void dispose() {
    modelBatch.dispose();
    assets.dispose();

    spriteBatch.dispose();
    font.dispose();
}
```

上述代码为场景添加了一台正交投影相机，用于绘制 2D GUI 元素。我们在窗口的左上角打印了 FPS 信息和模型实例的数量，如图 13-7 所示。

图 13-7

> **能否在 3D 场景使用 2D API？**
> 如果希望为 3D 场景添加一些 2D 信息，如分数图标、"play/pause" 按钮或者背景图片，那么可直接像 2D 游戏那样使用正交投影相机和 SpriteBatch 对象实现。

可以发现，无论我们导航到场景的任何位置，应用渲染的模型实例总是 12 个。接下来使用 frustum culling 技术来解决这一问题。

> frustum（视锥）可以看作类似于金字塔的形状（3D 空间），塔尖的位置与相机重合，塔身包含相机所能观察到的空间。
> 访问下面链接详细了解视锥（viewing frustum）的概念：
> http://en.wikipedia.org/wiki/Viewing_frustum。
> 访问下面链接详细了解透视投影相机和正交投影相机的工作原理：
> http://www.badlogicgames.com/wordpress/?p=1550。

LibGDX 提供了几种简单的方法判断对象是否位于相机视锥的内部。首先介绍第一种方法，在 `MyModelTest.java` 文件中添加下面的代码：

```
private Vector3 position = new Vector3();
private boolean isVisible(final Camera cam, final ModelInstance
    instance) {
    instance.transform.getTranslation(position);
    return cam.frustum.pointInFrustum(position);
}
```

上述代码添加了一个 `Vector3` 类型的成员变量 `position`，用于保存模型对象的坐标。`isVisible()` 方法首先获取模型实例（`ModelInstance`）的坐标，接着调用 `pointInFrustum()` 方法判断该坐标是否位于相机的视锥内部。

接下来在渲染之前使用 `isVisible()` 方法判断模型实例是否位于视锥内部，代码如下：

```
@Override
public void render() {
    ...
    modelBatch.begin(cam);
    int count = 0;
    for (ModelInstance instance : instances) {
        if (isVisible(cam, instance)) {
            modelBatch.render(instance, environment);
            count++;
        }
    }
    modelBatch.end();
    ...
}
```

尝试运行应用并导航场景，观察渲染的模型实例个数与相机所处位置的关系。

上述代码利用 isVisible() 方法检查 car 模型实例的位置坐标是否位于视锥内部，从而判断相机是否可以观察到该实例对象。试想，如果对象的一部分位于视锥内部，那么上述方法还能满足要求吗？为了解决这一点，LibGDX 提供的 boundsInFrustum() 方法可以判断包围盒是否完全位于视锥外部。包围盒可以理解为一个包含整个模型实例的长方体。图 13-8 解释了包围盒的概念。

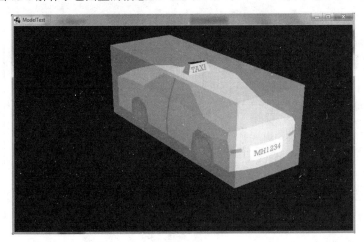

图 13-8

重新修改 isVisible() 方法，检查包围盒是否位于视锥内部：

```
private boolean isVisible(PerspectiveCamera cam, ModelInstance instance) {
    instance.transform.getTranslation(position);
    BoundingBox box = instance.calculateBoundingBox(new BoundingBox());
    return cam.frustum.boundsInFrustum(position, box.getDimensions());
}
```

calculateBoundingBox() 方法用于计算模型实例的包围盒。注意，该方法比较耗时，如果能保存返回结果，那么效果会更好一些。

我们还可以通过计算模型实例的包围球，再根据位置和半径判断对象是否位于视锥内部。虽然检查半径相对快一些，但会降低判断的准确性，代码如下：

```
float radius = box.getDimensions().len()/2f ;
cam.frustum.sphereInFrustum(position, radius);
```

radius 表示包围球的半径。

13.6　ray picking 技术

Ray picking

与 3D 对象进行交互需要利用 ray picking 技术。在 2D 场景中可能很容易将输入坐标与游戏对象的位置对应起来。对于 3D 场景，这一点很难实现。因为游戏对象位于 3D 空间，而输入坐标位于屏幕的 2D 空间。想必大家都很熟悉一款非常有名的射击游戏——Counter-Strike（CS）。在该游戏中，射出的子弹会在 3D 空间持续飞行直到发生碰撞。ray picking 技术可以理解为子弹沿直线运动的过程，也可以理解为一条射线透过 2D 视口射入 3D 空间直到它击中某个游戏对象的过程，如图 13-9 所示。

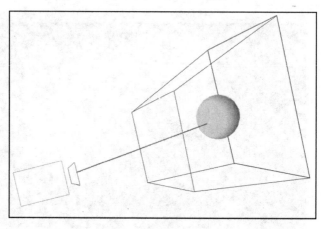

图 13-9

观察下面的代码，理解 ray packing 技术的实现过程。这里为 CameraInputController 对象扩展了一项新功能：

```
@Override
public void create() {
...
final BoundingBox box= model.calculateBoundingBox(newBoundingBox());
camController = new CameraInputController(cam) {
    private final Vector3 position = new Vector3();

    @Override
    public boolean touchUp(int screenX, int screenY, int pointer, int button) {
        Ray ray = cam.getPickRay(screenX, screenY);
        for (int i = 0; i < instances.size; i++) {
            ModelInstance instance = instances.get(i);
            instance.transform.getTranslation(position);

            if (Intersector.intersectRayBoundsFast(ray, position,
                box.getDimensions())) {
                instances.removeIndex(i);
                i--;
            }
        }
        return super.touchUp(screenX, screenY, pointer, button);
    }
};
Gdx.input.setInputProcessor(camController);
}
```

在 touchUp()方法中，我们使用 getPickRay()方法创建了一个从屏幕触摸点射入的 Ray 对象。现在迭代所有实例，检查该射线是否击中某个对象。`Intersector` 类提供了许多用于判断射线与不同类型的几何体是否相交的方法，上面我们使用`intersectRayBoundsFast()`方法判断射线是否与盒体相交。一旦检测到交叉实例，就从实例数组中移除该实例。接下来运行游戏，当单击场景中的某个 car 实例时，该实例将立即消失。

> 为了简单起见，上面的代码使用了 `CameraInputController` 类作为输入处理器。在真正的项目开发中，我们应当实现自定义的事件处理器，如第 3 章中实现于 `InputListerner` 和 `InputAdapter` 接口的输入处理器。有关事件处理的更多内容请访问：https://github.com/libgdx/libgdx/wiki/Event-handling。

13.7 总结
Summary

本章学习了如何创建基本模型、加载 3D 模型、frustum culling 技术、在 3D 场景中渲染 2D 文本以及 ray picking 技术。

还简要介绍了如何使用 LibGDX 提供 FBX 格式转换工具将 .obj 和 .fbx 模型转换为 LibGDX 支持的模型格式。

第 14 章将介绍如何使用 Bullet 物理引擎为 3D 游戏创建物理模拟系统，包括创建刚体对象以及应用物理属性等，就像在 2D 游戏中使用 Box2D 一样。

第 14 章
Bullet 物理引擎
Bullet Physics

我们在第 11 章介绍了 2D 物理引擎 Box2D。本章将介绍一款功能更加强大的 3D 物理引擎——Bullet。Bullet 物理引擎是一个非常庞大的模拟系统，仅靠一章内容难以面面俱到，因此本章只打算对 Bullet 物理引擎做一个基本的介绍。最后，将利用 Bullet 物理引擎和 LibGDX 基础 3D 模型创建一个简单的物理模拟环境。

综上所述，本章将介绍以下内容。

- 使用 `gdx-setup.jar` 工具创建一个新项目。
- 了解 Bullet 的基本概念。
- 使用 Bullet 创建一个简单的物理模拟环境。

14.1 关于 Bullet
About Bullet Physics

Bullet 是一个优秀的碰撞检测和刚体动力学库。该库除了用于游戏开发（如 Grand Theft Auto 系列游戏），还广泛应用于电影制作（如 Megamind、Shrek 4、Train Your Dragon）等。Bullet 物理引擎库最初由 Erwin Coumans 开发，自 2005 年该物理引擎库开放以后，吸引了众多贡献者。Bullet 库在 zlib 开源协议下公布。原版库使用 C++语言编写，现在已经移植到多种语言，而且许多框架都已经集成 Bullet 物理引擎。

LibGDX 通过 JIN 编程直接包装了 C++版 Bullet 物理引擎。为了保证学习和使用的方便，LibGDX 在包装 API 时保留了原有的类名和方法名。这意味着，类似于原始库，大部分类名都是以 bt 为前缀的。基于命名的便利，我们可以直接使用 C++版的 Bullet 官方用户手册和 API 文档进行学习（见图 14-1）。

访问下面链接可获取更多有关 Bullet 物理引擎的学习资料：

- www.bulletphysics.org。

图 14-1

- http://bulletphysics.org/mediawiki-1.5.8/index.php/Bullet_User_Manual_and_API_documentation。

访问以下链接可获取更多的教程。

- http://bulletphysics.org/mediawiki-1.5.8/index.php/Tutorial_Articles。
- https://github.com/libgdx/libgdx/wiki/Bullet-physics。
- http://blog.xoppa.com/using-the-libgdx-3d-physics-bulletwrapper-part1。
- http://blog.xoppa.com/using-the-libgdx-3d-physics-bulletwrapper-part2。

14.2 Bullet 基本概念
A few basic concepts

本节将讨论 Bullet 库的基本实现思想,以及背后的一些重要概念。

14.2.1 刚体

刚体是所有物理引擎的基本构建块。在现实世界中,刚体是具有质量、位置、速度、惯性以及运动状态等物理属性的物体。所有刚体都被假设为固体,而且不会受力影响而发生形变。

Static、Dynamic 和 Kinematic 刚体

Bullet 支持三种不同类型的刚体,分别如下。

- Dynamic 刚体:
  - 质量大于 0。

- ○ 对于所有模拟框架，Dynamic 刚体的世界变换都应该由动态世界进行更新。
- Static 刚体：
  - ○ 质量等于 0。
  - ○ 不能移动，该类型的刚体之间也不能发生碰撞。
- Kinematic 刚体：
  - ○ 质量为 0。
  - ○ 用户可以为该类型的刚体定义运动，但是该类型的刚体的交互是单方面的，即当 Kinematic 刚体与 Dynamic 刚体发生碰撞时，只有 Dynamic 刚体受影响。

14.2.2 碰撞形状

类似于图形网格，碰撞形状用于检测各种对象之间的碰撞，现实中也会经常遇到这种情况。碰撞形状不包含位置坐标，因为它的位置依附于参与碰撞的对象或刚体。碰撞形状只用于碰撞检测，它不具有质量、惯性、恢复力等物理属性。如果游戏中有多个形状相同的刚体，为了节省内存，这些刚体可以共享同一个碰撞形状。与图形网格不同的是，碰撞形状不一定由三角单元组成，它本身可能就是一种基本形状，如长方体、圆柱体等。

有关碰撞形状的更多内容，请访问官方手册：http://bulletphysics.org/mediawiki-1.5.8/index.php/Collision_Shapes。

14.2.3 MotionStates

MotionStates（运动状态）是 Bullet 以模拟对象为渲染过程传递信息的一种实现方式。

大多数情况下，游戏循环必须在每一帧迭代所有游戏对象，以获取必要的渲染信息。对于游戏对象而言，我们必须将刚体的位置传递给渲染对象。Bullet 使用 `MotionStates` 类省略了上述过程的运行开支。

MotionStates 通过与应用的物理模拟系统产生的力所引起的运动进行交互。静态对象不能移动，因此它不需要与运动交互，所以它也没有 MotionStates。

Kinematic 对象由应用程序和运动状态反向控制。为了检测 Kinematic 刚体的碰撞，该类型刚体需要将运动状态传递给 Bullet。

> 关于MotionStates的更多解释请访问:http://bulletphysics.org/mediawiki-1.5.8/index.php/MotionStates。

14.2.4 物理模拟

在 Bullet 物理引擎中，可以通过添加或移除刚体对象、设置刚体或模拟世界的属性来创建与现实世界高度相似的虚拟世界。

由于篇幅有限，Bullet 包含的许多功能还需要大家自己去探索。如果希望更深入地了解 Bullet 物理引擎，那么可以通过访问官方链接进行学习：https://github.com/erwincoumans/bullet2/blob/master/Bullet_User_Manual.pdf?raw=true。

14.3 LibGDX Bullet
Learning Bullet with LibGDX

本节将学习如何在 LibGDX 中使用 Bullet 库。

14.3.1 创建项目

使用旧版工具（`gdx-setup-ui.jar`）创建的 LibGDX 项目必须手动添加 Bullet 库依赖。首先要为主项目添加 `gdx-bullet.jar` 库。另外，也可以将 `gdx-bullet` 项目添加到主项目的构建路径中。对于 desktop 项目，需要添加 `gdx-bullet-natives.jar` 库。对于 android 项目，需要添加 `armeabi/libgdx-bullet.so` 文件和 `armeabi-v7a/libgdx-bullet.so` 文件到 `libs` 文件夹下。

GWT 平台目前还不支持 Bullet。另外，可以直接使用 LibGDX 提供的 Gradle Project Setup（`gdx-setup.jar`）工具创建已经配置好 Bullet 环境的 LibGDX 项目，这样可以节省大量时间，而且不容易出错。

打开 `gdx-setup.jar` 工具，根据下面的信息创建项目：

- **Name**：CollisionTest。
- **Package**：`com.packtpub.libgdx.collisiontest`。
- **Game class**：`MyCollisionTest`。
- **Destination**：`C:\libgdx`。
- **Android SDK**：用户指定 SDK 路径。

选择最新版 LibGDX 开发库，在 **Sub Projects** 部分选中 **Desktop**、**Android** 和 **iOS** 平台。由于 GWT 平台不支持 Bullet，因此我们并没有选中 **Html** 平台。最后在 **Extensions** 菜单下选中 **Bullet** 扩展，单击"Generate"按钮生成项目文件，如图 14-2 所示。接下来参考第 1 章的步骤导入该项目。

第 14 章 Bullet 物理引擎

图 14-2

14.3.2 创建基础 3D 场景

在第 13 章学习了如何创建基本 3D 模型。接下来创建一个包含球体和地面的简单场景，最终效果如图 14-3 所示。

在 **MyCollisionTest.java** 文件中添加下面的代码：

```
package com.packtpub.libgdx.collisiontest;

import com.badlogic.gdx.ApplicationAdapter;
import com.badlogic.gdx.Gdx;
...
import com.badlogic.gdx.utils.Array;

public class MyCollisionTest extends ApplicationAdapter {
    PerspectiveCamera cam;
    ModelBatch modelBatch;
```

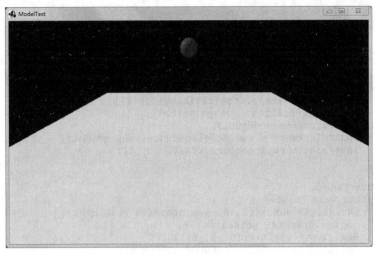

图 14-3

```
Array<Model> models;
ModelInstance groundInstance;
ModelInstance sphereInstance;
Environment environment;
ModelBuilder modelbuilder;

@Override
public void create () {
    modelBatch = new ModelBatch();

    environment = new Environment();
    environment.set(new ColorAttribute(
        ColorAttribute.AmbientLight, 0.4f, 0.4f,0.4f, 1f));
    environment.add(new DirectionalLight().set(0.8f, 0.8f, 0.8f,
        -1f, -0.8f, -0.2f));

    cam = new PerspectiveCamera(67, Gdx.graphics.getWidth(),
        Gdx.graphics.getHeight());
    cam.position.set(0, 10, -20);
    cam.lookAt(0, 0, 0);
    cam.update();

    models = new Array<Model>();

    modelbuilder = new ModelBuilder();
    // 使用长方体创建一个地面模型
    float groundWidth = 40;
    modelbuilder.begin();
    MeshPartBuilder mpb = modelbuilder.part("parts",
        GL20.GL_TRIANGLES,Usage.Position | Usage.Normal |
        Usage.Color,new Material(ColorAttribute.
        createDiffuse(Color.WHITE)));
    mpb.setColor(1f, 1f, 1f, 1f);
    mpb.box(0, 0, 0, groundWidth, 1, groundWidth);
    Model model = modelbuilder.end();
    models.add(model);
    groundInstance = new ModelInstance(model);
```

```java
        // 创建球体模型
        float radius = 2f;
        final Model sphereModel = modelbuilder.createSphere(radius,
            radius, radius, 20, 20, new Material(
            ColorAttribute.createDiffuse(Color.RED),
            ColorAttribute.createSpecular(Color.GRAY),
            FloatAttribute.createShininess(64f)),
            Usage.Position | Usage.Normal);
        models.add(sphereModel);
        sphereInstance = new ModelInstance(sphereModel);
        sphereInstance.transform.trn(0, 10, 1);
    }

    @Override
    public void render () {
        Gdx.gl.glViewport(0, 0, Gdx.graphics.getWidth(),
            Gdx.graphics.getHeight());
        Gdx.gl.glClearColor(0, 0, 0, 1);
        Gdx.gl.glClear(GL20.GL_COLOR_BUFFER_BIT |
            GL20.GL_DEPTH_BUFFER_BIT);

        modelBatch.begin(cam);
        modelBatch.render(groundInstance, environment);
        modelBatch.render(sphereInstance, environment);
        modelBatch.end();
    }

    @Override
    public void dispose() {
        modelBatch.dispose();
        for (Model model : models) {
            model.dispose();
        }
    }
}
```

实际上，场景中的地面是一个薄板长方体，与球体同属基本 3D 模型。接下来为场景添加一个简单的物理模拟场景：

```java
public class MyCollisionTest extends ApplicationAdapter {
    ...

    private btDefaultCollisionConfiguration collisionConfiguration;
    private btCollisionDispatcher dispatcher;
    private btDbvtBroadphase broadphase;
    private btSequentialImpulseConstraintSolver solver;
    private btDiscreteDynamicsWorld world;

    private Array<btCollisionShape> shapes = new
        Array<btCollisionShape>();
    private Array<btRigidBodyConstructionInfo> bodyInfos = new
        Array<btRigidBody.btRigidBodyConstructionInfo>();
    private Array<btRigidBody> bodies = new Array<btRigidBody>();
    private btDefaultMotionState sphereMotionState;

    @Override
    public void create() {
        ...
```

```java
    // 初始化Bullet物理引擎
    Bullet.init();

    // 创建模拟世界
    collisionConfiguration = new btDefaultCollisionConfiguration();
    dispatcher = new btCollisionDispatcher(collisionConfiguration);
    broadphase = new btDbvtBroadphase();
    solver = new btSequentialImpulseConstraintSolver();
    world = new btDiscreteDynamicsWorld(dispatcher, broadphase,
        solver, collisionConfiguration);
    world.setGravity(new Vector3(0, -9.81f, 1f));

    // 为地面创建body
    btCollisionShape groundshape = new btBoxShape(new Vector3(20, 1 /
        2f, 20));
    shapes.add(groundshape);
    btRigidBodyConstructionInfo bodyInfo = new
    btRigidBodyConstructionInfo(0, null, groundshape, Vector3.Zero);
    this.bodyInfos.add(bodyInfo);
    btRigidBody body = new btRigidBody(bodyInfo);
    bodies.add(body);

    world.addRigidBody(body);

    // 为球体创建body
    sphereMotionState = new
        btDefaultMotionState(sphereInstance.transform);
    sphereMotionState.setWorldTransform(sphereInstance.transform);
    final btCollisionShape sphereShape = new btSphereShape(1f);
    shapes.add(sphereShape);

    bodyInfo = new btRigidBodyConstructionInfo(1, sphereMotionState,
        sphereShape, new Vector3(1, 1, 1));
    this.bodyInfos.add(bodyInfo);

    body = new btRigidBody(bodyInfo);
    bodies.add(body);
    world.addRigidBody(body);
}
public void render() {
    Gdx.gl.glViewport(0, 0, Gdx.graphics.getWidth(),
        Gdx.graphics.getHeight());
    Gdx.gl.glClearColor(0, 0, 0, 1);
    Gdx.gl.glClear(GL20.GL_COLOR_BUFFER_BIT |
        GL20.GL_DEPTH_BUFFER_BIT);

    world.stepSimulation(Gdx.graphics.getDeltaTime(), 5);
    sphereMotionState.getWorldTransform(sphereInstance.transform);

    modelBatch.begin(cam);
    modelBatch.render(groundInstance, environment);
    modelBatch.render(sphereInstance, environment);
    modelBatch.end();
}

@Override
public void dispose() {
    modelBatch.dispose();
```

```
        for (Model model : models)
            model.dispose();
        for (btRigidBody body : bodies) {
            body.dispose();
        }
        sphereMotionState.dispose();
        for (btCollisionShape shape : shapes)
            shape.dispose();
        for (btRigidBodyConstructionInfo info : bodyInfos)
            info.dispose();
        world.dispose();
        collisionConfiguration.dispose();
        dispatcher.dispose();
        broadphase.dispose();
        solver.dispose();
        Gdx.app.log(this.getClass().getName(), "Disposed");
    }
}
```

以上代码中加粗的字体为新添加的代码。运行游戏，可以看到球体模型缓慢降落直到与地面碰撞，然后顺着地面模型滚动直至落下。

14.3.3 初始化 Bullet

由于 LibGDX 直接集成于 C++版 Bullet 库，因此，在调用任何 Bullet 方法之前，必须先将库文件加载到内存中。加载 Bullet 库只需在 `create()` 方法中先调用 `Bullet.init()` 方法即可。在调用 `Bullet.init()` 方法之前调用任何 Bullet API 都会导致应用出错。

14.3.4 创建动态世界

完成 Bullet 库的初始化之后，接下来创建执行对象模拟的虚拟世界。创建 Bullet 虚拟世界可以使用下面的代码：

```
collisionConfiguration = new btDefaultCollisionConfiguration();
dispatcher = new btCollisionDispatcher(collisionConfiguration);
broadphase = new btDbvtBroadphase();
solver = new btSequentialImpulseConstraintSolver();
world = new btDiscreteDynamicsWorld(dispatcher, broadphase,
    solver, collisionConfiguration);
world.setGravity(new Vector3(0, -9.81f, 1f));
```

3D 场景的碰撞检测是一个非常复杂的过程。虽然我们可以创建自定义的碰撞检测算法，但是在同一时间检测所有对象之间的碰撞是一项非常耗时的任务。理想的碰撞算法是，首先判断两个物理对象是否已经非常接近，完成这一判断可以使用边界框或者边界球的概念。当两个对象之间的距离变得足够小时，再切换到更加精准的碰撞检测算法进行判断。这种两阶段的碰撞检测算法非常实用。第一阶段用于查找那些彼此之间的距离已经足够小的对象，该阶段称为粗略阶段（broad phase）。第二阶段使用更加精确的专用算法进行碰撞检测，该阶段称为临近阶段（near phase）。实践中，碰撞调度类

（btCollisionDispatcher）就是一种用于临近阶段的碰撞检测算法。

创建动态世界还需要一个约束求解器（constraint solver）和一个碰撞配置（CollisionConfiguration）对象。约束求解器用于约束对象之间的接触。碰撞配置对象用于配置 Bullet 碰撞检测算法的堆栈分配器和内存池分配器。创建碰撞调度实例（btCollisionDispatcher）时，也需要使用该配置对象。接下来调用 btDiscreteDynamicsWorld 类创建动态世界。btDiscreteDynamicsWorld 类继承于 btDynamicsWorld 类，btDynamicsWorld 类是 btCollisionWorld 类的子类。创建动态世界之后，接着调用 setGravity() 方法定义重力属性。

14.3.5 自定义 MotionState 类

在一个包含许多物理对象的 3D 场景中，所有对象不可能同时运动。在每一帧的渲染过程中，需要更新那些已经发生运动的对象的位置，但如果迭代所有对象，那么可能需要花费大量时间来完成这一项任务，特别是对于那些包含了大量物理对象的应用。幸运的是，Bullet 提供了一种回调的方式解决该问题，只有当某些特定的事件（如移动）发生时，Bullet 才会主动调用该方法。可以通过扩展 btMotionState 类定义移动等事件发生时的响应行为。例如，在 com.packtpub.Libgdx.collisiontest 包中创建 MyMotionState.java 文件并添加下面的代码：

```java
package com.packtpub.libgdx.collisiontest;

import com.badlogic.gdx.graphics.g3d.ModelInstance;
import com.badlogic.gdx.math.Matrix4;
import com.badlogic.gdx.physics.bullet.linearmath.btMotionState;

public class MyMotionState extends btMotionState {
    final ModelInstance instance;
    public MyMotionState (ModelInstance instance) {
        this.instance = instance;
    }
    @Override
    public void getWorldTransform(Matrix4 worldTrans) {
        worldTrans.set(instance.transform);
    }

    @Override
    public void setWorldTransform(Matrix4 worldTrans) {
        instance.transform.set(worldTrans);
    }
}
```

setWorldTransform() 方法用于设置渲染对象的变换矩阵，getWorldTransform() 方法用于获取渲染对象的变换矩阵。当物理对象（刚体）的位置更新时，Bullet 将自动调用上述 setWorldTransform() 方法更新渲染对象的位置。

14.3.6 ContactListener 类

LibGDDX 的 Bullet 包装器提供一个通知用户碰撞检测的回调接口。我们可以利用该接口对碰撞事件进行响应。这种回调机制与 Box2D 的碰撞监听器非常相似。切记，回调接口 ContactListener 不是由 Bullet 提供的，而是由 Bullet 包装器创建的。因此，不需要为 Bullet 注册 ContactListener 接口。

例如，在 com.packtpub.Libgdx.collisiontest 包中创建 MyContactListener.java 文件并添加下面的代码：

```
package com.packtpub.libgdx.collisiontest;

import com.badlogic.gdx.Gdx;
import com.badlogic.gdx.physics.bullet.collision.ContactListener;
import com.badlogic.gdx.physics.bullet.collision.btCollisionObject;

public class MyContactListener extends ContactListener {
    @Override
    public void onContactStarted(btCollisionObject colObj0,
        btCollisionObject colObj1) {
        Gdx.app.log(this.getClass().getName(), "onContactStarted");
    }
}
```

接着在主类 MyCollisionTest 的 create()方法中添加下面的代码：

```
MyContactListener contactListener = new MyContactListener();
```

> 上述接口（ContactListener）提供了多个状态的碰撞回调方法。详细内容请访问：https://github.com/libgdx/libgdx/wiki/Bulletphysics#contact-listeners。

14.4 添加刚体
Adding some rigid bodies

接下来为动态世界创建并添加刚体对象，代码如下：

```
modelbuilder.begin();
MeshPartBuilder mpb = modelbuilder.part("parts",
    GL20.GL_TRIANGLES, Usage.Position | Usage.Normal | Usage.Color,
    new Material(ColorAttribute.createDiffuse(Color.WHITE)));
mpb.setColor(1f, 1f, 1f, 1f);
mpb.box(0, 0, 0, 40, 1, 40);
Model model = modelbuilder.end();
groundInstance = new ModelInstance(model);

btCollisionShape groundshape = new btBoxShape(
    new Vector3(20, 1/ 2f, 20));
btRigidBodyConstructionInfo bodyInfo = newbtRigidBodyConstructionInfo(
    0, null, groundshape, Vector3.Zero);
```

```
btRigidBody body = new btRigidBody(bodyInfo);
world.addRigidBody(body);
```

上述代码创建了地面模型和相应的刚体对象。本例的地面是一个薄板长方体，上述代码使用网格构建器创建了一个宽度、高度、深度分别为 40、1、40 个单位的长方体。切记，这里只创建了一个可视化模型和一个该模型的实例对象。为了应用 Bullet 的碰撞检测系统，还必须使用 `btCollisionShape` 创建相应的物理对象（刚体）。`btCollisionShape` 只是一个底层的公共接口，没有创建具体形状的能力，因此我们要使用实现于 `btCollisionShape` 接口的 `btBoxShape` 类以本地坐标系的原点为中心创建长方体。`btBoxShape` 的构造方法需要一个 `Vector3` 对象参数，该参数的三个值分别表示长方体的半宽、半高和半深。类似于长方体，我们还可以使用这种方法创建球体、锥体、圆柱体、胶囊形状等。

`btRigidBodyConstructionInfo` 实例用于指定物理对象的质量、运动状态、碰撞形状及本地惯性等属性。在上述代码中，我们将质量和本地惯性分别设置为 0。理论上，物体的质量不可能为 0，但因为地面是静态对象，因此它不受重力等因素的影响，而且它永远都处于静止状态。一般将质量大于 0 的对象统称为动态对象。同样，由于地面对象是静态的，所以不必为它提供 `MotionState` 对象。

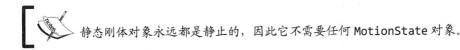
静态刚体对象永远都是静止的，因此它不需要任何 `MotionState` 对象。

最后使用 `btRigidBodyConstructionInfo` 类的实例 `bodyInfo` 作为 `btRigidBody` 的构造参数创建刚体对象。接着调用 `world.addRigidBody()` 方法将该刚体对象添加到动态世界。

14.5 步进世界
Stepping the world

必须在每个循环周期调用 `stepSimulation()` 方法驱动 Bullet 模拟。该方法需要三个参数，分别是增量时间、最大子步骤次数和固定时间步，调用代码如下：
```
world.stepSimulation(Gdx.graphics.getDeltaTime(), 5 , 1/60f);
```

该方法的调用意义是，Bullet 将在每个循环周期使用固定时间步（1/60f）执行多次模拟，具体执行次数应该等于增量时间除以固定时间步，但结果不能超过最大子步骤次数。很明显，上述原理与每个循环周期都使用固定的增量时间 1/60f 进行一次模拟有很大区别。事实上，有时增量时间可能会小于 1/60f，这将导致 Bullet 不会执行任何模拟过程。使用该方法和自定义的 `btMotionState` 类可以为游戏创建一种平滑的过渡效果。

有关步进模拟的更多解释请访问：http://bulletphysics.org/mediawiki-1.5.8/index.php/Stepping_the_World。

14.5.1　Bullet 光线投射技术

光线投射（ray casting）类似于在两点之间发射一道虚拟的激光，然后查找该激光击中的对象。光线投射技术应用非常广泛，如确定武器击中的敌人。光线投射技术与第 13 章介绍的 ray picking 技术非常相似。

要实现光线投射，大致可分为以下几步。

（1）创建 `RayResultCallback` 对象。

（2）执行投射测试。

（3）处理投射结果。

执行投射测试需要调用 `world.rayTest(rayFrom, rayTo, rayTestCB)` 方法，`rayFrom` 和 `rayTo` 是 `Vector3` 类型参数，分别表示起始投射点和终止投射点。`rayTestCB` 参数是一个 `ClosestRayResultCallback` 实例，用于保存测试结果。提供该方法的 `world` 实例就是 Bullet 的动态世界。

14.5.2　测试游戏

接下来创建一个简单的物理模拟游戏，用来演示上述介绍的几种技术。实现该游戏包括创建几种基本 3D 模型，如长方体、球体、圆柱体和锥体，以及一个简单的光线投射测试。游戏场景包含一个地面对象，在地面上方可以通过触摸或鼠标单击创建并发射各种 3D 对象（如长方体、球体等）。屏幕下方的按钮用于选择发射的形状。最后一个按钮用于演示 ray packing 效果。图 14-4 展示了该游戏的最终效果。

完整的代码和资源文件可以在本章的源码包中找到。

我们已经在 `com.packtpub.libgdx.collisiontest` 包下创建了 `MyContactListener.java` 文件和 `MyMotionState.java` 文件。接下来还需创建下面几个 Java 文件：

- `MyBulletInterface.java`：为自定义的 Bullet 接口。
- `BulletWorld.java`：该文件定义的类封装了 Bullet 动态世界，而且实现了 `MyBulletInterface` 接口。
- `BulletObjects.java`：该类继承于 `BulletWorld` 类，实现了创建长方体、锥体、地面等物理对象的方法。
- `MyCollisionWorld.java`：该类继承于 `BulletObjects` 类。
- `Items.java`：代表基本形状的枚举类型。

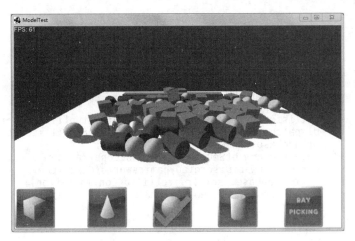

图 14-4

- **UserData.java**:从命名也能看出,该类用于存储与刚体相关的数据。

接下来根据下面的步骤创建上面几个 Java 文件:

(1) 创建 `MyBulletInterface.java` 文件并添加下面的代码:

```java
package com.packtpub.libgdx.collisiontest;

import com.badlogic.gdx.physics.bullet.dynamics.btDiscreteDynamicsWorld;
import com.badlogic.gdx.physics.bullet.dynamics.btRigidBody;
import com.badlogic.gdx.utils.Disposable;

public interface MyBulletInterface extends Disposable {
    public void init();
    public void update(float delta);
    public void remove(btRigidBody body);
    public btDiscreteDynamicsWorld getWorld();
}
```

(2) 创建 `BulletWorld.java` 文件并添加下面的代码:

```java
package com.packtpub.libgdx.collisiontest;

import com.badlogic.gdx.math.Vector3;
import com.badlogic.gdx.physics.bullet.Bullet;
import com.badlogic.gdx.physics.bullet.collision.btCollisionDispatcher;
import com.badlogic.gdx.physics.bullet.collision.btDbvtBroadphase;
import com.badlogic.gdx.physics.bullet.collision.
    btDefaultCollisionConfiguration;
import com.badlogic.gdx.physics.bullet.dynamics.btDiscreteDynamicsWorld;
import com.badlogic.gdx.physics.bullet.dynamics.btRigidBody;
import com.badlogic.gdx.physics.bullet.dynamics.
    btSequentialImpulseConstraintSolver;

public class BulletWorld implements MyBulletInterface {
    protected btDefaultCollisionConfiguration collisionConfiguration;
    protected btCollisionDispatcher dispatcher;
    protected btDbvtBroadphase broadphase;
    protected btSequentialImpulseConstraintSolver solver;
    protected btDiscreteDynamicsWorld world;
```

```java
    protected BulletWorld() {
    }

    @Override
    public void init() {
        Bullet.init();
        collisionConfiguration = new btDefaultCollisionConfiguration();
        dispatcher = new btCollisionDispatcher(collisionConfiguration);
        broadphase = new btDbvtBroadphase();
        solver = new btSequentialImpulseConstraintSolver();
        world = new btDiscreteDynamicsWorld(dispatcher,
            broadphase, solver, collisionConfiguration);
        world.setGravity(new Vector3(0, -9.81f, .1f));
    }

    @Override
    public void update(float delta) {
        world.stepSimulation(delta, 5 , 1/60f);
    }

    @Override
    public void dispose() {
        world.dispose();
        collisionConfiguration.dispose();
        dispatcher.dispose();
        broadphase.dispose();
        solver.dispose();
    }

    @Override
    public btDiscreteDynamicsWorld getWorld() {
        return world ;
    }

    @Override
    public void remove(btRigidBody body) {
        world.removeRigidBody(body);
        ((UserData) body.userData).dispose();
    }
}
```

从以上代码可以看到，`BulletWorld` 类实现了 `MyBulletInterface` 接口。`init()` 方法内部首先初始化了 Bullet 物理引擎的库文件，接着创建动态世界的实例对象 world，最后配置动态世界的重力属性。`update()` 方法用于步进（更新）动态世界，`remove()` 方法用于移除并释放刚体对象。

在释放资源阶段，`btDiscreteDynamicsWorld` 对象必须在其他所有对象（如 `dispatcher`、`broadphase`）之前销毁，否则应用将抛出运行期错误。

(3) 创建 `BulletObjects.java` 文件并添加下面的代码：

```java
package com.packtpub.libgdx.collisiontest;

import com.badlogic.gdx.graphics.Color;
import com.badlogic.gdx.graphics.GL20;
import com.badlogic.gdx.graphics.VertexAttributes.Usage;
```

```java
import com.badlogic.gdx.graphics.g3d.Material;
import com.badlogic.gdx.graphics.g3d.Model;
import com.badlogic.gdx.graphics.g3d.ModelInstance;
import com.badlogic.gdx.graphics.g3d.attributes.ColorAttribute;
import com.badlogic.gdx.graphics.g3d.utils.MeshPartBuilder;
import com.badlogic.gdx.graphics.g3d.utils.ModelBuilder;
import com.badlogic.gdx.math.MathUtils;
import com.badlogic.gdx.math.Vector3;
import com.badlogic.gdx.physics.bullet.collision.btBoxShape;
import com.badlogic.gdx.physics.bullet.collision.btCollisionShape;
import com.badlogic.gdx.physics.bullet.collision.btConeShape;
import com.badlogic.gdx.physics.bullet.collision.btCylinderShape;
import com.badlogic.gdx.physics.bullet.collision.btSphereShape;
import com.badlogic.gdx.physics.bullet.dynamics.btRigidBody;
import com.badlogic.gdx.physics.bullet.dynamics.btRigidBody.
   btRigidBodyConstructionInfo;
import com.badlogic.gdx.physics.bullet.linearmath.btMotionState;

public class BulletObjects extends BulletWorld {
    private static final Vector3 temp = new Vector3();
    private static final Vector3 localIneria = new Vector3(1, 1, 1);

    private btCollisionShape boxShape, coneShape,
        sphereShape, cylinderShape, groundShape;
    private Model boxModel, coneModel, sphereModel,
        cylinderModel, groundModel;                              // 433

    protected BulletObjects() {
        super();
    }

    @Override
    public void init() {
        super.init();
        final ModelBuilder builder = new ModelBuilder();
        float width, height, radius;

        width = 20;
        builder.begin();
        MeshPartBuilder mpb = builder.part("parts",
            GL20.GL_TRIANGLES, Usage.Position |
            Usage.Normal |Usage.Color, new Material(
               ColorAttribute.createDiffuse(Color.WHITE)));
        mpb.setColor(1f, 1f, 1f, 1f);
        mpb.box(0, 0, 0, 2 * width, 1, 2 * width);
        groundModel = builder.end();
        groundShape = new btBoxShape(new Vector3(width, 1 / 2f, width));

        width = 2f;
        boxModel = builder.createBox(width, width, width, new Material(
            ColorAttribute.createDiffuse(Color.GREEN)),
            Usage.Position | Usage.Normal);
        boxShape = new btBoxShape(new Vector3(width, width, width).scl(.5f));

        width = 1.5f;
        height = 2f;
        coneModel = builder.createCone(width, height, width, 20, new Material(
            ColorAttribute.createDiffuse(Color.LIGHT_GRAY)),
            Usage.Position | Usage.Normal);
        coneShape = new btConeShape(width / 2f, height);
```

```java
            radius = 2f;
            sphereModel = builder.createSphere(radius, radius, radius, 20, 20,
                new Material(ColorAttribute.createDiffuse(Color.ORANGE)),
                Usage.Position | Usage.Normal);
            sphereShape = new btSphereShape(radius / 2f);

            width = 2f;
            height = 2.5f;
            cylinderModel = builder.createCylinder(width, height, width, 20,
                new Material(ColorAttribute.createDiffuse(Color.RED)),
                Usage.Position | Usage.Normal);
            cylinderShape = new btCylinderShape(new Vector3(width,
                height, width).scl(.5f));
        }

        private btRigidBody createRigidBody(Model model, btCollisionShape
            CollisionShape, Vector3 position, boolean isStatic) {
            if (isStatic)
                return createStaticRigidBody(model, CollisionShape, position);

            final ModelInstance instance = new ModelInstance(model);
            final btMotionState motionState = new MyMotionState(instance);
            motionState.setWorldTransform(instance.transform.trn(
                position).rotate(Vector3.Z, MathUtils.random(360)));
            final btRigidBodyConstructionInfo bodyInfo = new
                btRigidBodyConstructionInfo(1, motionState,
                CollisionShape, localIneria);
            final btRigidBody body = new btRigidBody(bodyInfo);
            body.userData = new UserData(instance, motionState, bodyInfo, body);
            world.addRigidBody(body);
            return body;
        }

        private btRigidBody createStaticRigidBody(Model model,
            btCollisionShape CollisionShape, Vector3 position) {
            final ModelInstance instance = new ModelInstance(model);
            instance.transform.trn(position);
            final btRigidBodyConstructionInfo bodyInfo =
                new btRigidBodyConstructionInfo(0, null,
                CollisionShape, Vector3.Zero);
            final btRigidBody body = new btRigidBody(bodyInfo);
            body.translate(instance.transform.getTranslation(temp));
            body.userData = new UserData(instance, null, bodyInfo, body);
            world.addRigidBody(body);
            return body;
        }

        public btRigidBody create_box(Vector3 position, boolean isStatic) {
            return createRigidBody(boxModel, boxShape, position, isStatic);
        }

        public btRigidBody create_cone(Vector3 position, boolean isStatic) {
            return createRigidBody(coneModel, coneShape, position, isStatic);
        }

        public btRigidBody create_sphere(Vector3 position, boolean isStatic) {
            return createRigidBody(sphereModel, sphereShape, position,
                isStatic);
        }
```

```java
    public btRigidBody create_cylinder(Vector3 position, boolean isStatic) {
        return createRigidBody(cylinderModel, cylinderShape, position,
            isStatic);
    }

    public btRigidBody create_ground() {
        return createRigidBody(groundModel, groundShape, Vector3.Zero, true);
    }

    @Override
    public void dispose() {

        super.dispose();
        boxModel.dispose();
        coneModel.dispose();
        sphereModel.dispose();
        cylinderModel.dispose();
        groundModel.dispose();

        boxShape.dispose();
        coneShape.dispose();
        sphereShape.dispose();
        cylinderShape.dispose();
        groundShape.dispose();
    }
}
```

该类用于创建指定尺寸的刚体对象。在 `init()` 方法中，我们为每种模型只创建了一个 `btCollisionShape` 实例和一个 `Model` 实例，这两者将用于创建相应的模型实例和刚体对象。前面已经介绍过，具有相同形状的刚体可以共享同一个 `btCollisionShape` 实例。还有，`Model` 和 `ModelInstance` 的区别也在前面解释过了。

(4) 创建 `MyCollisionWorld.java` 文件并添加下面的代码：

```java
package com.packtpub.libgdx.collisiontest;

public class MyCollisionWorld extends BulletObjects {
    public static final MyCollisionWorld instance =
        new MyCollisionWorld();

    private MyCollisionWorld() {
        super();
    }

    @Override
    public void init() {
        super.init();
    }
}
```

很明显，该类的构造方法被声明为 `private` 类型。因此，在其他类中不能创建该类的实例对象。类似地，我们将父类（`BulletObjects`）的构造方法声明为 `protected` 类型，是为了保证只有该类才可以创建 `BulletObjects` 实例。虽然其他类不能直接创建该类的实例，但是该类封装了一个静态的 `instance` 成员变量，而且该变量是 `public` 类型。因此，可以在任何位置通过该成员变量访问 `MyCollisionWorld` 类。

(5) 创建 `Items.java` 文件并添加下面的代码：

```java
public enum Items {
    GROUND, CONE, BOX, CYLINDER, SPHERE, RAY_PICKING;
}
```

(6) 创建 `UserData.java` 文件并添加下面的代码：

```java
package com.packtpub.libgdx.collisiontest;

import com.badlogic.gdx.Gdx;
import com.badlogic.gdx.graphics.Camera;
import com.badlogic.gdx.graphics.g3d.ModelInstance;
import com.badlogic.gdx.math.Vector3;
import com.badlogic.gdx.physics.bullet.dynamics.btRigidBody;
import com.badlogic.gdx.physics.bullet.dynamics.btRigidBody.
    btRigidBodyConstructionInfo;
import com.badlogic.gdx.physics.bullet.linearmath.btMotionState;
import com.badlogic.gdx.utils.Array;
import com.badlogic.gdx.utils.Disposable;

public class UserData implements Disposable {

    public static final Array<UserData> data = new Array<UserData>();
    private static final Vector3 temp = new Vector3();
    final ModelInstance instance;
    final btMotionState motionState;
    final btRigidBody body;
    final btRigidBodyConstructionInfo bodyInfo;

    public UserData(ModelInstance instance, btMotionState motionState,
        btRigidBodyConstructionInfo bodyInfo, btRigidBody body) {
        this.instance = instance;
        this.motionState = motionState;
        this.bodyInfo = bodyInfo;
        this.body = body;
        data.add(this);
    }

    public btRigidBody getBody() {
        return body;
    }

    public ModelInstance getInstance() {
        return this.instance;
    }

    public boolean isVisible(Camera cam) {
        return cam.frustum.pointInFrustum(
            instance.transform.getTranslation(temp));
    }

    @Override
    public void dispose() {
        if (motionState != null) {
            motionState.dispose();
        }
        bodyInfo.dispose();
        body.dispose();
```

```
            data.removeValue(this, true);
            Gdx.app.log(this.getClass().getName(), " Rigid body removed and
                disposed.");
        }
    }
```

在任何位置创建的 `UserData` 实例都会被保存在 `data` 数组中。

接下来为 `MyCollisionTest.java` 文件添加下面三种功能。

- 光线投射（ray casting）演示功能。
- 创建用于显示 FPS 和按钮的正交投影相机。
- 实现 `InputAdapter` 接口，处理用户输入操作。

首先，在 `MyCollisionTest.java` 文件中添加下面的代码：

```java
public class MyCollisionTest extends ApplicationAdapter {
    PerspectiveCamera cam;
    ModelBatch modelBatch;
    Environment environment;

    MyCollisionWorld worldInstance;
    btRigidBody groundBody;
    MyContactListener collisionListener;
    Sprite box, cone, cylinder, sphere, raypick, tick;
    ClosestRayResultCallback rayTestCB;
    Vector3 rayFrom = new Vector3();
    Vector3 rayTo = new Vector3();

    BitmapFont font;
    OrthographicCamera guiCam;
    SpriteBatch batch;
    ...
}
```

上述代码添加了许多成员变量。分别是：一个自定义的物理模拟对象、六个精灵对象、一个字体对象、一个正交投影相机以及一个用于渲染 2D 场景的 `SpriteBatch` 成员变量。我们还添加了两个用于 ray casting 测试的 `Vector3` 类型对象。

接下来修改 `create()` 方法并初始化所有对象：

```java
@Override
public void create() {
    ...
    worldInstance = MyCollisionWorld.instance;
    worldInstance.init();
    groundBody = worldInstance.create_ground();

    int w = -10;
    for (int i = 0; i < 10; i++) {
        worldInstance.create_box(new Vector3(w += 2, 1.5f, 10), true);
    }
    rayTestCB = new ClosestRayResultCallback(Vector3.Zero, Vector3.Z);

    font = new BitmapFont();
    guiCam = new OrthographicCamera(Gdx.graphics.getWidth(),
```

```
            Gdx.graphics.getHeight());
    guiCam.position.set(guiCam.viewportWidth / 2f,
        guiCam.viewportHeight / 2f, 0);
    guiCam.update();
    batch = new SpriteBatch();

    float wt = Gdx.graphics.getWidth() / 5f;
    float dt = .1f * wt;
    box = new Sprite(new Texture("cube.png"));
    box.setPosition(0, 0);

    cone = new Sprite(new Texture("cone.png"));
    cone.setPosition(wt + dt, 0);

    sphere = new Sprite(new Texture("sphere.png"));
    sphere.setPosition(2 * wt + dt, 0);

    cylinder = new Sprite(new Texture("cylinder.png"));
    cylinder.setPosition(3 * wt + dt, 0);

    raypick = new Sprite(new Texture("ray.png"));
    raypick.setPosition(4 * wt + dt, 0);

    tick = new Sprite(new Texture("mark.png"));
    enableButton(sphere);

    collisionListener = new MyContactListener();
    Gdx.input.setInputProcessor(adapter);

}

public void enableButton(Sprite sp) {
    tick.setPosition(sp.getX(), sp.getY());
}
```

然后更新 render() 方法，代码如下：

```
@Override
public void render() {
    Gdx.gl.glViewport(0, 0, Gdx.graphics.getWidth(),
        Gdx.graphics.getHeight());
    Gdx.gl.glClearColor(.2f, 0.2f, 0.2f, 1);
    Gdx.gl.glClear(GL20.GL_COLOR_BUFFER_BIT | GL20.GL_DEPTH_BUFFER_BIT);

    float delta = Gdx.graphics.getDeltaTime();
    worldInstance.update(delta);

    for (UserData data : UserData.data) {
        if (!data.isVisible(cam)) {
            worldInstance.remove(data.getBody());
        }
    }

    modelBatch.begin(cam);
    for (UserData data : UserData.data) {
        modelBatch.render(data.getInstance(), environment);
    }
    modelBatch.end();
```

```
    batch.setProjectionMatrix(guiCam.combined);
    batch.begin();
    font.draw(batch, "FPS: " + Gdx.graphics.getFramesPerSecond(), 0,
        Gdx.graphics.getHeight());
    box.draw(batch);
    cone.draw(batch);
    cylinder.draw(batch);
    sphere.draw(batch);
    raypick.draw(batch);
    tick.draw(batch);
    batch.end();
}
```

MyCollisionWorld 类中已经创建了动态世界的实例对象 instance。因此，只需要按照下面的代码初始化即可：

```
worldInstance = MyCollisionWorld.instance;
worldInstance.init();
```

◁441

步进动态世界只需要在 render()方法中调用 worldInstance.update()方法即可。

为了节省内存，当某个对象已经不在相机的视口范围内时，应及时移除该对象。下面的代码用于检查刚体对象是否还在视口范围内。如果不在，则立即移除：

```
for (UserData data : UserData.data) {
    if (!data.isVisible(cam)) {
        worldInstance.remove(data.getBody());
    }
}
```

接下来实现 inputAdapter 接口并添加 ray casting 测试代码：

```
private final InputAdapter adapter = new InputAdapter() {
    private Items item = Items.SPHERE;
    private final Vector3 temp = new Vector3();

    public boolean touchUp(int screenX, int screenY, int pointer,
        int button) {
        guiCam.unproject(temp.set(screenX, screenY, 0));
        if (box.getBoundingRectangle().contains(temp.x, temp.y)) {
            enableButton(box);
            item = Items.BOX;
            return true;
        } else if (cone.getBoundingRectangle().contains(temp.x, temp.y)) {
            enableButton(cone);
            item = Items.CONE;
            return true;
        } else if (sphere.getBoundingRectangle().contains(temp.x, temp.y)) {
            enableButton(sphere);
            item = Items.SPHERE;
            return true;
        } else if (cylinder.getBoundingRectangle().contains(temp.x, temp.y)) {
            enableButton(cylinder);
            item = Items.CYLINDER;
            return true;
        } else if (raypick.getBoundingRectangle().contains(temp.x, temp.y)) {
            enableButton(raypick);
            item = Items.RAY_PICKING;
            return true;
        }
```

◁442

```
Ray ray = cam.getPickRay(screenX, screenY);
Vector3 position = ray.origin.cpy();
btRigidBody body;
switch (item) {
default:
case BOX:
    body = worldInstance.create_box(position, false);
break;
case CONE:
    body = worldInstance.create_cone(position, false);
break;
case CYLINDER:
    body = worldInstance.create_cylinder(position, false);
break;
case SPHERE:
    body = worldInstance.create_sphere(position, false);
break;
case RAY_PICKING:

    rayFrom.set(ray.origin);
    rayTo.set(ray.direction).scl(50f).add(rayFrom); // 50 meters max
    rayTestCB.setCollisionObject(null);
    rayTestCB.setClosestHitFraction(1f);
    worldInstance.getWorld().rayTest(rayFrom, rayTo, rayTestCB);

    if (rayTestCB.hasHit()) {
        final btCollisionObject obj =
            rayTestCB.getCollisionObject();
        body = (btRigidBody) (obj);
        if (body != groundBody)
            worldInstance.remove(body);
    }

    return true;
}
body.applyCentralImpulse(ray.direction.scl(20));

return true;
};
    }
}
```

为了简单起见，按钮是通过精灵对象创建的。当某个按钮被选中时，可以使用一个绿色对号进行标记。InputAdapter 接口处理了鼠标和触摸等输入事件的响应。touchup()方法首先检测输入事件的坐标是否位于某个按钮上。如果位于按钮内部，则选中该按钮。如果输入事件的坐标不在任何按钮上，则创建并抛出物理对象或者进行 ray casting 演示。

抛出物理对象时需要调用 applayCentralImpulse()方法。该方法创建的对象将以 ray packing 确定的方向抛出。

下面是 ray packing 和 ray casting 的测试代码：

```
Ray ray = cam.getPickRay(screenX, screenY);
Vector3 position = ray.origin.cpy();
rayFrom.set(ray.origin);
rayTo.set(ray.direction).scl(50f).add(rayFrom); // 50 meters max
```

```
rayTestCB.setCollisionObject(null);
rayTestCB.setClosestHitFraction(1f);

worldInstance.getWorld().rayTest(rayFrom, rayTo, rayTestCB);
if (rayTestCB.hasHit()) {
    final btCollisionObject obj = rayTestCB.getCollisionObject();
    /**
    完成某些事情
    */
}
```

这里首先利用 getPickRay() 方法创建一个指向输入坐标的射线对象。Vectory3 类型变量 RayFrom 被设置为射线的原点，而 rayTo 被设置为由 rayFrom 点按照射线方向前进 50 个单位的位置。接着为回调对象 rayTestCB 调用 setCollisionObject() 方法并传递 null 值清空结果。最后，调用 rayTest() 方法检查并获取射线击中的对象。

当游戏退出时释放资源，代码如下：

```
@Override
public void dispose() {
    for (UserData data : UserData.data) {
        data.dispose();
    }
    worldInstance.dispose();
    modelBatch.dispose();

    box.getTexture().dispose();
    cone.getTexture().dispose();
    cylinder.getTexture().dispose();
    raypick.getTexture().dispose();
    sphere.getTexture().dispose();
    Gdx.app.log(this.getClass().getName(), "Disposed.");
}
```

14.6 添加阴影
Having fun with shadows

可能你也觉得场景有些不自然，有光线，有反射，但是没有阴影。目前阴影效果仍是 LibGDX 改进的项目。本节创建阴影的方法可能在下一个 LibGDX 版本就不适用了。但是，为了让场景看起来完整一些，还是创建了一个简单的阴影效果：

```
DirectionalShadowLight shadowLight;
ModelBatch shadowBatch;

@Override
public void create() {
...
environment = new Environment();
environment.set(new
ColorAttribute(ColorAttribute.AmbientLight, .4f, .4f, .4f, 1f));
environment.add(new DirectionalLight().
    set(0.8f, 0.8f, 0.8f, -1f, -0.8f, -0.2f));
```

```
shadowLight = new DirectionalShadowLight(1024, 1024, 60, 60, 1f, 300);
shadowLight.set(0.8f, 0.8f, 0.8f, -1f, -.8f, -.2f);
environment.add(shadowLight);
environment.shadowMap = shadowLight;
shadowBatch = new ModelBatch(new DepthShaderProvider());
...
}

@Override
public void render() {
    // 更新世界
    ...

    shadowLight.begin(Vector3.Zero, cam.direction);
    shadowBatch.begin(shadowLight.getCamera());
    for (UserData data : UserData.data) {
        shadowBatch.render(data.getInstance());
    }
    shadowBatch.end();
    shadowLight.end();
    ...

    // 渲染模型
}

@Override
public void dispose() {
    ...
    shadowBatch.dispose();
    shadowLight.dispose();
}
```

shadowLight 是一个 DirectionShadowLight 对象，shadowBatch 是一个携带深度阴影工具的 ModelBatch 对象。使用 shadowBatch 渲染模型时，shadowBatch 将模拟与模型实例最为接近的阴影进行渲染。

图 14-5 展示了最终效果。

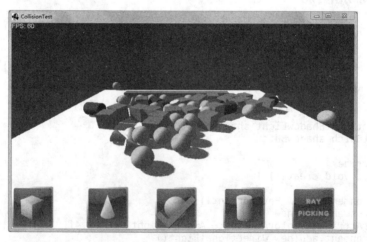

图 14-5

有关阴影映射(shadow mapping)的更多内容请访问：http://en.wikipedia.org/wiki/Shadow_mapping。

14.7 总结

Summary

本章简要介绍了 BulletPhysics 的核心内容。首先，学习了如何创建刚体对象、应用物理属性以及光线投射（ray casting）技术。接着，通过一个简单的测试游戏展示了如何创建基本物理形状，如长方体、球体、圆柱体等。最后，为了让场景看起来更加自然，创建了一种简单的阴影效果。

索引
Index

Symbols

3D frustum culling 404-410
3D programming 393
3D scene
  camera, using 398
  creating 421-425
  creating, LibGDX used 394
  environment 400
  model 399
  ModelBatch class, using 399
  ModelInstances, creating 399
  project setup 394-397

A

accelerometers
  used, for adding alternative input controls 364-368
actions
  actors, manipulating through 369-371
  add() method 371
  alpha() method 371
  color() method 371
  execution order, controlling 372
  execution time, controlling 372
  fadeIn() method 371
  fadeOut() method 371
  hide() method 371
  layout() method 371
  moveBy() method 371
  moveTo() method 371
  removeActor() method 371
  rotateBy() method 371
  rotateTo() method 371
  run() method 371
  scaleBy() method 371
  scaleTo() method 371
  show() method 372
  sizeBy() method 372
  sizeTo() method 372
  touchable() method 372
  visible() method 372
actions, execution time
  after() method 372
  delay() method 372
  forever() method 372
  parallel() method 372
  repeat() method 372
  sequence() method 372
actor game objects
  implementing 195-198
ADT Plugin
  URL 15
alternative input controls
  adding, accelerometers used 364-368
ambient light 393
Android
  demo application, running on 79-83
  URL, for API guide 66
Android API levels
  URL 29
Android Developer
  URL 140
Android SDK
  installing 21-29
  URL, for downloading 21
animations
  packing, TexturePacker used 379, 380
  play modes, selecting 380, 381
  sequences of images, using 378

A

Apple Developer
  URL 141
application
  creating 37
  creating, Gradle-based setup used 46-51
  creating, old setup tool used 37-46
application life cycle, LibGDX 74-76
application module
  about 68
  Android API level, querying 69
  data persistence 69
  graceful shutdown 68
  logging facility 68
  memory usage, querying 70
  multithreading 70
  platform type, querying 70
**Application Programming
    Interface (API) 10, 67**
as3sfxr
  about 314
  URL 315
assets
  loading 148
  organizing 149-157
  testing 157-160
  tracking 148
audio device
  accessing, directly 312
  AudioDevice interface 313
  AudioRecorder interface 314
audio files
  .mp3 (MPEG-2 Audio Layer III) 310
  .ogg (Ogg Vorbis) 310
  .wav (RIFF WAVE) 309
audio module
  about 71
  music, streaming for playback 72
  sounds, loading for playback 71

B

backends, LibGDX
  about 65
  Android 66
  LWJGL 66
  RoboVM 67
  URL, for list of unresolved issues 67

  WebGL 66
background layer
  adding 246
bfxr generator
  about 314, 317
  URL 317
Blender
  used, for loading model 400-402
Box2D
  about 329, 330
  adding 333
  adding, for non-Gradle users 337
  body types, selecting 331, 332
  dependency, adding in Gradle 334-336
  exploring 331
  fixtures, using 332
  Physics Body Editor 333
  physics, simulating 330, 332
  reference link 330
  rigid bodies 331
  shapes, using 332
  URL 332
Box2D, features
  constraints 332
  contact listener 332
  joints 332
  sensors 332
Bullet
  about 331, 415
  collision shapes 417
  initializing 426
  MotionStates 418
  physics, simulating 418
  ray casting 430
  rigid bodies 417
  simple test game, creating 430-444
  step simulation 429
  URL, for downloading manual 418
Bullet Physics
  about 415
  reference link 416
  URL, for documentation 416
Bullet, with LibGDX
  3D scene, creating 421-425
  Bullet, initializing 426
  ContactListener class, defining 427, 428
  custom MotionState class, creating 427

索引　331

dynamics world, creating 426
project, setting up 419, 420
bunny head object
　creating 201-210

C

camera
　about 398
　fixing 220-222
　orthographic camera 398
　perspective camera 398
CameraHelper class
　implementing 130-132
　used, for adding camera debug
　　controls 132-135
Canyon Bunny
　about 58, 59, 107
　camera debug controls, adding Camera-
　　Helper class used 132-135
　CameraHelper class, adding 130-132
　class diagram, using 110-112
　creating 57
　debug controls, adding 126-130
　game loop, building 117-121
　implementing 117
　music and sound effects, adding 318-327
　project, setting with gdx-setup-ui
　　tool 108, 109
　raining carrots, adding 338
　resources, gathering 137
　scene, creating 165
　screen transitions, implementing 287-296
　test sprites, adding 121-126
CanyonBunnyMain class
　implementing 114
cfxr generator
　about 314-316
　URL 316
clouds
　moving 274
clouds object
　creating 174-176
code hot swapping 100-105
collision detection
　adding 213-220

collision shapes
　about 417
　URL 417
community, LibGDX project
　reference link 14
complex effects
　creating, with particle systems 264-270
Constants class
　implementing 113
ContactListener class
　defining 427, 428
controls layer
　adding 247, 248
core modules, LibGDX
　about 67
　application 68
　audio 71
　files 73
　graphics 71
　input 72
　network 73
create() method 95, 97
custom Android application icon
　setting up 138-140
custom iOS application icon
　setting 140
custom MotionState class
　creating 427

D

**Dashboards section, Android developer
　　website**
　URL 79
debugger
　using 100-105
demo-android project 62
demo application
　about 62-64
　actual code 94
　create() method 95-97
　dispose() method 98
　example code, inspecting of 94, 95
　render() method 97
　running, in iOS device 88-93
　running, in WebGL-capable
　　web browser 83-88

running, on Android 79-83
running, on desktop 77, 78
demo-desktop project 62
demo project 62
device capabilities
  URL, for official documentation 93
directional light 393
dispose() method 98
dust particle effect
  adding, to player character 270-272
dynamic rigid bodies 332, 417

E

Eclipse
  about 9
  installing 19
  running 30-36
  URL, for downloading 19
Eclipse 4.3.2 (Kepler)
  URL 31
Eclipse Integration Gradle
  URL 15
environment
  about 394, 400
  reference link 394
event handling
  reference link 413
extra lives, game GUI
  implementing 191, 192

F

fade transition effect
  creating 298-300
FBX 403
FBX converter
  about 403
  URL, for downloading 404
feather icon
  adding, to GUI 222-225
feather object
  creating 200, 201
files module
  about 73
  external file handle, obtaining 73
  internal file handle, obtaining 73

finite state machine
  reference link 388
fixtures
  using 332
FPS counter, game GUI
  implementing 192, 193
fragment shaders 357
Framebuffer Objects (FBO) 288
Freenode
  URL 14
frustum
  about 409
  reference link, for viewing 409
frustum culling 404

G

G3DB 403
G3DJ 403
game
  basic concepts 55, 56
game assets 55
game GUI
  enhancing 280
  extra lives, implementing 191, 192
  feather icon, adding 222-225
  FPS counter, implementing 192, 193
  game score, displaying 283, 284
  implementing 186-190
  player lives, displaying 280-282
  rendering 193
  score, implementing 190, 191
game logic
  about 55
  adding 213
  camera, fixing 220-222
  collision detection, adding 213-220
  feather icon, adding to GUI 222-225
  game over 220-222
  game over text, adding 222-225
  lives, losing 220-222
game objects
  actor game objects, implementing 195-198
  bunny head object, creating 201-210
  clouds object, creating 174-176
  creating 166, 167
  feather object, creating 200, 201

gold coin object, creating 198-200
mountains object, creating 171-173
rock object, creating 167-210
water overlay object, creating 173, 174

game screen
  animating 381
  bunny copter animation, defining 381-384
  bunny head game object, animating 387-391
  gold coin animation, defining 381-384
  gold coin game object, animating 384-387

game settings
  using 260-262

game world
  assembling 182-185

Garbage Collector (GC) 115

gdx-setup.jar file
  URL, for downloading 46

gdx-setup-ui tool
  used, for setting up Canyon Bunny project 108, 109
  versus gdx-setup 52-54

Glyph Designer
  about 186
  URL 186

GNU Image Manipulation Program (GIMP)
  about 161
  URL 161

gold coin object
  creating 198-200

Google Web Toolkit (GWT)
  about 63
  URL 66

Gradle
  Box2D dependency, adding 334-336

Gradle-based setup
  used, for creating application 46-51

graphical particle editor
  using 265

Graphical User Interface (GUI) 166

graphics module
  about 71
  delta time, querying 71
  display size, querying 71
  frames per second (FPS) counter, querying 71

Graphics Processing Unit (GPU) 329

H

Head-Up Display (HUD) 166
Hiero
  about 186
  URL 186

I

icons, iOS version
  reference link 64

images
  used, for animations 378

Independent Game Developers (Indies) 9

Info.plist keys
  CFBundleIconFiles 92
  CFBundleIdentifier 92
  CFBundleName 92
  UIRequiredDeviceCapabilities 92
  UISupportedInterfaceOrientations 92
  URL, for official documentation 93

Inkscape
  about 59
  URL 59

input module
  about 72
  accelerometer, reading 72
  Android's soft keys, catching 73
  keyboard/touch/mouse input, reading 72
  vibrator, canceling 72
  vibrator, starting 72

installation, Android SDK 21-29
installation, Eclipse 19
installation, Java Development Kit (JDK) 15-18
installation, plugins 30-36
Integrated Development Environment (IDE) 9, 19
interface, LibGDX 74-76
interpolation algorithms
  using 296-298

iOS device
  demo application, running on 88-93

J

Java Development Kit (JDK)
  installing 15-18
  URL, for downloading 15
Java Perspective 30
Java Runtime Environment (JRE) 16
Java Virtual Machine (JVM) 10
Joint Photographic Experts Group (JPEG)
  about 59
  reference link 59
jumpState, bunny head object
  FALLING 207
  GROUNDED 207
  JUMP_FALLING 207
  JUMP_RISING 207
JVM Code Hot Swapping feature 61

K

kinematic rigid bodies 331, 417

L

Lerp
  about 263, 275
  used, for creating rocks movement 276, 277
  using 275
level data
  handling 161, 162
level loader
  completing 210-212
  implementing 177-182
LibGDX
  about 10
  application life cycle 74-76
  core modules 67
  downloading 20
  interface 74-76
  URL, for downloading 20
  used, for creating 3D scene 394
LibGDX 1.2.0, features
  audio 12
  file I/O 12
  graphics 11, 12
  input handling 12
  math and physics 13
  storage 12
  tools 13
  URL 11
  utilities 13
LibGDX 3D API
  reference link 394
LibGDX backends
  about 65
  Android 66
  LWJGL 66
  RoboVM 67
  WebGL 66
LibGDX installation
  prerequisites 14
LibGDX reflection
  URL 239
light sources
  about 393, 394
  ambient light 393
  directional light 393
  point light 394
  spotlight 394
Lightweight Java Game Library. *See* **LWJGL**
linear interpolation. *See* **Lerp**
lives
  losing 220-222
log levels
  LOG_DEBUG 68
  LOG_ERROR 68
  LOG_INFO 68
  LOG_NONE 68
logos layer
  adding 247
LWJGL
  about 66
  URL 66

M

Main loop thread 70
manifest file, Android
  icon 82
  label 82
  minSdkVersion 82
  name 82
  screenOrientation 82
  targetSdkVersion 82
  URL, for official documentation 81

索引　335

materials
　about 394
　reference link 394
menu screen
　animating 372, 373
　background layer, adding 246
　bunny head actors, animating 374, 375
　controls layer, adding 247, 248
　gold coins, animating 374, 375
　logos layer, adding 247
　menu buttons, animating 375-377
　objects layer, adding 246
　Options window, animating 375-377
　Options window layer, adding 249-253
　scene, building 240-245
menu UI
　creating, scene graph used 236-240
Mesh 394
model
　about 399
　loading, Blender used 400-402
ModelBatch class
　using 399
model formats
　about 403
　FBX 403
　G3DB 403
　G3DJ 403
　Wavefront OBJ 403
ModelInstances
　creating 399
monochrome filter shader program
　creating 358-360
　using 360-364
MotionStates
　about 418
　URL, for documentation 418
mountains object
　creating 171-173
multiple screens
　managing 227-234
music and sound effects
　adding 318-327
　Music interface 312
　playing back 309, 310
　Sound interface 310, 311

N

native orientations
　reference link 365
network module
　about 73
　client/server sockets, creating 74
　HTTP requests, making 73
　URI, opening in web browser 74
Non-Power-Of-Two (NPOT)
　　textures 80, 141

O

objects layer
　adding 246
old setup tool
　URL, for downloading 37
　used, for creating application 37-46
OpenGL (ES) 2.0
　reference link 358
OpenGL ES 2.0 Reference Card
　URL 358
OpenGL Shading Language (GLSL) 358
Options, particle editor
　Additive 269
　Aligned 269
　Attached 269
　Behind 269
　Continuous 269
Options window layer
　adding 249-253
　building 253-260
　game settings, using 260-262
orthographic camera 398

P

Paint.NET
　URL 161
parallax scrolling
　about 278
　adding 278-280
Particle Editor, properties
　Angle 268
　Count 267
　Delay 267
　Duration 268

Emission 268
Gravity 268
Image 267
Life 268
Life Offset 268
Options 269
Rotation 268
Size 268
Spawn 268
Tint 268
Transparency 268
Velocity 268
Wind 268
X Offset 268
Y Offset 268
ParticleEffect class, methods
  allowCompletion() 264
  dispose() 265
  draw() 264
  load() 265
  reset() 264
  save() 265
  setDuration() 265
  setFlip() 265
  setPosition() 265
  start() 264
  update() 264
particle.png file
  about 271
  reference link 271
particle systems
  complex effects, creating with 264-270
permissions, Android
  URL, for official documentation 82
perspective camera 398
physics
  simulating, with Box2D 330-332
  simulating, with Bullet 418
Physics Body Editor
  about 333
  reference link 333
pixel bleeding. *See* **texture bleeding**
pixel shaders. *See* **fragment shaders**
planning, game projects 56
player character
  dust particle effect, adding to 270-272

play modes
  LOOP 380
  LOOP_PINGPONG 380
  LOOP_RANDOM 380
  LOOP_REVERSED 380
  NORMAL 380
  REVERSED 380
  selecting 380, 381
plugins
  installing 30-36
point light 394
Portable Network Graphics (PNG)
  about 59
  reference link 59
prerequisites, LibGDX installation
  Android SDK, installing 21-29
  Eclipse 19
  Eclipse, running 30-36
  Java Development Kit (JDK) 15-18
  plugins, installing 30-36
Programmable Pipeline 357
Pulse Code Modulation (PCM) 309

R

raining carrots
  adding 338
  assets, adding 338
  carrot game object, adding 339
  goal game object, adding 340, 341
  implementing 345-356
  level, extending 342-344
raster graphics
  reference link 59
ray casting 430
ray picking 411, 412
red, green, blue, and alpha (RGBA) 118
render() method 97
Render to Texture (RTT) 287
rigid bodies
  about 331, 417
  adding 428, 429
  features 331
  selecting 331, 332
rigid bodies, types
  dynamic 332, 417
  kinematic 331, 417

static 331, 417
RoboVM
 about 67
 URL 67
rock object
 creating 167-170, 210
 rendering 170

S

Scene2D
 about 227
 URL, for documentation 235
Scene2D UI
 about 235
 URL, for documentation 236
scene, Canyon Bunny
 building, for menu screen 240-245
 creating 165
scene graph
 about 235
 used, for creating menu UI 236-240
score, game GUI
 implementing 190, 191
screen transitions, Canyon Bunny
 implementing 287-296
 transition effects, implementing 296
sfxr generator
 about 315
 URL 315
shaders
 about 329, 357
 advantages 357
 fragment shaders 357
 monochrome filter shader program, creating 358, 359
 monochrome filter shader program, using 360-364
 reference link 358
 vertex shaders 357
shadow mapping
 reference link 447
shadows 445, 446
shapes
 using 332
simple test game
 creating 430-444

singleton 151
skins
 about 235
 URL, for documentation 236
slice transition effect
 creating 304-306
slide transition effect
 creating 301-303
sound generators
 about 314
 bfxr generator 314, 317
 cfxr generator 314, 316
 sfxr generator 315
 using 314
Sound interface 310, 311
SoundManager2 (SM2)
 about 66
 URL 67
spotlight 394
sprite sheet. *See* **texture atlases**
starter classes
 about 76
 demo application, running in WebGL-capable web browser 83-88
 demo application, running on Android 79-83
 demo application, running on desktop 76-78
 demo application, running on iOS device 88-93
static imports
 reference link 370
static rigid bodies 331, 417
step simulation
 about 429
 reference link 430

T

TableLayout
 about 235
 URL, for documentation 236
texture atlases
 about 80, 141
 creating 141-147
texture bleeding 144

TexturePacker
  about 148
  URL 148
  used, for packing animations 379, 380
TexturePacker-GUI
  about 147
  URL 147
time stepping strategies
  reference link 293
transition effects, Canyon Bunny
  fade transition effect, creating 298-300
  implementing 296
  interpolation algorithms, using 296-298
  slice transition effect, creating 304-306
  slide transition effect, creating 301-303

U

Unified Modeling Language (UML) class diagram 107
Uniform Resource Identifier (URI) 74

V

vector graphics
  reference link 59
vertex shaders 357
vertical synchronization (vsync) 115

W

water overlay object
  creating 173, 174
Wavefront OBJ 403
WebGL
  URL 67
WebGL-capable web browser
  demo application, running in 83-88
widgets 235
WorldController class
  implementing 115
WorldRenderer class
  implementing 116